新型清洁能源技术：
化学和太阳能电池新技术

陈玉华◎主编

知识产权出版社
全国百佳图书出版单位

图书在版编目（CIP）数据

新型清洁能源技术：化学和太阳能电池新技术/陈玉华主编.
—北京：知识产权出版社，2019.1

ISBN 978-7-5130-5941-1

Ⅰ.①新…　Ⅱ.①陈…　Ⅲ.①化学电池②太阳能电池
Ⅳ.①O646.21②TM914.4

中国版本图书馆 CIP 数据核字（2018）第 242931 号

内容提要

本书介绍了清洁能源领域中的新型化学和太阳能电池新技术，包括超级电容电池、水系锂离子电池、锂硫电池、固体锂电池、金属空气电池、液流电池、燃料电池、石墨烯电池和铜铟镓硒薄膜太阳能电池，基于近年来国内外的专利和非专利文献，综合分析了相关电池的技术发展信息，根据已有的原理和技术路线，对上述几种电池的发展进行了总结并预测了未来的发展方向。

责任编辑：黄清明　李　瑾　　　　　　　　　责任印制：孙婷婷

新型清洁能源技术：化学和太阳能电池新技术

陈玉华　主编

出版发行：知识产权出版社有限责任公司		网　　址：http://www.ipph.cn	
社　　址：北京市海淀区气象路 50 号院		邮　　编：100081	
责编电话：010-82000860 转 8392		责编邮箱：lijin.cn@163.com	
发行电话：010-82000860 转 8101/8102		发行传真：010-82000893/82005070/82000270	
印　　刷：北京虎彩文化传播有限公司		经　　销：各大网上书店、新华书店及相关专业书店	
开　　本：787mm×1092mm　1/16		印　　张：16.75	
版　　次：2019 年 1 月第 1 版		印　　次：2019 年 6 月第 2 次印刷	
字　　数：360 千字		定　　价：78.00 元	
ISBN 978-7-5130-5941-1			

出版权专有　侵权必究

如有印装质量问题，本社负责调换。

编 委 会

主　编：陈玉华

副主编：姚宏颖　崔海波

执笔人：（排名不分前后）

徐国祥　朱　科　周文娟

张　跃　张瑞雪　焦永涵

付花荣　见　姬

序

"美丽"一词在党的十九大报告中格外引人注目，社会主义现代化奋斗目标新增了"美丽"，再次从国家层面释放出一个信号，那就是加强生态文明建设，保护地球美好家园，"绿水青山就是金山银山"。

目前地球环境的破坏在很大程度上来源于汽车尾气的排放，而新能源汽车尤其是电动汽车成为未来汽车的发展方向。电动汽车目前未能完全取代燃油汽车，其中一个重要原因在于电池技术未能突破瓶颈。

电池技术领域是一个交叉技术领域，涉及电学、化学、机械、工程热物理等多个领域。近年来，随着消费类电池产品特别是电动交通领域的爆发式发展，电池技术得到了不断的发展和突破，各种新型电池技术不断出现，专利申请和科技文献均呈现较快的增长。同时，电池领域也是一个细分的技术领域，虽然电池的基本原理不变，但随着电池种类的不断丰富，不同电池技术在材料、结构、制备方法上千差万别。相比于国内一般研究人员，专利审查员在日常审查过程中对上述各种电池技术均有涉及，并且在不同技术的横向比较上也较为熟悉。因此，本书对近年来电池领域的新技术进行了总结，一方面提高了电池领域的专利审查能力，另一方面也为社会上相关研究人员提供了技术参考。

国家知识产权局专利局专利审查协作北京中心长期致力于为社会提供优质的审查服务，在此基础上，不断丰富和企业、高校、科研院所等创新主体的交流方式和交流内容。本书是2017年由北京中心审业部组织、电学部具体负责的一项重要工作，充分利用中心在电池领域的人力资源，对电池领域的新技术进行分门别类的分析、总结和预测，其中既包括新型化学电源，如超级电容电池、水系锂离子电池、锂硫电池、固体锂电池、金属空气电池、液流电池、燃料电池、石墨烯电池，也包括热门物理电源如铜铟镓硒薄膜太阳能电池。

本书的出版提高了北京中心在社会服务上的服务水平，对电池领域的创新主体的研究人员具有一定的参考价值，希望可以为电池行业的发展提供绵薄之力。

前　言

化学电池和太阳能电池属于清洁能源领域的重要电池技术，在国民生活中得到了广泛的应用，例如电动汽车、消费类电子产品等。电池技术在过去的三十年得到了长足的发展，电池行业也成为我国相对优势发展的产业，目前产业规模和从业人员、公司、高校、科研院所的数量在国际上均处于前列。但是也应当看到，目前的电池技术发展到了一个瓶颈，并不能够很好地满足社会的不断发展的需求，电池技术有待进一步突破。

近年来，国内外研究学者、企业在电池技术上不断尝试，提出了多种电池新技术，本书就是针对上述电池新技术，选择部分进行编写，试图从中发现未来电池发展的突破方向，为国内研究人员提供一个整体上的视野。

本书主要归纳和概述了超级电容电池、水系锂离子电池、锂硫电池、固体锂电池、金属空气电池、液流电池、燃料电池、石墨烯电池和铜铟镓硒薄膜太阳能电池，从电池的正负极材料、电解液、隔膜、电池结构和制备工艺入手，参考了国内外专利文献和非专利文献，分析了相关材料及制备方法，并结合已有的电池技术概述了电池的发展思路，预测了未来的发展方向。

本书共包括十章，各部分的完成人员如下：

第 1 章由徐国祥完成；第 2、3 章由焦永涵完成；第 4 章由周文娟完成；第 5 章由徐国祥完成；第 6 章由见姬完成；第 7 章由付花荣完成；第 8 章第 8.1 节、8.2 节由焦永涵完成，第 8.3 节、8.4 节由朱科完成；第 9 章第 9.1 节、9.2 节由徐国祥完成，第 9.3 节、9.4 节由张瑞雪完成；第 10 章由张跃完成。

由于水平有限，书中错误在所难免，敬请国内外专家指正。

编　者

2018 年 7 月

目　录

第1章　新型化学与物理电源的发展趋势

近年来，发展清洁能源已经成为全世界的共识。值得注意的是，中国近年来在清洁能源领域取得的成绩有目共睹。从 2005 年到 2016 年，中国的非化石能源年增长 10％以上。到 2016 年年底，中国可再生能源累计发电装机容量占全部发电装机的 3 成以上；此外，从 2015 年起，中国连续两年保持新能源汽车产销和保有量全球第一。中国未来还将大量发展低碳清洁能源，重视能源转型，并积极开展国际合作。

在 2015 年 5 月 19 日发布的《中国制造 2025》是中国政府实施制造强国战略第一个十年的行动纲领。围绕实现制造强国的战略目标，《中国制造 2025》明确了五大工程和十大领域。其中，在五大工程中，"绿色制造工程"和"高端装备创新工程"都与新能源领域的发展密不可分："绿色制造工程"要求开展重大节能环保、资源综合利用、再制造、低碳技术产业化示范……制定绿色产品、绿色工厂、绿色园区、绿色企业标准体系，开展绿色评价。到 2020 年，建成千家绿色示范工厂和百家绿色示范园区，部分重化工行业能源资源消耗出现拐点，重点行业主要污染物排放强度下降 20％。到 2025 年，制造业绿色发展和主要产品单耗达到世界先进水平，绿色制造体系基本建立。"高端装备创新工程"更明确要求组织实施包括节能与新能源汽车在内的一批创新和产业化专项、重大工程。开发一批标志性、带动性强的重点产品和重大装备，提升自主设计水平和系统集成能力，突破共性关键技术与工程化、产业化瓶颈，组织开展应用试点和示范，提高创新发展能力和国际竞争力，抢占竞争制高点。

由此可见，我国政府已充分意识到发展新型能源在未来的重要性，不同于一二十年前主要在移动通信与办公领域提供能量续航的要求，当前基于可持续发展与工业智能化等战略目标的实现，对作为非化石类能源的物理与化学电源在能量密度、功率密度、安全性、环境适应性、制造成本等方面提出了更为严苛的技术要求；而同时也为这一学科的发展带来了新的机遇。

本书正是在这样的背景下所诞生，编写组希望通过对目前物理与化学电源热点研究领域进行介绍与梳理，较为全面地从反应机理、材料特点、研究现状乃至知识产权保护状态等方面来撰写本书。

根据撰写顺序，本书将先后介绍超级电容电池、水系锂离子电池、锂硫电池、固体锂电池、金属空气电池、液流电池、燃料电池新技术、石墨烯电池以及铜铟镓硒薄膜太阳能电池。

1.1 超级电容电池

超级电容器又称为电化学电容器或双电层电容器。超级电容器与普通电容器在原理和结构上类似，都是由正极、负极和电解液三部分构成。二者的差别在于，超级电容器一般使用具有高比表面积的活性炭作为电极材料，其比表面积远大于普通电容器。

对电容器充电时，正极材料中将逐步积累正电荷，而负极材料中将逐步积累负电荷。同时，受电极上所积累电荷的静电吸引力的作用，电解液中的负离子将吸附在正极材料表面，而正离子将吸附在负极材料表面。所吸附离子的电荷与电极上的电荷大小相等、符号相反，分别形成双电层。本体溶液仍然是电中性的，但离子浓度相应下降，同时正负极间形成电势差。断开外电源后，双电层可以继续稳定存在。

依此双电层机制，电容器可以用于将外电源输入的电功转化为静电能的形式储存。放电过程与充电时相反，电极上储存的电荷将经过负载后中和掉，同时将所储存的静电能转化为电功；电极表面吸附的离子也重新回到溶液中。

锂离子电池是一种可充电电池。在充放电过程中，Li^+在两个电极之间往返嵌入和脱嵌；对电池充电时，正极电势逐渐升高，负极电势逐渐下降，在正负极间电势差的作用下，正极材料发生氧化反应，同时Li^+从正极脱嵌，经过电解液后嵌入负极，同时负极材料发生还原反应，负极处于富锂状态；放电时则相反，正极材料发生还原反应，负极材料发生氧化反应，同时，Li^+从负极脱嵌，重新嵌入到正极中。

依此电化学机制，锂离子电池充电时将电功转化为化学能的形式储存，放电时再将所储存的化学能转化为电能。这里电解液只起导通Li^+的作用，充放电时本体溶液的离子浓度几乎没有变化[1]。

超级电容电池的提出，由于结合了超级电容器的快速充放电特点和典型锂离子电池高能量密度的优势，有希望能够在一个能量部件/体系中同时实现高功率密度和高能量密度两方面的需求，从而克服目前在电容器原件和锂离子电池单元上各自存在的指标瓶颈。

锂离子电池的储能机理在本领域为广大技术人员所共知，基于锂离子在正负极材料中的嵌入/脱出，实现能量的释放与储存，但由于材料自身的结构特点与对应的充放电机理导致电池内部存在的欧姆极化和扩散极化的不可避免，难以在高能量密度的优势之上实现疾速充放电的超高功率密度。

超级电容器的发展使人们确认储能器件能够实现大电流充放电的技术要求，更看到了解决同时实现高能量密度与超高功率密度技术障碍的希望。

本书将在第2章对超级电容电池进行详细介绍。该章首先进行了超级电容电池的概述，作者按照锂离子电池＋超级电容器的构思介绍了两者的特点以使读者更易于理解超级电容电池的设计思想，对其命名方式、构成要素的结合方式、材料技术要求等内容进行阐述。随后就电池工作的理论基础进行了分析，与概述部分相对应，对理论基础方面的介绍集中于使读者能够基于锂离子电池的充放电储能机理与超级电容器的工作原理而非常容易过渡到超级电容电池的电极反应形式，并由此划分出合理的超级电容电池分类。在此基础上，对超级电容电池的正极材料、负极材料、电解液组分分别进行分析，对正极材料的介绍集中于活性炭、石墨烯以及脱嵌锂材料；对负极材料的介绍以中间相碳微球、三维孔炭材料和钛酸锂材料为主；在电解液部分则按照水系、有机电解液两大类进行介绍。并最终对超级电容电池的未来发展方向、应用潜力等进行了预测与展望。

1.2　水系锂离子电池

1994 年《科学》（*Science*）上首次报道了一种使用水溶液电解质的锂离子电池，水系锂离子电池具有价格低廉、无环境污染、安全性能高、高功率等优点，这种电池将来可望用于风力、太阳能发电等能量储存、智能电网峰谷调荷和短距离的电动公交车等，但受循环性差等制约一直无法投入实际应用。

大型的可充电电池也由此有望成为用来存储可持续能源的储能设备，它与用在移动电子设备上的小型电池的要求不同，必须具备高安全、低成本和长寿命的特点。与有机电解液体系相比，水系锂离子电池的能量密度虽然比较小，但它高安全性和低成本的优点使其仍是最有应用前景的电池之一。综合考虑商业化的水系电池的工作原理，例如镍氢（Ni—MH）、镍镉（Ni—Cd）和铅酸电池（Pb—Acid），可以发现上述类别电池不具有令人满意的循环稳定性。这是因为在循环过程中，Ni—MH 易被粉化，而 Pb—Acid 和 Ni—Cd 依赖于 Pb 和 Cd 溶解析出过程，这也就意味着电极材料不能完全可逆。水系锂离子电池采用了类似于有机系锂离子电池的"摇椅式"原理，即锂离子可逆地嵌入到可接受锂离子的负极及从含锂的正极中脱出而不引起电极材料结构的变化。通过选择合适的电极材料、电解液，控制 pH 及优化电池组装工艺，水系锂离子电池有望成为具有最长寿命的水系二次电池[2]。

和有机电解液不同，水系电解液的电化学窗口较窄，在选择水系锂离子电池电极材料时要考虑水的分解（即析氧或析氢）。考虑到析氧和析氢等因素的影响，相对于 Li/Li^+，嵌入电位在 $3\sim4$ V 的电极材料可用作水系锂离子电池的正极材料，如 $LiCoO_2$、$LiMn_2O_4$、$LiNi_xCo_{1-x}O_2$、$LiFePO_4$，嵌入电位在 $2\sim3$ V 的电极材料可用作负极材料。理论上来说，水系锂离子电池负极应选低电位的材料，正极选高电位的材料，但受析氢/析氧电位区间的影响，电池的工作电压一般在 1.2 V 左右。

在水系电解液体系中，嵌锂化合物的化学/电化学过程比在有机电解液中复杂得多，会发生许多副反应，如电极材料在水中溶解、电极材料与水或氧反应、质子与锂离子的共嵌问题、析氢/析氧反应等。所有的挑战在很大程度上都限制了水系锂离子电池的发展。

水系离子电池与传统（锂）离子电池最大的区别就是把易燃易爆的有机电解液从有机项改成水系电解液。但基于水的分解电压上限，与有机电解液离子电池相比较，能量密度和功率密度这两个特性会有所牺牲。虽然如此，水系锂离子电池在非便携式、非移动式化学电源领域的应用仍具有巨大前景。例如对于比较严苛地追求电池安全性、循环、成本以及可持续性的情况，水系离子电池是一个非常有潜力的发展方向。其在材料的选择上具有非常低的成本，在电池工艺上也可以低成本生产，电池材料具有可观的回收价值。目前水系离子电池产业化的进程还比较滞后。

水系离子电池的电解液为水基的，而溶剂水超过 1.23 V 就要分解，无法像锂离子电池一样做到 3.7 V 或者更高的电压。本书所要介绍和讨论的并非目前已经成熟产业化的铅酸电池、镍氢电池等这些电解液或者为酸性或者为碱性的水系电池，而是以中性水溶液作为电解液的离子电池。由此也可以发现：水系离子电池的技术要求，必须要在水的电化学窗口范围内寻找适于应用的具有电化学循环能力的正负极电极对。

本书将在第 3 章对水系锂离子电池做详细介绍。首先在概述部分对水系锂离子电池和传统有机电解液电池中的不同电解液特性进行了比较；然后对水溶液锂离子电池的理论基础进行了阐述；在对电极材料的分析中，首先以层状锂钴氧化物、尖晶石型锂锰氧化物和橄榄石型磷酸铁锂这三类为代表介绍了水系锂离子电池正极活性材料，然后就钒酸锂、LiV_3O_8 的掺杂改性和聚阴离子型化合物 $LiTi_2(PO_4)_3$ 分析了水系锂离子电池负极活性材料的技术特点；在电池电解液方面，就电解液浓度、溶解氧、pH 以及添加剂对水系锂离子电池电解液性能的影响做出了阐述；最终，笔者对水系锂离子电池的应用潜力、技术发展需要克服的问题等内容进行了展望。

1.3 锂硫电池

移动互联网时代的来临，电子设备小型化以及电动自行车、电动汽车、大型储能电站大规模发展和应用，对锂离子二次电池提出了更高比容量的要求。在锂离子二次电池体系中，相对于负极材料（如石墨和硅负极材料的理论比容量分别为 372 mA·h/g、4 200 mA·h/g），低比容量的正极材料（$LiFePO_4$ 和 $LiCoO_2$ 理论比容量分别为 170 mA·h/g、274 mA·h/g）一直是制约其发展的主要因素。因此，开发一种比容量高、循环寿命长、安全性能高的正极材料尤为重要。作为正极材料，单质硫具有最高的理论比容量，是一种非常具有应用前景的正极材料[3]。

锂硫电池从广泛意义上讲是将金属锂作为电池负极、将单质硫作为电池正极的一种化学电源，可被认为是锂电池的一种，本领域中对锂硫电池的科学研究从未停止，究其原因就在于其正极活性物质的比容量高达 1 675 mA·h/g，远远高于商业上广泛应用的如钴酸锂电池的容量。在如此惊人的容量密度下，硫本身又是一种价格低廉的化工原料，并且也是一种对环境友好的元素，对环境基本没有污染。因此，锂硫电池实质上可被认为是一种非常有前景的锂电池。

与其引人注目的优势相对应，锂硫电池的缺点也非常明显：硫元素的高绝缘性为其作为正极活性材料的使用带来的障碍、循环性差也是其在当前难以产业化的重要问题。

在本书第 4 章中，笔者首先就锂硫电池的基本电极反应机理和锂硫电池的基本优缺点进行了概述；随后按照对硫电极的不同改性方式，以硫/碳复合、硫/聚合物复合、硫/纳米金属氧化物复合、硫/金属复合以及多重复合及掺杂情况，详细介绍了目前为改善硫电极性能所进行的各种尝试；基于金属锂负极存在的种种问题，本章也对金属锂负极、其他负极种类进行了介绍；在对锂硫电池的介绍中，本书用一定篇幅论述了隔膜材料在锂硫电池中的作用，就隔膜而言，高分子聚合物隔膜、无机隔膜以及复合隔膜都是锂硫电池的可用隔膜，本章对这些材料的各自特点详细阐述；在本章的结尾部分，就正极材料、负极材料、电解液以及隔膜材料等锂硫电池组分在锂硫电池发展过程中所面临的技术困难和未来的发展趋势进行了预测与展望。

1.4 固体锂电池

对于通常采用液态电解液的常规的锂离子电池而言，由于所使用的有机溶剂本身存在稳定温度范围较窄、不易存储、易燃易爆的问题，在安全性方面一直不够理想，各种改性添加剂的使用一方面只能缓解上述问题，治标不治本，始终不能消除安全隐患；另一方面则反过来可能对电池的能量密度、循环性能、生产成本等带来消极影响。固体电解质的概念则为锂电池的发展带来了新思路：因为不涉及液态电解质，因而自带安全属性，不但消除了锂电池和锂离子电池的安全隐患，还在高能量密度和电池的微型化和轻薄化的实现方面具有得天独厚的优势。固体锂电池具有离子电导率相对高、储能容量大、循环倍率性能，大电流充放电性能，热稳定范围宽、超薄化和小型化，安全性能好的优势，使其在可穿戴设备和其他便携式电子设备方面等商业上的应用逐渐成熟，用量越来越大。

相比于液态电解质锂离子电池，全固态锂离子电池在提高电池能量密度、拓宽工作温度区间、延长使用寿命方面也有较大的发展空间：（1）固体电解质呈固体形态存在，使得单元内串联制备 12 V 及 24 V 的大电压单体电池成为可能；（2）避免了漏液及腐蚀问题，且热稳定性高，可以简化电池外壳及冷却系统模块，使电池重量减轻，提高能量密度；（3）电化学窗口达 5 V 以上，可以与高电压电极材料进行匹配，提高功率密度及能量密度；（4）不必封装液体，可以采用卷对卷方式大面积制造，提高生产效率，使用固态电解质除了在大型电池方面具有显著优势外，在超微超薄电池领域也有相当大的潜力。

目前，固体电解质电池显示了较好的性能，且已有很多报道。学术界及产业界正在将研究重点从固体电解质的开发及性能的提升转向全固态电池的结构设计和生产工艺的开发，并不断有电池样品及试制生产线面世[4]。

在本书第 5 章中，作者在固体锂电池的概述部分就锂电池的研究历史、工作原理以及目前的研究情况分别给予介绍；然后以金属及复合材料、氮化物、氧化物作为主要目标详细分析了负极材料的发展情况；在正极材料部分，锂金属氧化物、金属硫化物、钒氧化物成为主要的研究内容，笔者还就表面包覆技术对正极材料的作用单独进行了介绍；作为固体锂电池的核心组件，本章对固体聚合物电解质、无机固体电解质进行了详细的分析，并在此基础上对二者进行技术比较；基于合成符合技术要求的固体电解质，本章按照热处理法、物理气相沉积法、化学气相沉积法、旋涂法以及丝网印刷法对合成固体电解质的常用方法进行了介绍与分析；在总结与展望部分，就固态锂电池技术发展所涉及的反应机理问题、材料选择问题、技术参数问题等重要内容，笔者都给出了倾向性结论。

1.5　金属空气电池

金属空气电池是以金属为燃料，与空气中的氧气发生氧化还原反应产生电能的一种特殊燃料电池。金属空气电池以活泼的金属作为阳极，具有安全、环保、能量密度高等诸多优点。具有良好的发展和应用前景，甚至被寄予厚望替代当前新能源汽车主要的动力电池类型——锂离子动力电池。制作金属空气电池，可选用的原材料比较丰富。目前已经取得研究进展的金属空气电池主要有铝空气电池、镁空气电池、锌空气电池、锂空气电池等。这几种类型的金属空气电池有的已经具备大规模量产的条件，有的还停留在实验室阶段，有的已经在电动汽车方面取得良好的应用成果，并即将大规模装载新能源车辆。

本书第 6 章中，首先基于电极反应机理对金属空气电池的电池结构等基本内容进行了概述，列举了多种金属空气电池的性能参数比情况；而后从电池反应机理、金属负极材料以及电池电解质发展情况等方面，分别对锂空气电池、铝空气电池、锌空气电池、镁空气电池以及金属空气电极的技术发展情况进行了分类介绍；并基于其应用领域的发展进行了预测。

1.6　液流电池

随着世界经济的快速发展和人口的增多，能源和环境之间的矛盾日益加剧，因此以太阳能和风能为代表的新型清洁能源被大力开发。由于风能和太阳能的发电过程存在不稳定性和不连续性，导致其很难安全并入电网，因此需要配备低成本高效率的电能转化和储存装置。另外，智能电网的发展也需要一种可靠的储能装置来调节电网的功率输入输出，以达到最高的效率。在众多储能技术中氧化还原液流电池（液流电池）以其结构设计灵活、储能规模大、可快速充放电、响应速度快和安全性能高等优点成为最有发展潜力的大规模储能装置。近年来各种新型的液流电池体系被提出并被广泛研究[5]。

液流电池是由 Thaller（NASA Lewis Research Center，Cleveland，United States）于 1974 年提出的一种电化学储能技术。简单来说，液流电池由点堆单元、电解液、电解液存储供给单元以及管理控制单元等部分构成。液流电池是利用正负极电解液分开、各自循环的一种高性能蓄电池。其具有容量高、使用领域（环境）广、循环使用寿命长的特点。氧化还原液流电池是一种正在积极研制开发的新型大容量电化学储能装置，它不同于通常使用固体材料电极或气体电极的电池，其活性物质是流动的电解质溶液，最显著特点是规模化蓄电。在广泛利用可再生能源的呼声高涨形势下，可以预见，液流电池将迎来一个快速发展的时期。目前，液流电池普遍应用的条件尚不具备，对许多问题尚需进行深入的研究。

在本书第 7 章中，作者重点介绍了全钒液流电池，对其发展概况以及电池自身技术特点和最新进展进行了详细的阐述；并尝试按照非专利技术文献和专利技术文献的公布情况对锂离子液流电池进行进展介绍；除全钒液流电池和锂离子液流电池这两种重要的液流电池种类外，作者也对锌溴液流电池、锌铈液流电池、锌镍液流电池、铅液流电池、铁铬液流电池、多硫化钠、溴液流电池单独进行了介绍；并在结尾部分对液流电池的性能要求、技术方向等进行了预测。

1.7 燃料电池新技术

燃料电池是一种利用燃料和氧化剂将化学能转变为电能的化学电源，由于不经过热机过程，因此不受卡诺循环的限制，能量转化效率高（高达 40%～60%）；环境友好，几乎不排放污染物如氮氧化物和硫氧化物；CO_2 的排放量通常比常规发电厂的排放量减少 40%以上。鉴于燃料电池具有上述突出的优点，其研究和开发受到各国政府及企业的高度重视，被誉为 21 世纪首选的洁净而高效的发电技术。面对雾霾天气频发、我国环境保护形势异常严峻的情势，发展燃料电池等绿色新能源也就被提上日程。

随着环境问题和能源问题的日益突出，新能源汽车成为世界各大汽车厂商及研发机构的研究热点，而在其中，燃料电池汽车（Fuel-Cell Vehicle，FCV）以其高效率和近零排放的优点被普遍认为具有广阔的发展前景。

美国、欧盟、日本和韩国都投入了大量资金和人力进行燃料电池车辆的研究，通用、福特、克莱斯勒、丰田、本田、奔驰等大公司都已经开发出燃料电池车型并已经在公路上运行，普遍状况良好。近年来，我国在燃料电池方面的投入也不断加大，北京奥运会、上海世博会期间都有燃料电池轿车和大客车进行了示范运行。燃料电池汽车将在新能源汽车中占据重要地位已经是不争的事实。在中国国家"863"高技术项目、汽车工业"十五"规划的电动汽车重大科技专项与"十一五"规划节能与新能源汽车重大项目的支持下，通过产学研联合研发团队的刻苦攻关，中国的燃料电池汽车技术研发取得重大进展，初步掌握了整车、动力系统与核心部件的核心技术，基本建立了具有自主知识产权的燃料电池轿车与燃料电池城市客车动力系统技术平台，也初步形成了燃料电池发动机、动力电池、DC/DC 变换器、驱动电机、供氢系统等关键零部件的配套研发体系，实现了百辆级动力系统与整车的生产能力。

中国燃料电池汽车正处于商业化示范运行考核与应用的阶段，已在北京奥运燃料电池汽车规模示范、上海世博燃料电池汽车规模示范、UNDP（United Nations Development Programme，联合国开发计划）燃料电池城市客车示范以及"十城千辆"、广州亚运会、深圳大运会等示范应用中取得了良好的社会效益。

中国国家"863"高技术项目持续支持燃料电池汽车的技术研发工作，"十二五"规划期间为保持中国电动汽车技术制高点，继续保持了对燃料电池汽车的支持力度。从产业界来看，即使在"十五""十一五"规划燃料电池汽车全球产业化热潮期间，中国汽车工业界并没有在燃料电池汽车方面有明显投入，进入"十二五"后，在燃料电池汽车产业化趋于理性化的大背景下，上汽集团制定了燃料电池汽车发展的五年规划，以新能源动力为燃料电池电堆供应商，开始投入大量资金研发燃料电池汽车，目前正进行第三代燃料电池轿车 FCV 的开发[6]。

由以上分析可以看出，作为动力输出源，燃料电池在燃料电池汽车的研究中具有极其重要的地位。因此，开发高性能、低成本的燃料电池是技术关键。本书对燃料电池的介绍体现在"新技术"层面，在第 8 章开端对燃料电池的原理、技术分类和应用情况进行了简要的介绍；用较大篇幅阐述膜电极和电催化剂这两个重要组分：就膜电极而言，在对其基本情况进行概述的基础上，笔者对膜电极的自增湿和有序化技术进行了详尽的说明；对电催化剂的介绍中，笔者在概述了催化剂基本发展情况的基础上，着重分析了低铂核壳结构催化剂和非铂催化剂这两种重要催化剂类型。在此基础上，笔者建议了燃料电池的膜电极和催化剂在未来研发的重点。

1.8　石墨烯电池

性能稳定、安全高效的"超级电池"一直是人们追寻的梦想。被誉为"黑金"的石墨烯材料，是电池领域炙手可热的"材料明星"。在《中国制造 2025》选择的十大重点突破技术和战略产业中，石墨烯材料是前沿新材料领域的四大重点之一。作为目前发现的厚度最薄、强度最高、导电性能最好的新型纳米材料，石墨烯被称为可以改变21 世纪的"神奇材料"，这一"新材料之王"也势必会掀起电池领域的一场能源革命。

石墨烯是从石墨材料中剥离出来，由碳原子按照特殊结构排列成的二维晶体。2004 年英国曼彻斯特大学的科学家首次成功地从石墨中分离出石墨烯，时隔 6 年，他们因此获得了诺贝尔物理学奖。由于石墨烯超级之薄，使用了石墨烯的材料也将在"身材"上大幅度"瘦身"，石墨烯不仅是迄今为止自然界最薄的材料，也是强度最高的材料，石墨烯的断裂强度比最好的钢材还要高出 200 倍。此外，石墨烯的弹性同样惊人，可被无限拉伸和弯曲，抗压能力、导热和导电性也令它在诸多功能材料中崭露头角。石墨烯材料在近年来受到了空前的关注，由于石墨烯特殊的纳米结构以及优异的物理化学性能，在电子学、光学、磁学、生物医学、催化、储能和传感器等诸多技术领域展现出巨大的应用潜能，引起了科学界和产业界的高度关注。世界各国纷纷将石墨烯及其应用技术作为长期战略发展方向，以期在由石墨烯引发的新一轮产业革命中占据主动和先机。

第 9 章采用较多篇幅对石墨烯材料在电池中的应用进行了介绍，在概述部分对石墨烯的组成、结构和物化性质进行了系统阐述；基于现在对石墨烯材料的研究热度居高不下，目前存在多种石墨烯材料的制备技术路线，作者按照化学气象沉积法、氧化还原法、SiC 外延生长法、气相/液相剥离法、机械剥离法、有机转化法、电化学剥离法、光束照射法、切碳纳米管法、溶剂插层法等不同方式介绍了石墨烯材料目前的制备方法；并基于在锂离子电池正极材料、负极材料、导电剂以及集流体这几种不同原件中的应用，介绍了石墨烯材料在锂离子电池中的应用情况；在本章的最后部分，作者对未来在石墨烯的制备方法、在锂离子电池中的应用、石墨烯结构的改进以及功能化处理等方面给出了自己的预测展望。

1.9　铜铟镓硒薄膜太阳能电池

太阳能属于一种清洁无污染、取之不尽、用之不竭的理想能源，因此开发利用太阳能成为世界各国可持续发展能源的重要战略决策，无论是发达国家还是发展中国家，均制定了针对太阳能利用的中长期发展计划，把光伏发电作为人类未来能源的希望。太阳能电池的作用就是把太阳能转化为电能，制作太阳能电池的材料一般是半导体材料，能量转换原理则是利用半导体的光生伏特效应。在诸多的太阳能电池种类中，铜铟镓硒薄膜（CIGS）太阳能电池由于转换效率较高、制作成本较低、没有性能衰减等优良特性而日益受到人们的广泛关注[7]。

作为新型化学与物理电源的重要组成部分，太阳能电池在清洁能源领域的重要性是毋庸置疑的。事实上，经过多年的发展和研究，太阳能电池也衍生出了种类繁多的技术分支。笔者基于光吸收效率、户外性能、转换效率等考量因素，选取了铜铟镓硒薄膜太阳能电池作为典型代表进行介绍，详见第十章。

在第 10 章的概述部分，作者就太阳辐射概念、太阳能电池的基本原理、太阳能电池的分类、CIGS 薄膜太阳能电池薄膜以及电池结构的发展历史进行了详细介绍；在随后的篇幅中，作者依据电池构成要件，按照衬底（刚性衬底及柔性衬底）、阻挡层（材料及制备方法）、背电极（材料及制备方法）、吸收层（制备方法与结构）、缓冲层（材料及制备方法）、窗口层（材料与结构）进行分析；并对铜铟镓硒薄膜太阳能电池整体性能改进以及各层性能改进都给出未来发展的趋势预测。

综上所述，本书基于近年来化学与物理电源的不断发展，对超级电容电池、水系锂离子电池、锂硫电池、固体锂电池、金属空气电池、液流电池、燃料电池新技术、石墨烯电池以及铜铟镓硒薄膜太阳能电池这几类具有较高发展潜力和具有较大应用前景的电池进行了系统的介绍，希望能够通过这些新型电池技术的普及，为广大同行和对化学与物理电源感兴趣的读者提供一定的参考。

参考文献

[1] 廖川平. 超级电容电池 [J]. 化学通报，2014，77（9）：865—871.

[2] 易金，等. 水系锂离子电池的研究进展 [J]. 科学通报，2013，58（32）：3274—3286.

[3] 万文博，等. 锂硫电池最新研究进展 [J]. 化学进展，2013，11（11）：1830—1841.

[4] 刘晋，等. 全固态锂离子电池的研究及产业化前景 [J]. 化学学报，2013，71（6）：869—878.

[5] 贾传坤，等. 高能量密度液流电池的研究进展 [J]. 储能科学与技术，2015，4（5）：467—475.

[6] 李建秋，等. 燃料电池汽车研究现状及发展 [J]. 汽车安全与节能学报，2014，5（1）：17—29.

[7] 马光耀，等. 铜铟镓硒薄膜太阳能电池的研究进展及发展前景 [J]. 金属功能材料，2009，16（5）：46—49.

第 2 章　超级电容电池

2.1　超级电容电池概述

超级电容器也称超级电容，具有电容器的大电流快速充放电特性，同时也有电池的储能特性，并且重复使用寿命长，放电时利用移动导体间的电子释放电流，从而为设备提供电源。超级电容可以分为三类：法拉第准电容超级电容器，双电层电容器（EDLC）和混合型超级电容器，其中双电层电容器主要是利用电极/电解质界面电荷分离所形成的双电层来实现电荷和能量的储存；法拉第准电容超级电容器主要是借助电极表面快速的氧化还原反应所产生的法拉第"准电容"来实现电荷和能量的储存；而混合型超级电容器是一极采用电池的非极化电极（如氢氧化镍），另一极采用双电层电容器的极化电极（如活性炭），这种混合型的设计可以大幅度提高超级电容器的能量密度。

锂离子电池是一种开发于 20 世纪 80 年代，并于 20 世纪 90 年代商业化后不断发展，现已广泛应用于各种电力电子领域的化学电源，具有较高的化学容量和良好的使用寿命，是目前比较成熟的化学二次电池。

超级电容器和锂离子电池是两种重要的储能电源，两者的主要优点分别是高功率和高比能量，在现有材料体系下，两者的性能指标均已接近理论上限，进一步提升的空间不大。而近年来，电子类产品的快速发展，对电源高功率、高容量提出了更高的要求。在此驱动下，将两者结合起来，满足特别是电动汽车的需求势在必行。

超级电容电池的名称有多个，比如锂离子电容器、非对称型电化学电容器、电池型电容器、混合超级电容器等。超级电容电池作为超级电容器和二次电池的结合体，与传统的超级电容器和二次电池相比，超级电容电池的比功率是电池的 10 倍以上，储存电荷的能力远比超级电容器高，并具有充放电速度快、对环境无污染、循环寿命长、使用的温限范围宽等特点。

超级电容器与锂离子电池的结合有两种方法[1]：第一种方法是将锂离子电池和超级电容器在外部结合，通过电源管理系统组合成一个储能系统，但成本较高，且与目前追求的短小轻薄的发展思想相违背。另一种方法是从器件内部结合，将两者有机结合在一个单体中，从而使电源系统具备比功率高、重量和体积小、成本低的优点。

超级电容电池的概念最早在 1997 年由 ESMA 公司提出，其公开了 NiOOH/AC 混合电容器[2]，揭示了蓄电池和电化学电容器材料混合的新方法。2001 年，G. G. Amatucci 报告了一种新型的电化学电容器体系，电极的正极材料为活性炭，负极材料为锂离子电池负极材料 $Li_4Ti_5O_{12}$，在锂盐电解液中能量密度最高可以达到 20 $mA \cdot h/g$，接近目前铅酸电池的能量密度，而功率密度远高于锂离子电池，这是有关超级电容电池的最早报道[3]。

超级电容电池的研究主要集中在电极材料的研究开发上，其中主要包括：正极材料、负极材料和电解质体系。电池组成材料的性能基本上决定了超级电容电池的性能，因此选择性能好的正负极材料对整个超级电容电池性能的发挥具有至关重要的作用。一般来说，比较好的正负极材料应当具备[4]：

（1）材料具有较大的可逆吉布斯自由能，减小由极化造成的能量损耗，电化学容量也会比较高；

（2）材料内有较大的锂离子扩散系数，同样减少由极化造成的能量损耗，具有较高的倍率性能；

（3）材料结构具有较好的稳定性，保证具有良好的循环寿命；

（4）材料的放电电压比较平稳，有利于广泛应用；

（5）电极比表面积要大，从而满足超级电容器的高电容。

2.2 理论基础

从超级电容电池的构成来看，其储能方式兼具锂离子电池的锂离子脱嵌储能和超级电容器的双电层电容储能。

2.2.1 锂离子脱嵌储能

由于锂离子脱嵌储能原理可类比于锂离子二次电池的储能原理。充电时，Li^+ 从正极脱出并嵌入负极晶格，正极处于贫锂态；放电时，Li^+ 从负极脱出并插入正极，正极为富锂态。为保持电荷的平衡，充、放电过程中应有相同数量的电子经外电路传递，与 Li^+ 一起在正负极间迁移，使正负极发生氧化还原反应，保持一定的电位。化学方程式为[5]：

负极：$Li_xC_6 = Li_{x-y}C_6 + yLi^+ + ye^-$

正极：$Li_{1-x}MO_2 + yLi^+ + ye^- = Li_{1-x+y}MO_2$

总反应：$Li_xC_6 + Li_{1-x}MO_2 = Li_{x-y}C_6 + Li_{1-x+y}MO_2$

2.2.2 双电层电容储能

双电层储能的工作原理近似于超级电容器的储能原理。双电层电容原理是指由于正负离子在固定电极与电解液之间的表面上分别吸附，造成两个同体电极之间的电势差，从而实现能量的存储。这种储能原理，允许大电流快速地充放电，其电容的大小随所选电极材料的有效比表面积的增大而增大。加上直流电压以后，经过一段时间在电极与电解液的界面上就会形成双电层。

在充电过程中，正负两极发生的电化学反应过程如下：

正极：$E_s + A^- = E_s^+ // A^- + e^-$

负极：$E_s + C^+ + e^- = E_s^- // C^+$

总反应：$E_s + A^- + E_s + C^+ = E_s^+ // A^- + E_s^- // C^+$

式中：C^+、A^- 分别为电解液中的正、负离子，ES 代表电极表面，"//"表示积累电荷的双电层。充电时，电子从正极转移到负极，同时，正负离子在溶液中各自向相应的电极表面扩散，能量以电荷和离子相吸附的形式存储在电极材料与界面之间。由于电极电荷和溶液中相反电性的离子之间相互吸引，离子不会迁移到溶液中去，电荷也不会运动到对电极去，从而使得双电层能保持稳定[6][7]。

2.2.3 兼具锂离子脱嵌和双电层电容的储能原理

采用炭类负极制备的超级电容电池的锂离子脱嵌储能＋双电层电容储能原理[8]如下：充电时，锂离子在电场作用下从正极化合物中脱嵌进入电解液，正极活性材料同时吸附电解液中的阴离子，脱嵌的锂离子和电解液中的锂离子嵌入到负极中。放电时，阴离子从正极活性材料中脱吸附并进入电解液，负极中的部分锂离子脱嵌进入电解液向正极运动，达到电解液电荷平衡。该充放电的过程中正极发生双电层储能机理和锂离子脱嵌储能机理，其中在正极材料中提高用于电容的活性材料的比例可以提高功率密度，提高锂离子脱嵌化合物的比例可以提高工作电压和能量密度，因此正极材料中用于电容的活性材料和锂离子脱嵌化合物材料的比例对总体电化学性能影响很大。

在小电流充放电时，锂离子脱嵌储能占主导作用，电极表面的活性炭可以防止溶剂中锂离子与有机溶剂的共嵌入对内部石墨插层化合物的结构破坏，起到保护的作用，从而实现锂离子脱嵌储能的高能量；在大电流充放电时，双电层电容储能占主导作用，锂离子可以吸附和聚集在石墨的表面上形成双电层，从而弥补了石墨插层化合物在大电流下比容量的损失，实现高功率。通过将具有储锂功能和具有电容储能功能的电极材料进行复合达到兼具锂离子电池和超级电容器的储能优势，从而满足储能领域对于材料兼具高功率的需求。

2.2.4 超级电容电池的分类

按照正负极采用双电层储能或锂离子脱嵌储能的情况，可以把超级电容电池分为三类：（1）第一类的正极采用双电层储能，负极采用锂离子脱嵌储能；（2）第二类的正负极都采用锂离子脱嵌储能；（3）第三类的正极采用锂离子脱嵌，负极采用双电层储能。

2.3 正极材料

超级电容电池正极采用双电层储能机制和锂离子脱嵌储能机制，作为正极材料，其储能机理决定了其应该同时含有锂离子电池正极材料和超级电容器电极材料。只要电解液的分解电压允许，电池可以充电到很高的电压，并让正极通过双电层储能机制储存远高于负极快速电化学机制所储存的比容量，具有远超过普通锂离子电池的比功率。计算表明，只有当充电电压大于 11.2 V 时，超级电容电池的比容量才能够达到目前锂离子电池的水平。然而受限于目前电解液的分解电压，超级电容电池的比容量还不是很高。

就具体材料而言，目前应用于超级电容电池的正极材料主要是炭材料和脱嵌锂正极材料，炭材料具有良好的导电导热性能、优良的抗化学腐蚀性、低热膨胀系数、高比表面积、循环性能稳定、成本比较低、生产工艺成熟和绿色环保等优点，是常用的超级电容电池正极材料，主要的炭材料有活性炭和石墨烯，脱嵌锂正极材料属于锂离子电池领域常用的正极材料，具有优良的储锂性能。

2.3.1 活性炭

活性炭是一种经处理加工后的多孔炭材料，活性炭的制备原料来源丰富，木材、煤果壳、树脂、石油焦、沥青等都可作为原料用来制备活性炭。在所有超级电容器电极材料中，活性炭是研究最早和技术最成熟的，活性炭材料具有以下优点：比表面积大、孔隙结构发达且开口气孔率高，便于存储大量的电解液；活性炭具有对酸、碱液的优良的化学稳定性，容易加工且来源广泛、价格低廉；目前，商品化的活性炭的比表面积约为 $700\sim2200$ m^2/g，在水系电解液中比电容在 $70\sim200$ F/g，有机电解液中比电容为 $50\sim120$ F/g。

活性炭的制备方法有物理活化和化学活化。物理活化包括炭化、活化两步，炭化主要是在惰性氛围中将原材料中的一些杂原子去除，活化主要是用氧化剂 CO_2、H_2O 或者混合气体对原材料进行造孔。化学活化主要是利用一些如硫酸、氢氧化钾、磷酸、氯化锌等化学活化剂对原材料进行化学腐蚀，从而制备具有高比表面积和发达孔隙结构的活性炭。

活性炭材料用于超级电容电池正极时可以单独使用，也可以与其他正极材料混合使用，近年来逐渐出现在专利文献中，成都银鑫新能源有限公司[9]于 2013 年公开了一种超级电容电池，其中正极材料由活性炭与磷酸锂按重量比 1：2.36～1：5.91 复合而成，超级活性炭的作用为形成双电层提供极大的比表面积；使电池具有高的电容量。磷酸锂为正极提供形成双电层所需的阴离子，同时为负极提供插入石墨晶体的锂离子。充电时，正极中的活性炭材料上将积累起正电荷，在表面形成碳正离子（C^+），同时表面吸附的磷酸锂中的锂离子（Li^+）将受碳正离子的静电排斥作用而从正极中脱出，进入到电解液中，留下的磷酸根离子（PO_4^{3-}）将与活性炭表面的碳正离子一起构成双电层，正极材料在整体上仍然保持电中性；与此同时，与锂离子电池中负极的情况相同，溶液中的锂离子将嵌入到石墨类材料的层间结构中。当对电池放电时，上述过程逆转。因此，充放电时，这里正极上发生的锂离子的脱附或吸附过程仅涉及电荷之间的静电相互作用，具有双电层储能机制；而负极上发生的锂离子的嵌入或脱出过程却是电化学反应。

东莞市迈科新能源有限公司[10]等于2013年同样公开了一种超级电容电池及其制备方法，正极材料采用含钒含锂的锂离子电池材料与活性炭等电容材料相互复合。含钒的锂离子电池材料具有相对其他锂离子电池材料更高的锂离子扩散系数，即整体体现出倍率性能优越的特性，更能兼顾本体系的高功率密度与高能量密度。

2.3.2　石墨烯

石墨烯是曼彻斯特大学的Geim教授于2004年发现的一种新型二维平面纳米材料。它是由单层碳原子紧密堆积而成二维晶格结构。石墨烯为复式六角晶格，每个六边形结构中有两个碳原子，每个原子与最接近的三个原子间形成三个C—C键。由于每个碳原子具有四个价电子，所以每个碳原子又会贡献出一个剩余的P电子，它垂直于石墨烯平面，与周围原子形成未成键的电子，这些电子在晶体中自由移动，从而使六边形的石墨烯晶体结构具有非常优异的导电性。理论比表面积为 $2\ 600\ m^2/g$，热导率为 $3\ kW/（m \cdot K）$，室温下平面上的电子迁移率为 $1.5 \times 10\ cm^2/（V \cdot s）$。

目前，制备石墨烯的主要方法包括微机械剥离法、氧化还原法、化学气相沉积法和外延生长法，其中氧化还原法的生产成本相对低廉，且容易实现规模化生产，其主要生产步骤包括：石墨经化学氧化得到石墨氧化物，使层间距从 $0.34\ nm$ 扩大到 $0.78\ nm$，再通过外力剥离得到单原子层厚度的石墨烯氧化物，进一步还原该氧化石墨烯即可得到石墨烯。

在超级电容电池中以三维石墨烯基多孔碳材料为正极，石墨烯氧化物为负极，$1.0\ mol/L$ 的 $LiPF_6$—EC/DMC/DEC 为电解液，工作电压可达到 $4.2\ V$，能量密度可达到 $148\ W \cdot h/kg$，功率密度法到 $7.8\ kW/kg$，在 $5\ C$ 倍率下循环性能良好。因此石墨烯是一种很有潜力的储能材料，在超级电容电池领域中具有良好发展前景。

2.3.3　脱嵌锂正极材料

能够用于超级电容电池的脱嵌锂正极材料较多，参考锂离子电池正极材料，不过一般出于电池容量的考虑，通常超级电容电池的正极选择使用磷酸铁锂、镍钴锰酸锂、钒系复合氧化物等正极材料，上述材料制备的正极在充电过程中提供锂离子、放电过程中嵌入锂离子，整个电化学储能、释放的过程与锂离子电池相似。上海奥威科技开发有限公司于 2009 年公开了一种有机混合型超级电容器[11]，其采用由正极、负极、介于两者之间的隔膜及电解液组成，其特征在于正极采用锂离子嵌入化合物，负极采用硬碳与多孔炭材料的混合物，电解液采用含有锂离子的非水有机溶剂，该超级电容电池的比能量能达到 45～80 W·h/kg，比功率大于 4500 W/kg。

在超级电容电池的研究发展过程中，采用多种正极材料混合使用，比如将活性炭、介孔碳等碳材料与磷酸钒氧锂[12]等含锂化合物、铁系、钒系或镍锰钴系嵌锂化合物[13]、锂离子嵌入化合物如 $LiCoO_2$、$LiMn_2O_4$、$LiNiO_2$、$LiFePO_4$ 等锂复合金属氧化物混合制备正极，从而获得较好的电化学性能，属于一种通常的技术手段。

2.4 负极材料

超级电容电池中负极电势控制在高于金属离子的还原电势，以避免金属离子还原析出。负极必须具有很低的电化学反应阻抗，从而保证超级电容电池具有很高的比功率。另外，该负极还应该具备很高的结构稳定性，从而具有很高的循环寿命。

目前负极材料的研究主要分为三类：一类是根据活性炭满足双电层储能，通过石墨插层化合物满足锂离子脱嵌储能，具体通过将活性炭与石墨插层化合物复合[14][15][16][17]，比较典型的材料是中间相炭微球；另一类是根据双电层储能和锂离子脱嵌储能，利用不同的方法制备出三维孔径的炭材料[18][19]；第三类是根据锂离子脱嵌储能，利用锂复合金属氧化物，比较典型的是 $Li_4Ti_5O_{12}$。

2.4.1 中间相炭微球

活性炭是超级电容器最早采用的炭电极材料，也是目前研究得最多的一种电极材料。在锂离子电池用炭负极材料中，石墨插层化合物（GIC）应用最为成功，与其他嵌入材料相比，该炭材料具备较高的法拉第容量、高循环效率和低电化学电位[20][21]。中间相炭微球（CMS）属于石墨插层化合物的一种，具备球形的颗粒和高度有序的层面堆积结构，有利于锂离子从球的各个方向嵌入和脱嵌，避免了其他石墨类材料由于各向异性过高引起的石墨片溶胀、塌陷和循环性能不佳的缺陷，成为目前应用广泛的一种炭材料。

中南大学[22]于 2007 年公开了一种用于超级电容电池的石墨－活性炭复合负极材料的制造方法，采用合成的石墨－活性炭复合材料作为负极材料，该复合材料兼具锂离子可逆脱嵌锂贮能特性与电化学电容贮能特性，通过同步合成模板炭化法提高石墨－活性炭复合材料中孔率，使合成模板物质和炭前驱体聚合物的两个溶胶－凝胶反应同时发生，实现对模板物质和炭前驱体聚合物网络结构的同步控制，使炭的中孔分布更为合理，中孔率进一步提高，极大地提高了电化学电容，将高电导率的炭纳米管或碳纤维内嵌于活性炭中形成网络结构，产生多维电子通道，大大提高了复合负极材料的电子电导率，从而满足负极材料超高倍率充放电的要求。

2.4.2　三维孔炭材料

三维孔炭材料是指具有大孔、中孔、微孔三维层次孔结构的炭材料，孔径大于 50 nm 的是大孔，孔径为 2～50 nm 的是中孔，孔径小于 2 nm 的是微孔。大孔结构作为准体相的电解液储存池以缩短离子扩散距离，中孔结构提供快速的离子输运通道，大孔、中孔协同作用可实现电解液离子在多孔炭电极中的准体相快速扩散行为；微孔的高静电吸附容量赋予优异的电化学储能活性[23]。研究表明多孔石墨化炭材料用于锂离子电池负极时，其表面的纳米孔可以缩短离子传输距离，减小极化电阻，从而得到大的比容量和良好的倍率性能。多孔活性炭用于超级电容器时，孔径为 2～50 nm 的中孔炭材料，相对于微孔和大孔炭材料，形成的双电层电容器比电容最大。

2.4.3　$Li_4Ti_5O_{12}$ 材料

$Li_4Ti_5O_{12}$ 是一种碱金属锂和过渡金属钛的复合氧化物，具有反尖晶石结构，晶型属于 AB_2X_4 系列，空间点群为 Fd3m，晶胞参数为 $a=0.836$ nm，同一个晶胞中，32 个氧负离子按照立方密堆积的排列方式排列，占总数 3/4 的 Li^+ 被四个氧负离子紧邻作正四面体配体嵌入空隙，剩余的 Li^+ 和所有 Ti^{4+}（原子数目 1∶5）被六个氧负离子紧邻作正八面体配体嵌入空隙，其稳定致密、结构可以为有限 Li^+ 的穿过提供通道，电导率并不高，只有 10^{-9} S/cm。

$Li_4Ti_5O_{12}$ 电极材料的充放电电压非常的平稳，平均电压平台为 1.56 V，理论容量大概为 175 mA·h/g，其在电极反应过程中的晶体结构稳定性好，伴随锂离子的脱嵌、嵌入的体积变化几乎为零，因此具备稳定的放电电压平台和优良的循环稳定性，相对金属锂电位比较高（1.56 V），使得电解液的选择比较多，作为动力电池使用时，能够有效避免电解液的分解。材料来源也比较丰富，应用前景看好。

山东神工海特电子科技有限公司[24]于 2008 年公开了一种 1.5 V 电容电池，正极中包含磷酸铁锂、活性炭、黏接剂、导电剂和集流体，所述的负极中包含尖晶石结构的钛酸锂、非晶态二氧化钛、黏接剂、导电剂和集流体。隔膜为具有微孔的聚丙烯、聚乙烯或者两者构成的复合薄膜，或者纤维制成的纸质薄膜。电解液为锂盐溶解在有机物溶液中制成，正极和负极两种材料的选择，使得电容电池具有大电流放电强、小电流放电能力高的特性。

$Li_4Ti_5O_{12}$ 电极材料也可以与炭材料复合作为超级电容电池的电极材料使用，中南大学、湖南业翔晶科新能源有限公司于 2009 年公开了一种 $Li_4Ti_5O_{12}/C$ 复合电极材料的制备方法[25]，采用二步煅烧固相反应工艺，即先进行低温预烧，制得中间相产物，再进行高温煅烧，一方面抑制高温长时间下锂盐的挥发，另一方面先低温预烧，后高温晶化，降低反应温度，缩短反应时间，节约能源。同时，在中间相产物中加入碳源，一方面节约反应原料，制备出导电性能好的 $Li_4Ti_5O_{12}/C$ 材料，另一方面有效抑制高温下晶粒尺寸的进一步长大，有效改善倍率性能。制备的 $Li_4Ti_5O_{12}/C$ 复合电极材料 $0.2C$ 充放电电流下克容量为 $152.4\ mA \cdot h/g$，$0.5\ C$ 充放电电流下克容量为 $141.3\ mA \cdot h/g$，$3\ C$ 充放电电流下克容量为 $129.4\ mA \cdot h/g$。$1\ C$ 充放电时材料的 100 次循环的容量保持率 $\geqslant 95\%$，具有高的充放电倍率特性，并且具有好的循环性能。制备成本低廉、工艺简单、反应耗能少，容易实现规模化生产。

2.5 电解液

电容器根据所使用的电解液不同可以分为两大类：水系锂离子电容器和非水系锂离子电容器。

对于水系锂离子电容电池，主要包括复旦大学夏永姚[26]等开发的以嵌锂化合物为正极、活性炭材料为负极、水系锂盐为电解液的混合电容器体系。水溶液的充电电压最高只能到约 $1.3\ V$，电池的比能量有限。

非水系锂离子电容器也称为有机系锂离子电容器，它是目前研究最多的混合电容器之一，一般采用含有锂盐的碳酸酯类的电解液，主要采用碳酸二甲酯（DMC）、碳酸二乙酯（DEC）、碳酸乙烯酯（EC）以及碳酸甲乙烯酯（EMC）等作溶剂，以 $LiPF_6$ 等锂盐作溶质，再添加适当的添加剂构成电解液。这种有机电解液的使用可以提高电容器的工作电压，从而可以大幅提高超级电容电池的能量密度。但是当电容器的工作电压超过一定值时，电解液会发生分解产生气体，产生安全隐患，因此这种非水系锂离子电容器的充放电电压也要控制在合适的范围内。

中南大学[27]于 2007 年公开了一种超级电容电池用的电解液，电解液包括锂盐、非水有机溶剂、添加剂；所述的非水有机溶剂为碳酸二甲酯、碳酸二乙酯、碳酸丙烯酯、碳酸乙烯酯、亚硫酸乙烯酯、亚硫酸丙烯酯、碳酸丁烯酯、Y－丁内酯、碳酸甲乙烯酯、碳酸甲丙酯、乙酸乙酯、乙腈中的至少两种。选择性地提出采用含 Li^+ 的电解质，采用碳酸酯类溶剂以及功能添加剂，合成电解液，从而提高包括 Li^+ 的电解质离子在电解液和电极界面的迁移速率，从而使超级电容电池具有高能量密度的同时，还具有高功率密度、大电流放电、良好循环寿命的特点。

2.6 总结与展望

超级电容电池就是超级电容器与锂离子电池的有机结合的产物，因此，超级电容电池的发展水平基本上受制于超级电容器与锂离子二次电池发展，具体地说，超级电容电池的正极材料、负极材料、电解液基本上同样应用于单独的超级电容器与锂离子电池，因此超级电容器的发展必然会随着锂离子电池与超级电容器的发展而不断发展。

锂离子电池的储能机理属于一种化学可逆反应，在正极材料研究上，锂离子电池的正极材料目前比较成熟并且商业化应用比较成功的是磷酸铁锂与镍钴锰三元正极材料，在负极材料的发展上，石墨烯等先进碳材料目前研究也比较成熟，商业化应用也在逐步推进过程中。上述材料也能够应用于超级电容电池中，从而推动其性能得到进一步的提高。超级电容器的储能机理更多的属于一种物理过程，仅涉及电荷运动，不涉及化学反应，在一定程度上，超级电容器的进步更多地表现在电容器的机理和结构上，当然材料的发展也在一定程度上提高了电容器的性能。因此，就两者的结合而言，超级电容器与锂离子电池的改进并不影响两者的有机结合，超级电容电池也会随着任意一方的进步而进步。

同时，也正是由于超级电容电池属于超级电容器与锂离子电池的有机结合，因此超级电容电池也受制于锂离子电池和超级电容的发展水平，具体来说，就锂离子电池而言，锂离子电池的发展瓶颈在于正极材料，正极材料的比容量要小于负极材料，今年开发的石墨烯等碳材料具有非常高的储锂容量，但正极材料的锂含量有限，因此可以通过减少单位电池中负极的比例、提高正极的比例从而提高正极的能量密度。超级电容电池只是对锂离子电池正负极的复用，虽然有超级电容器结构提高容量，但正极的材料容量有限，电池的储能机理占据超级电容电池的大半部分，因此超级电容电池就化学储能这一部分而言，同样受制于正极材料的容量。

关于超级电容电池的发展，在结构上，目前超级电容电池通常正极采用化学储能和电容器双电层储能相结合，而负极采用化学储能；将双电层储能设置在正极从而具备较高的电压使得电容器储能具备较高的能量；然而就一般情况而言，正极容量相对于负极要小，并且化学储能的容量要高于电容储能，如果要提高整体容量，将双电层储能设置于负极、提高正极材料的利用率属于一个相对较好的办法，对于负极，虽然电压较低，但可以通过一些方法以增加电压降低部分电容损失。在材料上，可以通过使用金属锂负极，同时将石墨烯等高容量储锂材料用于正极从而提高电容电池的锂容量，随之而来的会有锂枝晶析出的问题，这个问题可能会随着研究的不断深入而解决，从而使超级电容电池相对于现有的锂离子电池和超级电容器具有显著的性能优势，在实际中得到较广泛的应用。

参考文献

[1] Pasquier A D, et al. A comparative study of Li-ion battery, super-capacitor and non-aqueous asymmetric hybrid devices for automotive applications [J]. Power sources, 2003, 115 (1): 171—178.

[2] 刘兴江，等. 电化学混合电容器研究的进展化 [J]. 电源技术, 2005, (29): 787—790.

[3] Amatucci G G, et al. An Asymmetric Hybrid nonaqueous energy storage cell [J]. Journal of the Electrochemical Society, 2001 (148): A930—A939.

［4］李阳兴. 锂离子电池的研究与开发［C］. 第四届中国国际电池技术交流会论文集. 北京，1999：200－202.

［5］Burchell T D. Carbon materials for energy production and storage［C］. Conference of the NATO Advanced-Study-Institute on Design and Control of Structure of Advanced Carbon Materials for Enhanced Performance，1998：277－294.

［6］马仁志，等. 基于碳纳米管的超级电容器［J］. 中国科学（E辑），2000，30（2）：112.

［7］洪波，等. 双电层电容器高比表面积活性炭的研究［J］. 电子元件与材料，2002，21（2）：19.

［8］李劼，等. 超级电容电池用炭类复合负极材料的研究［J］. 功能材料，2009（4）：628.

［9］成都银鑫新能源有限公司. 电池正极材料及其制备方法和所制成的超级电容电池：中国，CN103311501A［P］. 2013－09－18.

［10］东莞市迈科新能源有限公司，等. 一种超级电容电池及其制备方法：中国，CN103745833A［P］. 2014－04－23.

［11］上海奥威科技开发有限公司. 有机混合型超级电容器：中国，CN103311501A［P］. 2009－04－15.

［12］朝阳立塬新能源有限公司. 一种混合超级电容器：中国，CN101699590A［P］. 2010－04－28.

［13］广州天赐高新材料股份有限公司. 一种混合电化学电容器：中国，CN101494123A［P］. 2009－07－29.

［14］李劼，等. 超级电容电池用炭类复合负极材料的研究［J］. 功能材料，2009（4）：621－628.

［15］Khomenko V，et al. High-energy density graphite/AC capacitor in organic electrolyte［J］. Power Sources，2008（177）：643.

［16］Wang Hongyu，et al. Graphite，A suitable positive electrode material for high-energy electrochemical capacitors［J］. Electrochemistry Commun，2006（8）：1481.

［17］Osamu Hatozaki. Lithium ion capacitor（LlC）［C］. 16th International Seminar on Double Layer Capacitors & Hybrid Energy Storage Devices. Florida，USA，2006：241.

［18］Nicolas Brun，et al. Hard macrocellular silica Si（HIPE）foams templating micro/macroporous carbonaceous monoliths：Applications as lithium ion battery negative electrodes and electrochemical capacitors［J］. Adv Funct Mater，2009（19）：3136.

［19］Wang D W，et al. 3D aperiodic hierarchical porous graphitic carbon material for high-rate electrochmical capacitive energy storage [J]. Angew Chem Int Ed, 2008, 47 (2): 373.

[20] Aurbach D, et al. On the behavior of different types of graphite anodes [J]. Power Sources, 2003 (119): 2—7.

[21] Li F Q, et al. Electrochemical behaviors of $Et_4NBF_4+LiPF_6/EC+PC+DMC$ electrolyte on graphite electrode [J]. Acta Phys Chim Sin, 2008, 24 (7): 1302—1306.

[22] 中南大学. 一种超级电容电池负极材料的制备方法: 中国, CN101071852A [P]. 2007—11—14.

[23] Han Y S, et al. Investigation on the first-cycle charge loss of graphite anodes by coating of the pyrolytic carbon using tumbling CVD [J]. Electrochem SOC, 2004 (151): A291.

[24] 山东神工海特电子科技有限公司. 1.5 V 的充电电容电池: 中国, CN101162789A [P]. 2008—04—16.

[25] 中南大学湖南业翔晶科新能源有限公司. 一种 $Li_4Ti_5O_{12}/C$ 复合电极材料的制备方法: 中国, CN101587948A [P]. 2009—11—25.

[26] 夏永姚, 等. 水系锂离子电池研究进展 [J]. 电源技术, 2008 (7): 431—434.

[27] 中南大学. 一种超级电容电池用电解液: 中国, CN101079511A [P]. 2007—11—28.

第3章　水系锂离子电池

3.1　水系锂离子电池概述

水系锂离子电池的概念最先是由加拿大学者 Dahn[1] 和他的同事于 1994 年在 Science 上提出的，相对于传统的有机电解液如酯类等的锂离子电池，Dahn 等采用 $LiMn_2O_4$ 作为正极材料，VO_2 作为负极材料，以 $LiNO_3$ 水溶液作为电解液取代了有机电解液，降低了电池的成本，提高了电池的安全性。虽然该电池体系的循环寿命有待进一步提高，但为锂离子电池的发展提供了一个新的研究方向。

一般锂离子电池由正极、负极、电解液和隔膜组成。正负极材料通常采用能够反复嵌入/释放 Li^+ 的层状化合物，正极采用高电势嵌锂化合物，负极采用低电势嵌锂化合物，锂离子电池的充放电反应就是 Li^+ 在两电极之间反复嵌入/脱出电极层状化合物的过程。充电时，Li^+ 从正极的层状结构脱出经由电解液、隔膜到达负极并嵌入层状结构中；放电时，Li^+ 在自由能的作用下从负极的层状结构中脱出，再次经由电解液、隔膜回到正极并嵌入层状结构当中。

电解液作为组成锂离子电池的主要部分之一，是传递离子及电荷的媒介，电解质的选择通常考虑以下几个因素：工作温度、电导率、稳定性等。通常电解质的选择包括有机溶液电解质、水溶液电解质、固体电解质。

水系锂离子电池与非水电解质锂离子电池的比较如表 3-1。

表 3-1　水电解质与非水电解质电池的特性比较

性能参数	水溶液电解质电池	非水电解质电池
嵌锂能力	好	好
离子传导性	高	较前者低两个数量级
安全性	高	低
装配	容易组装	难组装
成本	不昂贵	昂贵
电池效率	高功效	低功效
环境污染	很小	小
电解质可得性	易	难
现状	循环寿命低	循环寿命高

可以看出，水系锂离子电池与传统有机电解质锂离子电池相比具有以下优点：（1）电解质的离子电导率比有机电解质高了几个数量级，电池的比功率可望得到较大提高；（2）避免了采用有机电解质所必需的严格组装条件，成本大大降低，同时，对应的锂盐也比较容易获得，相较昂贵的 $LiPF_6$ 价格便宜；（3）安全性能高，生产环境良好，环境友好。

3.2　水溶液可充锂电池的理论基础

金属锂的化学性质非常活泼，其标准电解电位为 $-3.045\ V$（vs. NHE），因此金属锂在水溶液中是不稳定的，金属锂作为常用的锂电池负极材料在诸如水系电解质溶液中不能稳定存在，主要原因是水与金属锂反应，反应生成的 LiOH 溶于水，不在电极表面形成钝化层阻止反应的进行。根据理论推断出的公式：

$$V(x) = 2.23 - 2\,kTln\,(Li^+)\ (V)$$

从理论上可以证明，锂在大约 3.2 eV 左右嵌入化合物从而能与其紧密结合，不再与水反应生成 LiOH。因此水系锂离子电池的关键在于选用合适的电极材料。

水系锂离子电池具有可行性必须建立在选择具有合适嵌锂电位的电极材料和合适 pH 的电解液基础上。当电位高于（低于）水的稳定区间时，会发生析氧（析氢）反应。这使得水溶液锂离子电池的电压区间受到一定的限制。因此对于水溶液电池来说，选择合适嵌锂电位的正负极材料具有至关重要的意义。

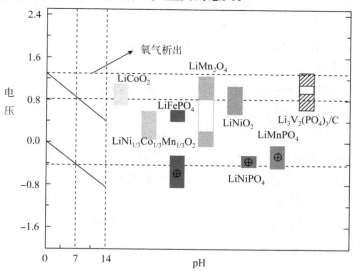

图 3-1　常见嵌锂化合物的电极电势以及在不同 pH 水溶液中的稳定电位区间

图 3-1 是一些常见嵌锂化合物的电极电势以及在不同 pH 水溶液中的稳定电位区间。左边是相对于氢标准电极（NHE）的电极电势，右边是相对于 Li^+/Li 电极的电极电势。在水溶液中，必须考虑到析氢和析氧电势。电极电势在水的稳定窗口之上就会

析氧，在水的稳定窗口之下就会析氢。由于超电势的存在，实际的析氢和析氧过程会分别发生在更低和更高的电位，因此实际的电池可以在更宽的电位范围内充放电，材料的选择范围会更大一点。

3.3　正极材料

水系可充锂离子电池的正极材料必须要能反复地进行脱出和插入锂，并且，脱锂和嵌锂电压要低于氧气析出电压，以确保水系电解液的稳定，另外，要最大化能量密度，增加锂的脱出和嵌入电压同样重要。层状锂钴氧化物、尖晶石型锂锰氧化物和橄榄石型磷酸铁锂是目前常见的正极材料。

3.3.1　层状锂钴氧化物

锂钴氧（化学式为 $LiCoO_2$）是在有机锂电池中第一个实现大规模商品化生产的正极材料，其主要应用于可移动电子设备中，如笔记本电脑、手机、数码相机等。在水系中，$LiCoO_2$ 材料也有研究。

$LiCoO_2$ 是 $a-NaFeO_2$ 型层状结构，空间群为 R3m。这种材料具有锂离子电导率高的优点，锂离子扩散系数为 $10^{-9} \sim 10^{-7}\ m^2\ s^{-1}$。电子电导率也比较高，其理论容量可高达 270 mA·h/g[2]。

早期研究的 $LiCoO_2$ 在水系电解中的性能并不好，以 $LiCoO_2$ 为正极组成的电池体系首次放电比容量仅为 33 mA·h/g（1 C 倍率），100 次充放电循环后[3] 容量仅为 16 mA·h/g。后续研究通过将 $LiCoO_2$ 材料制备纳米化[4]、控制充放电电压范围[5]，从而提高了容量和循环性能。

在机理研究方面，研究表明层状 $LiCoO_2$ 正极材料的电化学稳定性与溶液的 pH 有关[6]。循环过程中的电解液 pH 小于 9 时，材料的电化学稳定性较差，当溶液的 pH 大于 11 时，就会变得很稳定。此外，研究发现，H^+ 可以替代溶液中的 Li^+ 进行反应，替代 H^+ 易与晶格中的氧原子结合，形成 H—O 键，由此代替了正八面体中氧原子的中心位置，H 也更趋向于空缺位，由于 H 空缺位能量较为复杂，使得材料本身的空缺位反而增多了。此时，工作电压在放电末期将会变小，并且使得 Li^+ 扩散通道受阻，当然，若是晶格中 H 的量较小，则影响不大，但是随着 H 的提高，材料中的嵌入 H 会逐渐增多，导致循环稳定性变差，甚至 Li^+ 将无法扩散。

3.3.2　尖晶石型锂锰氧化物

$LiMn_2O_4$ 是立方尖晶石结构。$LiMn_2O_4$ 的锂离子嵌锂电位比较高，理论比容量高达 148 mA·h/g，另外锰的来源广，价格便宜，污染小，已经成为目前研究最为广泛的水溶液锂离子电池正极材料。

加拿大的 Dahn 教授首次提出的水溶液锂离子电池的相关研究中采用的正极材料就是尖晶石型 $LiMn_2O_4$，平均工作电压为 1.5 V，实际比能量接近 40 W·h/kg。复旦大学吴宇平教授研究的 $LiMn_2O_4/2M\ Li_2SO_4/LiV_3O_8$ 水溶液锂离子电池平均工作电压为 1.04 V，首次放电比容量为 55.1 mA·h/g，和镍氢和镍镉电池体系相当。

目前对 $LiMn_2O_4$ 材料的研究包括包覆、制备纳米材料、多孔化处理等方式，其效果各有异同。

$LiMn_2O_4$ 正极材料在水系锂电池应用之初，容量衰减严重（10 圈充放电循环后，容量衰减 15%）。然而经过多年的改性研究，该材料获得较大进步。以包覆碳和未包覆碳的 $LiMn_2O_4$ 为正极[7]，LiV_3O_8 为负极，饱和 $LiNO_3$ 为电解液，组成的电池体系在 0.25～1.4 V 区间内充放电时，没有氧气和氢气的析出，0.2 C 时，水溶液中的性能与有机电解液中的性能相似，未包覆的 $LiMn_2O_4$ 和包覆碳的 $LiMn_2O_4$ 在 42 圈循环后的放电容量保持率分别为 78.7% 和 85.96%。因此，碳包覆是目前对 $LiMn_2O_4$ 有效的改性方法。

还有一些研究通过减小 $LiMn_2O_4$ 材料尺寸，制备出纳米管状[8]或者纳米线状[9]材料或者多孔状材料[10]，在水系电解液中性能也得以提高。

$LiMn_2O_4$ 材料是尖晶石结构，在水系电解液中充放电，没有发现 H^+ 在材料中的嵌入脱出，但是其电化学反应过程中，存在材料的溶解。室温下，$LiMn_2O_4$ 在水溶液中分解[11]，晶体材料中有从弱键到强键顺序化合键断裂，当弱键断裂，基材材料为了保持平衡，键长将变大，键能减小，使得材料更易溶解，键长平均拉伸为原来的 1.5 倍，此时在溶液中加酸则加速溶解。

3.3.3 橄榄石型磷酸铁锂

$LiFePO_4$ 为橄榄石型结构，具有较大的理论比容量 170 mA·h/g，稳定的充放电平台，$LiFePO_4$ 材料在水系电解液中嵌脱电位很好地位于水的稳定电势窗之间，有利于体系的长期稳定性[12]，显现出可以作为下一代锂离子电池电极材料的巨大前景。

研究发现，在 LiOH 电解液中，$LiFePO_4$ 氧化成 $FePO_4$ 不是一个完全可逆的过程，$LiFePO_4$ 材料在水溶液中化学不稳定，其在水系电解液中存在 Fe 的金属氧化物的沉积。$LiFePO_4$ 在溶液中衰减原因有很多[13]，不同 pH 和溶解的氧浓度下，循环稳定性不同，在水系电解液中溶解氧的浓度较高和碱性很强的情况下，$LiFePO_4$ 电化学性能的衰减变快。$LiFePO_4$ 寿命的衰减不仅是由化学不稳定性造成的，也与电化学不稳定性有很大的关系。为了提高 $LiFePO_4$ 材料的化学和电化学稳定性，通过包覆的方式改善 $LiFePO_4$ 的长期循环性能[14]。机理如下：第一，均匀的碳包覆薄层可以较好地阻止活性物质与电解液之间的直接接触，有效地缓解了它们之间的化学反应；第二，均匀的碳包覆层还能比较有效地避免充电态的活性物质溶于电解液并最终沉积，从而提高其充放电过程中的稳定性。最后，对于材料本身而言，碳包覆还有利于提高其电子电导，从而有利于材料功率密度的提高。碳包覆是非常有效的提高 $LiFePO_4$ 长期循环稳定性的手段。

3.4 负极材料

水系锂离子电池的阳极材料包括钒氧化合物（主要是钒酸锂）、聚阴离子化合物[主要是 $LiTi_2(PO_4)_3$]。大部分阳极材料容量衰降明显，主要原因是：（1）活性物质的溶解；（2）质子的插入可能导致了不可逆的结构变化；（3）嵌锂化合物的脱锂反应通常伴随着水的分解。研究显示，可以通过精确控制电解液中的 pH、电解液的类型、锂盐的浓度、含氧量和对活性材料表面包覆防护层来进行改善负极的性能。

3.4.1 钒酸锂

1957 年，由 Wadsley[15]首次发现 LiV_3O_8 具有层状结构，可以作为锂离子的嵌锂电极材料。因 LiV_3O_8 具有理论结构稳定、容量高、工作电压低、成本低等诸多特点，所以被广泛研究利用。

LiV_3O_8 为单斜晶系，属层状结构，P21/m 空间群，它的晶胞参数为：$a＝0.668$ nm，$b＝0.360$ nm，$c＝1.203$ nm，$\beta＝107.83°$。其结构可以认为是由 V 原子和 O 原子结合而组成的扭转变形的三角双锥 VO_5 和八面体 VO_6，八面体和三角双锥共用边角构成 $[V_3O_8]^-$。每两个 $[V_3O_8]^-$ 之间形成层间空位，层与层通过 Li^+ 相连构成层状结构，八面体层间空隙的 Li^+ 起着支撑整体结构的作用，该位置的能垒较高，故锂离子不能轻易脱出，以保证结构的稳定性。而四面体的层间空位则嵌入过量的 Li^+，该部位的锂离子可进行自由的嵌入和脱出，起到平衡电荷的作用。八面体层间空位的锂离子不会阻碍四面体层间空位的锂离子向其他位置迁移，而且层间距越大对锂离子扩散越有帮助，研究发现，锂离子在 LiV_3O_8 中扩散系数约为 $10^{-14}\sim10^{-12}$ $cm^2\cdot s^{-1}$。理论来说，每摩尔的 LiV_3O_8 可以嵌入和脱嵌三摩尔以上的锂离子，其比容量理论上可以达到 300 $mA\cdot h\cdot g^{-1}$ 以上[16]。因此具有结构稳定，充放电速率快，比容量高，可逆性好，使用寿命长等诸多优点。以 LiV_3O_8 作为水系锂离子电池负极材料，电池工作时，锂离子在 LiV_3O_8 中进行可逆脱出和嵌入，其电极反应表达式如下：

$$充电：LiV_3O_8＋xLi＋xe^-\longrightarrow Li_{1+x}V_3O_8 \quad (x<1.5)$$

$$放电：Li_{1+x}V_3O_8\longrightarrow LiV_3O_8＋xLi＋xe^- \quad (x<1.5)$$

研究表明，$Li_{1+x}V_3O_8$ 在 $0<x<(1.5\sim2.0)$ 时，Li^+ 扩散速率约为 10^{-8} $cm^2\cdot s^{-1}$，反应时为单相的 LiV_3O_8，电压范围为在 $3.7\sim2.65$ V；当 $2<x<3$ 时，有 LiV_3O_8 和 $Li_4V_3O_8$ 两相同时存在，电压约为 2.6 V，此时局部结构发生变化，出现了不可逆相；当 $3<x<4$ 时，反应为 $Li_4V_3O_8$ 单相，电压范围为 $2\sim2.5$ V；当 $x>1.5$ 时即有 $Li_4V_3O_8$ 形成后，Li^+ 扩散速率受温度影响较大，温度从 5 ℃升至 45 ℃，Li^+ 扩散速率从 $10\sim11$ $cm^2\cdot s^{-1}$ 提高到 10^{-9} $cm^2\cdot s^{-1}$；在嵌锂过程中，由于 3 个 V 所处位置的差异

性，被还原的程度也有差别，+3，+4，+5 价的 V 共存，同时氧原子轨道上的电子也参与电子转移，$Li_{1+x}V_3O_8$ 的初始容量的大小以及充放电过程中容量的衰减一定程度上由材料的粒径大小[17]、颗粒团聚等因素决定[18]。

3.4.2 LiV_3O_8 的掺杂改性

掺杂改性是在不破坏材料晶格结构的条件下，利用离子的掺杂优化材料内部结构构型，以达到提高材料的结构稳定性和充放电比容量，增强材料的循环可逆性的目的。是提高材料综合性能的一种有效的改性手段，也是目前改性研究的热点。掺杂带来的适宜的离子半径、键能等有助于提高晶格结构和整体结构的稳定性。目前对 LiV_3O_8 掺杂改性以离子掺杂取代锂位、离子掺杂取代钒位、离子掺杂取代氧位为主。

3.4.2.1 离子掺杂取代锂位

离子掺杂取代锂位是通过掺杂 Ag、Si 等元素代替部分锂从而改善材料的容量、倍率放电性能和循环寿命，现有研究中采用溶胶凝胶法和固相烧结法制备，其中溶胶凝胶法选择 V_2O_5 湿凝胶、$LiOH \cdot H_2O$、$AgNO_3$ 为原料制备了一系列 Ag^+ 掺杂的 $Ag_xLi_{1-x}V_3O_8$ 材料。该材料作为电池的负极材料在恒流充放电测试中表现出较高的初始容量，并在 $x=0.04$ 时表现出较长的循环寿命。在 2.6 V 的工作平台上，不同 Ag^+ 掺杂量的 $Ag_xLi_{1-x}V_3O_8$ 材料均表现出较好的循环稳定性。Ag^+ 的掺杂增强了 $Ag_xLi_{1-x}V_3O_8$ 材料内部结构的稳定性，有助于提高材料的各项电化学性能。固相反应法以 LiOH 和 V_2O_5 为原料制备了一系列 Si 元素掺杂的 $Li_{1-x}Si_xV_3O_8$ 材料，研究表明，硅的掺入有效地改善了材料的循环性能和提高了其充放电比容量，在 $x=0.05$ 时表现出最好的电化学性能。

3.4.2.2 离子掺杂取代钒位

钒位取代元素包括 Ce、Zr 等，能够改善电池的容量、倍率放电性能和循环性能，现有研究中主要通过溶胶凝胶法制备，采用 Ce 元素掺杂取代 LiV_3O_8 中 V 的位置得到 $Li_{1+x}Ce_yV_{3-y}O_8$ 前驱体，进一步在空气气氛下经过 550 ℃ 热处理制得 $Li_{1+x}Ce_yV_{3-y}O_8$。当 $y=0.01$ 时，循环伏安测试表明电位差最小，极化也最小；恒流充放电测试表明，$Li_{1+x}Ce_yV_{3-y}O_8$ 材料表现出了比较高的放电比容量，50 次循环后容量保持率为 98.9%，比没有掺杂 Ce 元素的 LiV_3O_8 材料的容量保持率高出 11.2%，循环性能得到了明显改善。采用 Zr 掺杂量的 $LiV_{3-x}Zr_xO_8$ 材料时，当 $x=0.06$ 时，循环性能最佳，在 0.1 C 时 50 次循环后容量保持率高达 91.5%，交流阻抗测试结果显示 Zr^{4+} 的掺杂有效地减小了电荷转移电阻和锂离子扩散阻力，有助于 Li^+ 的嵌入和脱出。

3.4.2.3 离子掺杂取代氧位

氧位掺杂取代主要以卤族元素和其他部分非金属元素为主，现有研究中有以 NH_4Cl 为氯源采用溶胶凝胶法合成了氯元素掺杂的 $LiV_3O_{8-x}Cl_{2x}$ 材料。以 $LiMn_2O_4$ 为正极材料，以 $LiNO_3$ 溶液为电解液组装电池，恒流充放电测试结果表明，当 $x=0.03$

时，其首次放电比容量高达 $92\ mA \cdot h/g$，比无掺杂的 LiV_3O_8 高 $17\ mA \cdot h/g$，经过 70 次循环后容量保持率比无掺杂的 LiV_3O_8 高出 43%，循环稳定性得到明显提高。

3.4.3 聚阴离子型化合物 $LiTi_2(PO_4)_3$

$LiTi_2(PO_4)_3$ 最初是在固体电解质中得到应用的。20 世纪 90 年代末，研究人员发现这种结构的材料具有 NASICON 结构的嵌锂通道，使得锂离子可以通过，所以它也可作为锂离子电池的电极材料。

$LiTi_2(PO_4)_3$ 属于 R3C 六方空间群，Ti 和 P 在结构中分别占据氧的不同位置形成八面体 TiO_6 及四面体 PO_4。$LiTi_2(PO_4)_3$ 是由 TiO_6 和 PO_4 利用共用氧原子而形成的 $[Ti_2(PO_4)_3]^{-1}$ 构建成的，两种 Li 间隙位存在于 $LiTi_2(PO_4)_3$ 三维刚性骨架 $[Ti_2(PO_4)_3]^{-1}$ 内，在 $LiTi_2(PO_4)_3$ 结构中 Li^+ 的传递途径是在这两个 Li^+ 所在的不同位置之间进行的。因为中心原子之间重叠部分较小，导致电子传导能力不足。但 Li^+ 嵌入的空间大而且彼此之间采用三维空间结构构连，进而能够具有高的离子电导率。这种结构决定了聚阴离子 $LiTi_2(PO_4)_3$ 材料具有相对高的电化学稳定性。

$LiTi_2(PO_4)_3$ 在实际应用过程中可以使用炭材料进行包覆，复旦大学[19] 于 2008 年公开了一种水系可充锂或钠离子电池，正极采用含有上述的阳离子嵌入化合物材料，采用核壳结构的 $LiTi_2(PO_4)_3$ 作负极，包覆壳层既可降低析氢反应电位，又可降低 $LiTi_2(PO_4)_3$ 的衰减，保证整个电池体系的循环性能。在充放电过程只涉及一种离子在两电极间的转移，制作工艺比有机系锂离子电池有大大的简化。降低了锂离子电池的成本，提高了锂离子电池的安全性。水系可充锂离子电池平均工作电压为 $1.5\ V$，并且具有长的循环寿命，克服了以往水系锂离子电池的循环性差的问题。

3.5 电解液

目前，水系锂离子电池的电解质研究较多的是 $LiOH$、$LiNO_3$ 和 Li_2SO_4 溶液。电解液是影响水系可逆锂离子电池电化学性能的重要因素。其中，电解液的浓度、pH、添加剂和溶液中的氧浓度能对水系锂离子电池的性能产生很大的影响。

3.5.1 电解液的浓度

水系电池电解液浓度，影响着电化学反应过程中的 Li^+ 的扩散速率，影响材料的离子导电性。同时，由于电解液的浓度不同，极化和电压平台会所有变化[20]。$LiMn_2O_4$ 电极材料在浓度为 $3\ mol/L$、$5\ mol/L$、$9\ mol/L$ 的 $LiNO_3$ 电解液测试时发现，$5\ mol/L$ $LiNO_3$ 电解液有利于其获得高的电化学性能。

原则上，在电解液中，离子导电性与浓度的关系并不是成简单的线性关系。这主要是由于电解液的离子电导有一对矛盾的因素控制，它们分别是有利于提高离子电导

的 Li^+ 浓度，而不利于离子电导的电解液黏度。当水系电解质浓度提高时，Li^+ 浓度和电解质的黏度同时增加。在较低浓度时，电解液的离子电导主要由 Li^+ 浓度控制，因此提高电解液得浓度有利于提高其离子电导；在较高浓度时，电解液的离子电导主要由其黏度控制，因此继续提高电解液的浓度可能会导致其离子电导的降低。

3.5.2 电解液中溶解氧的影响

若电解液中氧浓度很高，则电极材料在反应过程中，氧会使得材料的热力学稳定性降低，使得材料的库伦效率变低，循环稳定性变差。为了提高材料的电化学性能，研究者在除氧的情况下进行充放电测试，发现循环稳定性都有所提高。研究表明[21]，Li_2SO_4 溶液中有氧时，$LiTi_2$（PO_4）$_3$/$LiFePO_4$ 体系在 C/8 的倍率下不能循环，但是电解液中除去氧后，该体系表现出了较好的循环性能（50 圈容量保持率为 85%）。用循环伏安测试发现[22]，溶液中不同氧的溶解量，都能使 $LiFePO_4$ 材料容量衰减。电化学测试过程中，该材料表面会溶解 Fe^{2+}，当溶液 pH 较高时，Fe^{2+} 与 OH^- 反应，产生 Fe（OH）$_2$，当溶液中氧的浓度也较高时，Fe（OH）$_2$ 被氧化成 Fe_2O_3，是一个不可逆的过程。若是溶液中没有氧，该材料表面没有发生明显的变化。电极材料在过放电情况下，会产生 O_2，导致电池循环性能变差，容量衰减严重，所以水系可充锂电池电化学循环过程中，应该尽可能地避免 O_2 产生。解决的方法可以是在电池装置中加入可以消除 O_2 的物质，如合金等，但是具体的内容还有待研究。

3.5.3 电解液的 pH

对于研究水系锂离子电池的研究者来说，电极材料在不同 pH 下的电化学性能研究都会有所涉及。pH 不同，溶液的电化学窗口也是不相同的。溶液 pH 发生变化，电极材料在电解质中的化学反应、电化学反应和溶解都有所不同。相应地，pH 相同，电解质不同时，相同材料呈现出的电化学性能也是不同的[23]。

$LiFePO_4$ 纳米材料在不同 pH 下的溶解行为和电化学性能不同。Li^+ 和 Fe^{2+} 在电解液中溶解的量与溶液 pH 有一定的关系。发现当电解液为强碱性及高浓度的溶解氧时，会加快该材料容量的衰减。$LiMn_2O_4$ 材料在碱性电解液里充放电，具有良好的电化学性能；而在酸性电解液里则有较快的容量衰减。溶液 pH 对层状结构的 $LiCoO_2$ 材料也有较大的影响：当 pH 小于 9 时，$LiCoO_2$ 材料的电化学性能衰减很快；但是当 pH 大于 11 时，$LiCoO_2$ 材料的电化学性能稳定。从上面的研究，我们均可以知道电解液 pH 和电极材料的性能有着至关重要关系。pH 较低时，电解液中会有许多质子游离，在电化学反应过程中，游离的质子与 Li^+ 发生竞争嵌入，到一定阶段后，阻塞了 Li^+ 扩散通道，使得材料性能下降。当然这种现象并不适用于所有材料，有的材料甚至随着 pH 的升高，电化学性能反而变得更加稳定。

3.5.4 电解液的添加剂

虽然在溶液中加入添加剂的研究不是很多，但部分研究者认为如果我们能选择合适的添加剂将电化学反应过程中产生的氧气吸收，并且转化为溶剂水，也是能极大地提高电极体系的循环稳定性的。在 $LiNO_3$ 溶液中加碳酸亚乙烯酯添加剂[24]，发现 $Li_{1.05}Cr_{0.10}Mn_{1.85}O_4$ 材料首次和 50 次循环后的充放电性能都很好，该材料在 50 次循环的放电比容量为 100 mA·h/g。若不加入添加剂，该材料的首次放电比容量较低，仅为 80 mA·h/g，50 次循环后则衰减至 45 mA·h/g。电解液中的碳酸亚乙烯酯添加剂能很好地提高 $Li_{1.05}Cr_{0.10}Mn_{1.85}O_4$ 的电化学性能。电极材料在水溶液中的电化学性能不稳定，主要是由于电解液是水溶液造成的，循环性能差是因为在电极材料充放电过程中，材料会与水发生作用。主要的副反应是 Li^+ 嵌入过程中，H^+ 的抢占嵌入；充放电反应的过程中，氢和氧会析出，材料与氧发生作用，使材料变得不稳定；最后就是电极材料会在溶液中发生溶解。选择合适的电解液浓度、pH、电解液、添加剂和除去溶液中的氧能在很大程度上提高电极体系的循环稳定性。

3.6 总结与展望

水系锂离子电池目前商业化应用有限，水系锂离子电池突出的优点是安全性，成本相对低，存在的最大的问题是总体的电化学性能如电压、电池容量等要小于锂离子电池；而目前电池的发展方向是小型化、高能化，从而满足消费类电子产品、电动汽车领域的现实需求，在此前提下，由于非水系锂二次电池的安全性得到了一定的解决，因此非水系锂离子电池由于自身高性能如大容量、良好的循环寿命、较高的电压从而得到了广泛的应用，而这些方面也构成了水系锂离子电池目前的应用瓶颈所在。

对于水系锂离子电池存在的问题，按照现有的材料体系和电池原理，由于析氢、析氧电位的客观存在，水系锂离子电池的电压自然受到限制，循环寿命也受到一定程度的影响；同时，基于上述电位的限制，水系锂离子电池的电极材料的选择也受到一定的制约，这些都构成水系锂离子电池的不利发展因素。同时，也应当看到，水系锂离子电池也具有一定的优点，比如成本低，电解液电导率较好，承载的电流能力较强，安全性较好，这在实际应用中也有一定的市场。

水系锂离子电池也有望得到进一步的发展，水系锂离子电池析氢、析氧问题在目前技术中通过改变电解液添加剂得到了一定程度的抑制，电极材料的选择上目前与非水系锂离子电池的电极材料选择相同，电池的储能原理也与非水系锂离子电池相同，然而，水系电解液与非水系电解液属于两种不同性质的电解液成分，非水系如有机溶剂没有参与电极反应的可能，而水系的主要成分是水，析氢、析氧问题也正是由于水在正负极上发生了相应的电解反应，水析出带来的氢、氧如果得到较好的利用，也能够成为储存、释放的能量载体，比如燃料电池，因此水系锂离子电池的发展有望通过走一条与非水系锂离子电池不同的能量储存、释放的道路来实现，水系锂离子电池的材料的选择应当结合这一条道路来进行，如果按照目前的非水系的发展思路，水系锂离子电池就不能够充分发挥自身的特长，使现状得到根本性的改变。

参考文献

［1］ Li Wu，et al. Rechargeable lithium batteries with aqueous electrolytes ［J］. Science，1994，264：1115—1118.

［2］ Bates J，et al. Preferred orientation of polycrystalline $LiCoO_2$ films ［J］. Journal of The Electrochemical Society，2000（147）：59—70.

［3］ Wang G，et al. An aqueous rechargeable lithium battery with good cycling performance ［J］. Angewandte Chemie，2007，119（1—2）：299—301.

［4］ Tang W，et al. Nano—$LiCoO_2$ as cathode material of large capacityand high rate capability for aqueous rechargeable lithium batteries ［J］. Electrochemistry Communications，2010，12（11）：1524—1526.

［5］ Ruffo R，et al. Electrochemical behavior of $LiCoO_2$ as aqueous lithium-ion battery electrodes ［J］. Electrochemistry communications，2009，11（2）：247—249.

［6］ Gu X，et al. First—Principles Study of H^+ Intercalation in Layer-Structured $LiCoO_2$ ［J］. J. Phys. Chem. C，2011（115）：12672—12676.

［7］ Zhao M，et al. Electrochemical performance of high specific capacity of lithium-ion cell LiV_3O_8//$LiMn_2O_4$ with $LiNO_3$ aqueous solution electrolyte ［J］. Electrochimica Acta，2011，56（11）：3781—3784.

［8］ Tang W，et al. $LiMn_2O_4$ nanotube as cathode material of second-level charge capability for aqueous rechargeable batteries ［J］. Nano letters，2013，13（5）：2036—2040.

［9］ Hosono E，et al. Synthesis of single crystalline spinel $LiMn_2O_4$ nanowires for a lithium ion battery with high power density ［J］. Nano letters，2009，9（3）：1045—1051.

［10］ Qu Q，et al. Porous $LiMn_2O_4$ as cathode material with high power and excellent cycling for aqueous rechargeable lithium batteries ［J］. Energy & Environmental Science，2011，4（10）：3985—3990.

［11］ Benedek R，et al. Simulation of aqueous dissolution of lithium manganate spinel from first principles ［J］. Phys. Chem. C，2012（116）：4050—4059.

［12］ He P，et al. Lithium-ion intercalation behavior of $LiFePO_4$ in aqueous and nonaqueous electrolyte solutions ［J］. Journal of The Electrochemical Society，2008

(155)：A144—A150.

[13] He P，et al. Investigation on capacity fading of $LiFePO_4$ in aqueous electrolyte [J]. Electrochimica Acta，2011，56（5）：2351—2357.

[14] Manickam M，et al. Redox behavior and surface characterization of $LiFePO_4$ in lithium hydroxide electrolyte [J]. Journal of Power Sources，2006，158（1）：646—649.

[15] Wadsley A D. Crystal chemistry of non-stoichiometric pentavalent vandadium oxides：Crystal structure of $Li^{1+}xV_3O_8$ [J]. Acta Crystallographica，1957，10（4）：261—267.

[16] Winter M，et al. Insertion electrode materials for rechargeable lithium batteries. Adv Mater，1998，10（10）：725—763.

[17] 刘永梅，等，锂离子电池正极材料钒酸锂的研究进展 [J]. 应用化工，2011，40（3）：513—518.

[18] Wang Gaojun，et al. Electrochemical intercalation of lithium ions into LiV_3O_8 in an aqueous electrolyte [J]. Journal of Power Sources，2009，189（1）：503—506.

[19] 复旦大学. 一种水系可充锂或钠离子电池：中国，CN101154745 A [P]. 2008—04—02.

[20] Zhao M，et al. Excellent rate capabilities of （$LiFePO_4/C$）// LiV_3O_8 in an optimized aqueous solution electrolyte [J]. Journal of Power Sources，2013（232）：181—186.

[21] Luo J，et al. Raising the cycling stability of aqueous lithium-ion batteries by eliminating oxygen in the electrolyte [J]. Nature Chemistry. 2010（10）：760—765.

[22] He P，et al. Investigation on capacity fading of $LiFePO_4$ in aqueous electrolyte [J]. Electrochimica Acta，2011，56（5）：2351—2357.

[23] Tian L，et al. Electrochemical performance of nanostructured spinel $LiMn_2O_4$ in different aqueous electrolytes [J]. Journal of Power Sources，2009，192（2）：693—697.

[24] Stojkovič I B，et al. The improvement of the Li-ion insertion behaviour of $Li_{1.05}Cr_{0.10}Mn_{1.85}O_4$ in an aqueous medium upon addition of vinylene carbonate [J]. Electrochemistry Communications，2010，12（3）：371—373.

第4章 锂硫电池

自 1800 年伏打发明了第一个电池以来，经两世纪的发展，电池已被广泛用于各领域，促进了大量便携式仪器设备的出现，大大提高了人类活动范围和工作效率[1]。锂硫电池作为二次电池的一种，早在 1962 年 Juliusz Ulam 和 Danuta Herbet[2] 就提出了用单质硫作为正极材料，1976 年 Whitingham 等人以层状 TiS₂ 作为正极，金属锂为负极，成功开发了 Li-TiS₂ 二次电池，1983 年以色列 Tel-Aviv 大学 Yamin 和 Peled 等研究了室温下单质硫在有机溶剂电解质溶液中的电化学性质。但由于负极锂枝晶等安全性问题，锂硫电池一直未能被商品化，直到锂离子二次电池的商品化后，才由于其硫正极的高理论比容量和能量密度而再次被关注，成为研究热点。

4.1 锂硫电池概述

4.1.1 锂硫电池的基本原理

典型的锂硫电池是以单质硫为正极，金属锂为负极，采用有机电解液以及介于正负极之间的隔膜组装得到的二次电池。金属锂理论比容量可达 3861 mA·h/g，单质硫的理论比容量可达 1672 mA·h/g，理论能量密度可达 2 600 W·h/kg。锂硫组合是所有已知的化学可逆系统中能量密度最高的固态电极组合，被认为是下一代绿色二次电池中最有希望的候选之一[3]。

锂硫电池的反应机理不同于锂离子电池中的锂离子在电极材料中的脱嵌机理，其正极反应是通过 S—S 键的电化学裂分和重新键合实现的。室温下，硫能够形成多种不同结构的多原子分子，S_8 是其中热力学最稳定的。锂硫电池的首次充放电循环由放电开始，金属锂失去电子成为锂离子，锂离子在电势作用下运动到正极与硫单质发生反应，环形 S_8 分子中的一个 S—S 键被打开，形成链状的多硫化物分子，并与锂离子发生多步反应生成硫化锂[4]。

由图 4-1 可以看出，锂硫电池放电曲线具有三个区域，分别在 2.4 V、2.4~2.1 V、2.1 V 左右，三个区域分别对应于硫和锂的不同反应阶段，高电压平台区域，环形单质 S_8 被打开，与锂离子反应生成 Li_2S_8；在 2.4~2.1 V 区域间进一步被还原反应生成聚硫离子；最后在低电压平台区间生成硫化锂 Li_2S。具体反应方程式如下：

$$S_8（固体）+2Li^++2e^- \Longleftrightarrow Li_2S_8（可溶） \qquad (1)$$

$$3Li_2S_8（可溶）+2Li^++2e^- \Longleftrightarrow 4Li_2S_6（可溶） \qquad (2)$$

$$2Li_2S_6（可溶）+2Li^++2e^- \Longleftrightarrow 3Li_2S_4（可溶） \qquad (3)$$

$$Li_2S_4（可溶）+2Li^++2e^- \Longleftrightarrow 2Li_2S_2（固体） \qquad (4)$$

$$Li_2S_2（固体）+2Li^++2e^- \Longleftrightarrow 2Li_2S（固体） \qquad (5)$$

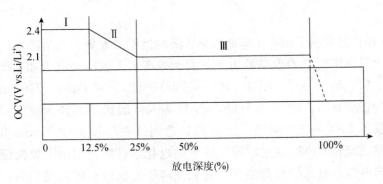

图 4-1 锂硫电池硫电极电化学还原机理[6]

式（1）至式（3）中聚硫离子 S_n^{2-}（$8>n\geqslant4$）易溶于有机电解液，主要发生液相反应，因此电极反应速率较快，反应过程时间较短，而低电压放电平台对应的反应式（4）和式（5）中，聚硫锂 Li_2S_4 进一步被还原为不溶产物 Li_2S_2，以及固相产物 Li_2S_2 与 Li_2S 之间的转化，该过程涉及液—固及固—固的相态变化，需要额外的能量和时间用于形成固相晶核，且离子在固相中的扩散速度滞后于电子的传输速度，反应过程缓慢，时间较长[7]。

4.1.2 锂硫电池的优缺点

4.1.2.1 优点

除了高比容量和高比能量密度外，锂硫电池还存在以下几方面潜在的优势。

（1）在 $-40\ ℃$ 至 $80\ ℃$ 的宽范围内保持良好性能。

（2）锂负极的枝晶问题对电池的安全性能影响并不突出，因为目前锂硫电池的寿命终结时的容量和电压衰竭主要是由硫正极造成。因而，锂硫电池的安全性较好。

（3）锂硫电池中，聚硫电极的反应速率由电解质媒介扩散速率决定，而不是由插入离子的扩散控制，因而有望实现高功率放电。

4.1.2.2 缺陷及改进

由于硫正极材料固有的物化性能、锂负极的枝晶以及多步反应中存在的问题，导致锂硫电池的电化学特性如循环性、自放电率以及安全性能等方面仍然存在很多问题。

（1）单质硫是典型的电子和离子的绝缘体，室温下电子电导率为 5×10^{-30} S/cm，电阻率可高达 2×10^{23} $\mu\Omega\cdot cm$，硫化锂也是一种高度绝缘体，导电性很差。单质硫和硫化锂作为电极活性材料，不利于电池的高倍率性能，活化困难、利用率低，在使用时，需要额外处理以改善正极的导电性。

（2）多硫化物 Li_2S_8、Li_2S_6、Li_2S_4 易溶于电解液中，由于将多硫化物氧化为单质硫以及由 Li_2S_4 转化为 Li_2S_2 的动力学反应速度都很缓慢，因而，在充放电循环过程中，大量活性物质都是以多硫化物形式存在于电解液中的，由单质 S^{8-} 向聚硫离子 S_n^{2-} 转化的这部分容量发生损失，活性物质的比容量降低。而且多硫化物溶解电解液中会造成电解液的黏度增大、离子导电性降低，进一步降低电池的性能。目前，有研究通过在正极活性物质颗粒表面设置包覆层，或者在正极活性物质层表面设置包覆层，或者在正极与隔膜之间设置阻挡层的方式将多硫化物限制在正极中，阻止其进入电解液中。

（3）溶解的多硫化物能够在电解液中自由扩散，在正负极之间来回迁移，这种迁移现象称为"穿梭效应"。正极侧放电产生的长链多硫化物溶解在电解液中，由于浓度梯度的存在，易扩散到负极而与金属锂反应生成 Li_2S_2、Li_2S 和短链多硫化物，这些物质扩散回正极后又会与硫发生反应生成长链多硫化物，由此导致多硫化物在电池正负极间的反复来回迁移。这一方面会引起电池的自放电，造成活性物质利用率低、库仑效率低，严重影响充放电曲线中的高电压平台区域。另一方面会对锂负极造成腐蚀，影响电池循环稳定性；同时不溶 Li_2S_2、Li_2S 产物沉积在锂负极表面，导致负极极化增大。因而抑制"穿梭效应"是提高锂硫电池性能的关键因素之一，也是目前的研究热点。除了上述将多硫化物限制在正极中的方法外，在正极与隔膜之间、隔膜的表面、隔膜与负极之间以及负极表面设置各种保护层来阻止多硫化物的迁移或阻止其与锂金属的反应均有研究。保护层可独立设置后插入正极与隔膜之间或隔膜与负极之间，也可以复合形成在正极、隔膜和负极表面。为了在源头上限制多硫化物的溶出，最好设置在正极与隔膜之间或设置在正极表面。保护层除限制多硫化物的穿梭以外，还需要提供额外的电子通道或离子通道，以允许电子和离子的流动。目前，形成保护层的材料普遍选自碳、聚合物和金属氧化物，它们可以单一使用或混合使用[8-22]。

（4）Li_2S_2 和 Li_2S 会从电解液中析出，不均匀地沉积在正极中，一方面会使正极的导电性变差，部分活性物质与导电相分离而失去活性，造成不可逆容量损失；另一方面会形成较厚的绝缘层，阻碍电荷的传输而且改变了电极/电解质的界面状态。可通过合理设计正极基底材料的结构，使其具有合适的孔径分布，将多硫化物束缚在孔中，从根源有效避免活性物质在电极表面的沉积。

（5）电极的体积膨胀效应，单质硫和硫化锂 Li_2S 的密度不同，在循环过程中，电极结构不断发生收缩和膨胀，逐步被破坏甚至失效，循环性能差。

（6）负极金属锂在充放电过程中产生锂枝晶，锂枝晶容易刺穿隔膜与正极接触导致电池短路，因而严重影响电池的安全性问题；同时部分锂在充放电过程中会逐步失活，成为不可逆的死锂。

4.2 正极

锂硫电池中的导电性、多硫化锂的溶解导致的容量损失、穿梭效应、硫和硫化锂沉积形成绝缘层以及体积膨胀主要都发生在正极，因而，正极活性材料及正极结构的改进是提高锂离子电池性能的关键，而对于正极的研究也主要是从上述技术问题的一个方面或多个方面出发进行。

4.2.1 硫/碳复合

碳/硫复合材料是提高锂硫电池电化学性能最常见的方法。早期研究主要是利用碳来改善导电性能。随着研究的深入，利用多孔碳、碳纳米管、碳纳米笼的多孔性能通过物理吸附、化学吸附及各种封装技术将单质硫或硫化锂活性物质限制在碳的孔道内，在提高活性物质导电性的同时，限制多硫化物的溶出，抑制穿梭效应，进一步提高了电池的电化学特性。

碳材料种类丰富，结构多样，除选择某一种碳材料与含硫材料复合外，还可选用多种碳材料同时与含硫材料复合，以综合各自的优势，提高材料的综合性能，如将三维石墨烯/碳纳米管与硫复合物，硫原位分散、复合在石墨烯和多壁碳纳米管构成的三维结构中，硫不易团聚且利用率提高[23]；或者将硫与多孔碳复合，然后再在复合颗粒的外表面包覆石墨烯片层，形成核壳结构，利用石墨烯优异的导电性能，在复合颗粒之间形成导电网络，提高材料导电性，改善倍率性能[24]。

通过碳材料的吸附作用以及碳硫之间的结构设计还可限制含硫材料的溶出和扩散，抑制穿梭效应。赖超等人[25]采用碳毛毡作为碳原料与硫复合，利用碳毛毡的多孔结构限制多硫化物的溶解。王维坤等人[26]以高孔容、高导电性、高比表面的中大孔碳材料为基体，将单质硫填充进基体的纳米及微米级孔中，通过碳材料的高比表面吸附特性能抑制放电中间产物的溶解和向负极的迁移。如图 4-2 所示，Zheng 等人[27]以 AAO 为模板，制备了中空碳管，将硫充入其中。李峰等人[28]采用含硫酸根离子的酸性电解液阳极氧化金属基体制备多孔模板，同时在模板中吸附大量硫酸根离子；该硫酸根离子被碳热还原原位形成单质硫嵌入于碳纳米管管壁中，电化学活性很高，碳微孔限制了硫与电解液的溶解反应，有效改善了锂硫电池的综合性能。

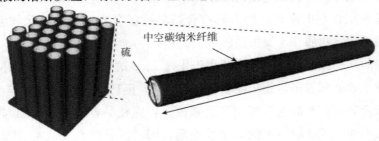

中空碳纳米纤维

硫

图 4-2 硫/中空碳纳米管复合材料[27]

为了更牢固地将硫化物限制在正极中，除将正极活性材料限制在多孔材料的孔道内，进一步地，可对孔道进行封装。Kim 等人[29]利用铂对碳纳米管两端进行密封，郑加飞等人[30]采用石墨烯对碳纳米管进行封装，而曾绍忠等人[31]通过碳化有机碳前驱体聚丙烯腈、聚氯乙烯或聚乙烯醇形成致密的碳层或微孔碳层，将含硫物质封装于碳孔内。张瑞丰等人[33]以具有大孔径的三维超薄结构的 C/SiO$_2$ 复合导体作为基体，单质硫吸附于三维孔道，然后采用原位聚合的聚酯膜进行封装。

采用金属对碳管进行封装，过程可控性较差，且会增大电极材料的质量，降低材料的实际比容量，提高成本。采用碳材料进行封装，对比容量影响较小，但制备封装碳层的高温碳化过程，碳化温度在 600 ℃以上，而单质硫的熔点为 115 ℃、沸点为 444 ℃，因而其封装过程容易导致活性物质硫挥发流失。为此，张益宁等人[32]采用硫化锂 2 替换硫作为活性物质填充于多孔碳 1 的孔道，然后通过高温碳化有机碳源或高温气相沉积形成的碳层 3 对孔道进行封装，具体如图 4-3 所示，由于硫化锂熔点为 938 ℃，沸点更高达 1372 ℃，远高于封装所需的碳化温度，表现出较高的热稳定性。

碳材料对聚硫离子良好的物理吸附作用主要是由其丰富的孔结构提供的，因而还可以通过改善碳材料的结构来提高复合材料的性能。王美日等[34]使碳/硫复合材料中的碳材料具有 2 nm、3～10 nm、10～30 nm 梯度有序的三级孔结构，二级孔位于三级孔的孔壁上，一级孔位于二级孔的孔壁，使微孔、小介孔、大介孔之间充分发挥协同作用，单质硫储存在微孔及小介孔中，锂离子通过大介孔传输到小介孔中，再通过小介孔传到微孔中，保证了单质硫与锂离子充分接触，减小了传质极化，并且，还可以同时避免其他三级孔碳材料中存在的由于孔随机分布带来的单质硫局部团聚，锂离子传输不均匀的缺点。

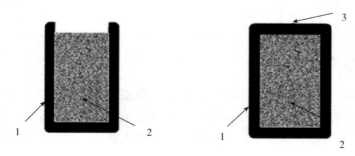

图 4-3　碳层封装硫化锂

此外，还可以通过对碳/硫复合材料中的碳进行改性进一步提高复合正极材料的性能。目前研究多通过对碳材料的表面改性或元素掺杂来提高碳材料对聚硫离子的化学吸附作用，进而抑制聚硫离子的溶解和扩散。表 4-1 为现有技术中对碳材料表面改性或掺杂的一些研究。

表4-1 碳/硫复合材料中碳的改性

改性	效果	来源
羟基化碳纳米管	对S有良好的化学吸附效果，可抑制聚硫离子的溶出和扩散	Yan 等[35]
酸处理碳材料后富含含氧基团（羧基、羰基、羟基等）	碳材料具有负电性且比表面积大，能有效地固定硫活性物质	南京师范大学[36]
氨基化还原氧化石墨烯	氨基能有效缓解 Li_2S 从碳母体上脱落，N 的掺杂可提高碳对 Li_2S 的键合能力，循环稳定性良好	Lou 等[37]
N 修饰的 rGO	吡啶 N 对 S 具有更强的键合能力，获得 2000 圈的优异的循环性能	Guo 等[38]
N 掺杂介孔碳	N 掺杂对聚硫离子表现出极优异的吸附性能	song 等[39]
氮掺杂碳纳米纤维网状结构	大大提高了材料的导电性，并缩短了锂离子的传输路径	复旦大学[40]
N 掺杂石墨烯	提高了电池的放电比容量和容量保持率	西安理工大学[41]
B 掺杂介孔碳	B 提高碳导电性的同时使碳表面部分显正电性，可有效吸附带负电的聚硫离子，抑制聚硫离子的穿梭	Guo 等[42]
N、S 共掺杂石墨	N、S 的共掺杂协同效应可以有效提高材料对于聚硫离子的化学吸附，具有良好的循环稳定性	Manthiram 课题组[43]、温州大学[44]
N、O、P 掺杂碳化学吸附聚硫离子	提高可逆容量	Wang 等[45]

4.2.2 硫/聚合物复合

聚合物是另一种常用的与含硫材料复合以提高正极材料性能的材料。目前与含硫材料复合使用的聚合物主要分为导电聚合物和非导电聚合物，前者用于提高材料的导电性，同时覆盖于含硫材料表面作为阻挡层抑制穿梭效应，而非导电聚合物如聚乙烯吡咯烷酮（PVP）、聚乙烯醇（PEG）主要是通过提供一个化学梯度来抑制多硫化物的扩散。

导电聚合物的导电性和电化学稳定性很好，其非定域 π^- 电子共轭体系构成的导电网络能够为含硫材料提供良好的导电性，自身还可以作为活性物质的一部分提供容量，因而能够提高电池的容量；导电聚合物由于其特殊的官能团和结构对含硫活性材料具有一定的吸附作用，可抑制穿梭效应；且高分子的柔性和韧性都比较强，还具有一定的自我修复性，这有助于解决硫电极的体积效应和材料粉化问题，改善电极材料在充放电过程中的稳定性。常用的导电聚合物如聚丙烯腈（PAN）、聚苯胺（PANi）、聚吡咯（PPy）、聚噻吩（PT）、聚乙撑二氧噻吩（PEDOT）、聚乙炔、聚对苯撑乙烯以及它们的衍生物均可用于与含硫材料的复合。有研究表明[47]，采用苯胺、吡咯、乙撑二氧噻吩单体在胶体硫表面聚合，制备得到核壳材料，均提高了正极的循环性能，提升效果是 PEDOT＞PANi＞PPy，这主要是由于不同的聚合物对于多硫离子的吸附能力不同。

深圳市沃特玛电池有限公司[48]将硫与聚合物混合球磨后，置于保护气体中热处理，使材料中大部分单质硫与导电聚合物形成复合物，复合物分子为链状结构且含有不饱和双键；小部分单质硫与不饱和双键形成化学键合作用，通过这种化学键合作用形成了中空管，纳米级别的中空管在充放电循环过程中具有更高的限域作用，减缓了硫的溶出。

为了抑制体积膨胀效应，科学家们还研究了另一种核壳结构的硫/导电聚合物复合材料，在核壳之间存在一定的间隙，该间隙可以容纳充放电过程中硫材料的体积变化，这能增强材料结构在充放电过程中的稳定性，提高电池的循环性能。但是该核壳之间的间隙的大小需要进行控制，间隙过大，将降低电池的体积比容量，间隙过小又不足以缓冲体积变化[49-50]。目前的研究中导电聚合物合成方法多通过引发剂引发单体聚合的化学氧化过程，先制备导电聚合物随后与单质硫通过其他方式复合，这种方法存在操作步骤多、易引入杂质等缺点，且不能够保证单质硫的复合均匀且吸附牢固，限制了这种方法的大规模发展。合肥国轩[51]提出采用电化学聚合方法合成导电聚合物，在铝箔表面形成一层包裹有单质硫的聚吡咯/聚苯胺/聚噻吩复合导电聚合物薄膜，单质硫可与聚噻吩以 S═S 键结合，达到负载稳定的效果，可减少单质硫在循环过程中的溶出，降低"穿梭效应"。

复合材料还可设计为三明治形式的核壳结构，即在导电聚合表面包覆硫层，然后再在硫层表面包覆聚合物，最内部的导电聚合物可以设计为空心结构，或者在导电聚合物层和硫层之间设置间隙，通过上述空心结构或间隙结构来缓解体积变化，同时硫层的内外表面都是导电聚合物层，保证了两者的充分接触，能够有效地抑制充放电过程中聚硫化合物的散失[49,52]。

此外，北京理工大学[53]通过电化学刻蚀法在集流体表面形成纳米多孔道结构，然后将硫导电聚合物或单质硫沉积或者复合在集流体纳米多孔道结构的表面或内部，由此避免了引入多余的导电剂和黏接剂，也无需混料涂布等传统电极加工所需的工艺工序。

利用高分子聚合物的形貌的可控性，将其与含硫材料复合后进行碳化，是另一种硫/聚合物的复合形式。碳化温度一般大于 600 ℃[54]，硫以碳硫键 C═S 及 C═S 的形式连接在碳表面，由于这些共价键的存在，这种硫化的碳复合物十分稳定，耐高温耐腐蚀并且在有机溶剂中也不易溶解。硫化的碳材料最大的问题是硫含量较低[55-57]。

4.2.3 硫/纳米金属氧化物复合材料

纳米金属氧化物具有较大的表面积、形貌可控，金属氧化物中的金属氧键能与多硫化物形成化学键吸附，具有较强的吸附性能。相比碳和导电聚合物，金属氧化物与含硫材料制备得到的复合材料具有更加致密的结构，金属氧化物作为包覆层可以更加有效地阻碍离子的溶解扩散。然而，金属氧化物应用于锂硫电池的正极中首先需要具有电化学窗口内的电化学稳定性和化学稳定性，避免副反应发生；且金属氧化物密度较大，过量的使用会导致电极整体能量密度降低，需控制用量。目前，已有多种金属氧化物被研究应用于改性硫活性材料，具体如表4-2所示。

表4-2 硫/纳米金属氧化物复合材料

材料	作用	性能	作者
纳米 $MgNiO_x$	吸附剂	吸附硫聚阴离子；对锂硫反应具有催化作用，提高容量改善循环性能	Song 等[58]
纳米 La_2O_3	添加剂	维持电极比容量，增加含硫电极的孔隙率，使电极的传质速率和电导率显著提高，其放电比容量和大电流放电性能均有所提升	Zheng 等[59]
TiO_2	核壳结构	缓解体积膨胀，抑制硫聚阴离子溶解	Cui 等[60]
300~500 nm 的立方体形状的多孔 Fe_2O_3 纳米颗粒	复合	能够有效地存储硫正极材料在放电过程中所产生的多硫化物，避免多硫化物的溶解造成的损失，显著地提高了电池容量和循环稳定性	中国科学院宁波材料技术与工程研究所[61]
MnO_2 纳米片	75%的硫复合	纳米片表面对硫具有化学活性，从而改变了从放电过程中硫的形态和物理性质，抑制了穿梭效应	Nazar 等[62]
SBA-15 型多孔的二氧化硅	硫填充到二氧化硅多孔中	将多硫化物限制在二氧化硅的多孔内，循环性能好	Ji 等人[63]
VO_x、硅酸盐、氧化铝以及一些过渡金属硫化物	吸附剂	抑制聚硫离子的迁移和扩散	Gorkovenko 等[64]

4.2.4 硫/金属复合

金属材料不仅具有良好的导电性能而且强度和韧性较好，能够有效提高材料的导电性。Zhang 等[65]通过化学沉积法在硫颗粒表面包覆了金属 Pt 和 Ni，能有效地固定硫，并提高导电性能。Yang 等[66]将纳米铜颗粒均匀分散于微孔炭中，利用铜与单质硫的化学作用形成铜—多硫化物团簇，使得碳酸酯基电解液可以正常工作。中国科学院物理研究所[67]将多孔金属与单质硫或硫化锂复合，利用多孔金属的高导电性、高孔隙率、高比表面积等特点，将单质硫或硫化锂填充到多孔金属的孔隙中，制成金属/硫复合材料，提高单质硫及硫化锂的利用率和复合电极的倍率性能。中国科学院大连化学物理研究所[68]在正极材料中还添加有纳米金或/和银粒子，利用纳米金或/和银的电子轨道效应络合多硫化物，从而使放电过程中的产物最大限度地固定在正极区域内，抑制穿梭效应。也有科学家[69]以多孔网状结构的泡沫镍为载体，通过硫代硫酸钠和盐酸反应，沉积硫于镍表面，再热处理使硫均匀分布于表面，得到的镍硫正极具有很好的循环稳定性。

另外，还可将 Li_2S 与金属铁、钴、铜复合，但这些体系中 Li_2S 会与金属 M（M 为铁、钴、铜）反应生成 MS_x 和锂离子，导致电压下降到 1～2 V，且这些金属密度比碳材料大，因而会降低电池的质量比容量[70-72]。

4.2.5 多重复合及掺杂

碳、高分子聚合物、纳米金属氧化物、金属在改进硫正极材料中各又优缺点，为了综合提高正极材料的性能，很多研究选用它们中的两种或更多种与含硫材料复合，以发挥各自的优势。

4.2.5.1 碳/聚合物/硫

碳材料多种多样，目前在多种材料复合中使用较多的是具有孔道结构的碳材料和导电性能突出的石墨烯材料。具有孔道结构的碳材料如多空碳纳米球、多壁碳纳米管通过化学共沉积法载硫—原位聚合法包覆导电聚苯胺的"一锅法"制备得到"三明治"球形结构多孔碳纳米球/硫/聚苯胺、多壁碳纳米管/硫/聚苯胺复合正极材料[73,74]，该复合材料具有优良的电子和离子导电性。在此基础上，中国科学院长春应用化学研究所[75]提供了一种水性聚苯胺纳米纤维/石墨烯/硫复合正极材料，水性聚苯胺纳米纤维具有高比表面积，导电性能优异，且水性聚苯胺纳米纤维含有亲水基团能够分散在水中，制备过程及后处理过程能够减少其他有机溶剂的使用，减少环境污染，绿色环保。将水性聚苯胺纳米纤维包覆于石墨烯片层间还有助于抑制石墨烯片层的再堆积，从而得到导电性能更好的复合材料。

另外，也可以通过在低温液相法制备的纳米单质硫内核表面原位聚合导电聚合物纳米颗粒外壳形成核壳结构的颗粒，然后将该颗粒镶嵌在氧化还原石墨烯片层之间，形成三明治夹层的三维导电网络结构[76]。石墨烯、硫、导电聚合物三者的复合还可以通过简便易行的机械混合等静压融合使单质硫包裹在石墨烯构成的三维导电网络中，然后再聚合包覆导电聚合物形成复合材料[77]。

4.2.5.2 碳/金属/硫

选择金属作为多元复合材料之一时，可以选用多孔结构的金属。泡沫金属作为具有连续孔洞结构的三维骨架材料，具有大的比表面积，与活性材料复合可以提升活性材料的利用率，三维结构利于缩短离子和电子传输通道，促进快速充放电。有研究将泡沫金属作为正极骨架和主导电网络中，在该骨架内填充包含硫元素、氮掺杂石墨烯以及碳材料的正极材料以及导电剂，掺于正极材料内的导电剂形成的次导电网络，这能有效地提升正极的导电性及载硫量，进而有效优化电池性能[78]。

金属－有机框架材料是由多齿有机配体与金属离子间的金属－配体的络合作用而自组装形成的具有周期性孔网络结构的材料。金属－有机框架材料不仅具有特殊的拓扑结构、内部排列规则以及具有特定尺寸和形状的孔道，而且其孔道具有可控性，通过选择适宜的立体结构和尺寸的有机配体可以有效调控金属－有机框架的孔结构大小及其比表面积，以有效地吸附活性物质硫；并且该材料孔道表面丰富的官能团，可以通过键吸附负载更多的活性物质硫材料，同时能抑制硫单质及多硫化合物在电解液中的溶解。但是金属－有机框架材料导电性均差，对此，可采用石墨烯与介孔金属－有机框架原位复合的方法，将石墨烯包覆在介孔金属－有机框架的层次孔状结构的表面和孔道之中，形成有效的导电网络，提高材料整体的导电性。然后，采用液相渗透方法将硫复合到石墨烯包覆的金属－有机框架材料中，硫的负载量高，分布均匀，且颗粒大小可控[79]。

中国计量学院[80]以空心镍铝合金纳米粉为载体负载硫，然后表面包覆导电聚合物层，通过镍铝合金孔洞结构来限制硫颗粒大小；镍铝合金良好的导电性，提高了单质硫的电子传导能力。

4.2.5.3　碳/金属氧化物/硫

碳、金属氧化物和硫三者复合时，碳和金属氧化物中的一种多是具有孔道结构或空心结构。可以将硫填充在活性炭的孔道中，然后在该碳硫复合正极材料的表面还可包覆有 Cr_2O_3 或 Al_2O_3；或者在该碳硫复合正极材料中掺杂有三氧化二钴或氧化镍[81-84]。或者以氧化铝空心球与石墨烯、硫复合形成复合材料，使用氧化铝空心球包覆硫，能抑制放电产物多硫化物的溶解以及缓解体积膨胀，提高其电化学性能[85]。也有科学家提出，将硫导电聚合物、含硫材料和金属氧化物混合球磨后进行绝氧热处理，通过将硫导电聚合物和金属氧化物球磨为纳米级的颗粒，使其既具有本身较强的导电能力，又具备强大的吸附能力，然后通过热处理复合含硫材料，包覆均匀[86]。

4.2.5.4　聚合物/金属/硫

金属具有良好的导电性，但与导电高分子相比，网络状的金属颗粒柔性较差；而导电聚合物具有良好的柔性和韧性，以及一定的自我修复性，能很好地抑制硫的溶出，但是导电性能没有金属好，单一使用导电高分子或金属改善硫正极性能的效果有限。中国计量学院[87]制备了一种金属/硫/导电聚合物复合电极材料，其先通过分子筛与有机金属盐混合反应制备得到分子筛/金属复合材料，然后引入硫，再在硫表面原位聚合制备导电聚合物层，最后通过强碱去除分子筛，制备得到金属/硫/导电聚合物，硫电极材料内层为金属，外层包覆聚合物；该结构发挥了金属的高导电性因而有利于电子传导，同时利用导电聚合物克服了金属柔性差的问题，能够有效阻止硫单质颗粒在充放电循环过程中脱落。

类似地，还可以制备聚合物/金属氧化物/硫的复合材料，基本原理和类型与上述几种材料类似，在此不再赘述。

4.2.5.5　其他

如图 4-4 所示，陈璞等人[88]采用锂离子快导体材料 20 包覆硫化锂 10，材料本身的结构既可以保证正极活性材料具有较高的离子电导率和电子电导率，又可以阻止硫在电化学可逆反应中的流失，从而提高电池的循环寿命；最外层再包覆一层碳层 30 用于提高复合正极的电子电导率。

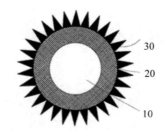

图 4-4　硫化锂、锂离子快导体、碳的复合材料示意图

浙江大学[89]制备了一种大孔结构的碳—硫—硫化亚锡复合正极材料，该材料中，硫存在于碳材料大孔内部，硫化亚锡弥散分布于碳孔壁的介孔中，在初次嵌锂过程中形成四硫锡酸锂锚定中心以吸附聚硫化锂，有效防止充放电过程中聚硫化锂从大孔碳材料中溶出，并且，锂离子电池在充放电过程中，硫中的锂离子的脱/嵌所造成的体积变化都在材料大孔内部发生，消除了硫脱/嵌锂所造成的体积变化对电极结构的影响，稳定了正极的结构，提高锂硫电池循环寿命。

青岛大学提出[90]采用 MoS_2/石墨烯纳米复合材料负载单质硫，MoS_2 片层与石墨烯片层相互堆叠复合，形成多孔洞球状材料，能很好地负载硫单质，既有利于大量锂离子的同时嵌脱，又因其纳米尺度的孔径阻止了多硫化合物的溢出，且球状材料内部空间较大，有利于弱化充放电过程中正极体积的收缩和膨胀，能显著提高该复合材料的锂硫电池性能。

4.3　负极

4.3.1　金属锂

传统的锂硫电池的负极材料是金属锂，金属锂非常活泼，与电解液等反应形成固态电解质钝化膜即 SEI 膜，SEI 膜能够阻止电解液中的各成分与锂金属进一步发生化学反应，从而使锂负极更加稳定，增加了电池循环寿命；并且通过控制 SEI 膜的机械韧性、均匀性、结构稳定性可以使锂在其表面的沉积更加均衡。但是，SEI 膜成分复杂，在充放电过程中一直处于破裂和自我修复的动态过程中，其破裂会使锂与电解液发生不可逆反应，使有效锂减少，也会产生一些高活性电位，从而使锂表面电流分配不均匀，电池循环性能变差。另外，锂负极界面反应复杂，界面阻抗不断增加，使得锂电极界面极化不断加强，充放电效率逐渐下降，电池稳定性不断减弱；并且，反应产物在锂负极表面三维空间的不均匀堆积，使锂负极表面电流分布不均匀，进而影响电池的电化学性能和安全性。金属锂作为负极的另一个缺陷是在充放电过程中容易产生枝晶，枝晶可能刺穿隔膜引发电池短路，严重影响电池的安全性；并且，枝晶容易与锂基体脱离，脱离的锂难以继续在充放电过程中发挥作用，继而变为"死锂"，降低电池的容量。

为了提高负极性能，科学家们从抑制锂枝晶、增加 SEI 膜的稳定性出发，做了多方面的改进。

4.3.1.1　保护层

为了抑制锂枝晶的生长，防止枝晶刺穿隔膜导致电池短路，最直接的办法就是在锂金属负极表面设置保护层，保护层可以通过在锂金属表面包覆形成，也可以在隔膜表面设置功能性涂层来实现[91]，或者在锂金属与隔膜之间设置一个单独的保护层。

为了保证负极保护的有效性，保护层的材料须不溶于电解质，具有化学稳定性，不与多硫化物和金属锂发生反应，且具有较高的锂离子电导率[92]。保护层在充放电期间和在存货期间应不产生裂纹、孔等形态的损坏，否则锂会优先在这些损坏部位沉积并且与液态电解质发生反应，导致电极表面反应不均。已被研究用于保护金属锂的有聚合物层、单离子导电层与聚合物层形成的复合膜层、可传导 Li^+ 的磷酸盐玻璃膜保护层、二氧化硅保护层[92-101]等。也有研究采用金属作为保护层，如利用磁控管溅射法在锂负极表面形成了一层金属铂层[102]。Nimon 等[103]在锂负极表面沉积了一层金属铝，然后加热加压使锂扩散进铝层，形成 Li—Al 合金包覆层。在充放电过程中，合金包覆层表面会形成 Al_2S_3 保护层，以减轻对负极的腐蚀。中国科学院大连化学物理研究所[104]提出由无机化合物或有机化合物在表面形成保护添加剂层，保护添加剂层的物质通过金属键、配位键、分子间作用力中的一种或两种以上与阳极表面的金属锂络合在一起，且保护添加剂层物质与金属锂的相互作用力大于保护层与电解质溶液中溶剂分子之间的作用力。

4.3.1.2　电解液中添加添加剂

电解液直接与金属锂负极接触，影响锂金属的界面结构和界面反应。在电解液中添加适宜的添加剂以改变反应界面、抑制锂枝晶的产生或者改进 SEI 膜是目前提高负极性能的途径之一。添加剂可分为无机添加剂和有机添加剂，无机添加剂主要有 CO_2、SO_2、HF、碘化物（AlI_3、MgI_3、SnI_2）、$LiNO_3$ 等，有机添加剂主要包括氟代碳酸乙烯酯（FEC）碳酸亚乙烯酯（VC），亚硫酸乙二醇酯（ES）、全氟聚醚（PFPE）、聚乙烯吡咯烷酮（PVP）等。CO_2 在锂负极表面可发生反应生成碳酸锂，碳酸锂能够参与到 SEI 膜的形成中，使膜更加致密。$LiNO_3$ 也能够促使电化学过程中在负极形成更为稳定的 SEI 膜。SO_2 与金属锂反应生成 $Li_2S_2O_4$，$Li_2S_2O_4$ 层能够防止聚硫化物对金属锂的腐蚀，进而提高电池的循环性能。

4.3.1.3 改进 SEI 膜层

SEI 膜是影响负极性能的重要因素，通过干预其形成，可控制其成分和结构，形成致密的膜层，进而提高电极性能。除了通过在电解液中添加添加剂改变 SEI 膜的组成和结构外，还可以预先对锂金属电极表面进行预处理直接形成韧性良好、结构稳定的 SEI 膜。如采用 1，4-二氧六环（DOX）和 DOL 对锂金属电极表面进行预处理，DOX 在金属表面聚合，预先形成性能良好的 SEI 钝化膜，提高金属锂电极的界面稳定性[105]。也可以通过有脉冲激光沉淀（PLD）、射频磁控溅射法、电子束蒸发等离子体辅助等方法制备得到性能良好的固态电解质膜[106]。

4.3.2 其他负极材料

锂硫电池负极材料研究的另一个方向就是开发新的材料来替换锂金属。碳材料种类丰富，导电性好，密度小，容易获得且成本低，是一种优选的负极材料。已有研究采用石墨、多孔碳、硬碳作为锂硫电池的负极。硅材料由于理论比容量也已被引入锂硫电池中作为负极材料。同时，还可以采用锡及其合金作为锂硫电池的负极。

采用这些材料作为锂硫电池负极时需要额外引入锂离子。可以通过以下方法引入锂离子：

（1）与金属锂粉混合[107,108]；

（2）正极预储锂，通过化学或电化学的方法预先在硫正极中储存锂[109,110]；

（3）负极预储锂，可通过三电极锂硫电池体系充放电对负极材料进行原位预储锂[111-116]。

4.4 隔膜

电池隔膜的设计和优化是开发高性能锂硫电池至关重要的内容。由于正极硫在充放电过程中逐渐被还原为可溶解的多硫化物，不可避免地溶出并扩散穿过隔膜。进一步还原的多硫化物倾向于重新沉积在正极表面，从而形成绝缘的惰性层，阻碍电子、离子传输和进一步的电化学反应，降低锂硫电池容量并导致电量衰减快。在锂硫电池系统中，隔膜在避免正负极短路、维持正负极之间离子通道之外，还需要具有更多的功能来提升锂硫电池性能，例如能够抑制多硫化物的跨膜扩散和"穿梭效应"；降低硫正极侧界面电阻等。

目前常用的锂硫电池隔膜大都为传统的烯烃类隔膜，包括聚丙烯（PP）微孔膜、聚乙烯（PE）微孔膜以及多层复合隔膜（PP/PE 两层复合或 PP/PE/PP 三层复合）。随着高分子聚合物的发展、膜材料制备技术不断进步和交叉科学的不断深入，隔膜的研究内容也日趋丰富。此外无机陶瓷膜、玻璃纤维膜等也被用来作为锂硫电池的隔膜；而复合高分子聚合物和无机材料的复合膜往往能够体现出具有两种或多种材料各自的特性和优势，从而提供更多的设计可能性，引起研究者的广泛关注。根据隔膜所用的主要材料，大致可分为高分子聚合物隔膜、无机物隔膜和多种材料复合隔膜。

4.4.1 高分子聚合物隔膜

高分子聚合物目前是主流的锂硫电池隔膜，包括聚烯烃类、聚环氧乙烷（PEO）基、聚偏氟乙烯（PVDF）基、共混聚合物等。研究者进行了大量的研究工作，对传统聚合物隔膜进行修饰和改性，以提高离子传导性、充放电和循环利用等性能。

Bauer 等在多孔聚丙烯隔膜上涂覆经锂化反应处理的全氟磺酸，结果显示可以抑制聚硫化物的扩散，增强充放电率较低时的充电效率；0.05 C 条件下，10 次循环充电效率提升了 70%～90%[117]。Lin 等利用还原氧化石墨烯薄膜修饰商用的 PP 隔膜，实现了阻隔多硫化物的通过，同时由于还原氧化石墨烯的导电性，降低了电池阻抗，提升电池倍率性能[118]。

PEO 与碱金属的复合物导电，所以被应用到锂电池中作隔膜材料。但 PEO 分子结构规整，容易结晶，导致离子电导率较低，在室温下无法应用。通过加入无机纳米填料或其他聚合物，可以增加 PEO 链的无序化，抑制结晶，提高电导率[119]。2010 年，Hassoun 等[120] 以 PEO 为基体，添加锂盐 $LiCF_3SO_3$ 以及二氧化锆陶瓷粉制备聚合物电解质隔膜，结果显示该隔膜具有较高的传导性。

聚偏氟乙烯（PVDF）由于碳氟键键能强，并且每个碳原子有两个碳氟键，因而化学性质稳定。也是因为特殊的分子结构，PVDF 成膜后的机械性能较好，是比较理想的膜材料，在水处理用超滤膜方面应用比较广泛，也被用作锂离子二次电池隔膜。夏定国等[121] 利用 PVDF－炭黑层对隔膜进行修饰，由于炭黑颗粒对多硫化物良好的吸附作用，生成的多聚硫锂被限制在负极一侧，从而提高了电池的循环性能。

4.4.2 无机物隔膜

潘亦真等设计并制备了一种使用 LAGP 陶瓷作为隔膜的锂硫电池，并进行了电化学测试。比较了使用普通 Celgard 隔膜电池与使用陶瓷隔膜电池充放电性能的不同。结果表明，使用陶瓷隔膜的锂硫电池充放电效率维持在 100%，但电池极化现象严重[122]。常州大学通过在常规高分子隔膜上涂覆一层薄的纳米三氧化二铝颗粒陶瓷膜，使常规高分子隔膜容易被刺穿的问题得到缓解，从而改善电池的性能，提高电池的放电倍率，能够显著延长锂硫电池的循环周期，提高锂离子电池的耐高温性能和安全性，陶瓷涂覆特种隔膜特别适用于动力电池[123]。

纤维多孔膜，一般采用静电纺丝技术制备，形态是直径从纳米级到微米尺度的无纺布状。纤维多孔膜的孔隙率高，并且纤维束的尺寸和空隙率相对容易控制。复旦大学王永刚等[124]报道了锂硫电池中的高效玻璃纤维隔膜材料。该材料具有丰富的孔道结构有利于电解液的浸润，极高的电解液持液量有利于锂离子的传输，极高的热稳定性可降低电池安全风险。在锂硫电池正极一侧应用时，能有效改善电池的循环性能。

4.4.3 复合隔膜

复合不同膜材料的隔膜往往能实现单一材料所不具有的特别功能。天津工业大学制备了一种复合锂硫电池隔膜，由厚度为 $20\sim25~\mu m$ 的掺氟芳纶静电纺膜和厚度为 $4\sim7~\mu m$ 的涂层多壁碳纳米管涂层复合而成[125]。中山大学将玻纤加入含有硅烷偶联剂的乙醇水溶液中浸泡，过滤，烘干后得到改性玻纤；该改性玻纤和聚丙烯共混后熔融挤出制成母料；母料挤出成型，牵伸后得到改性玻纤聚丙烯复合材料；再将复合材料拉伸制成多孔薄膜，将多孔薄膜浸泡在极性聚合物溶液中，烘干，即得到一种高含量玻纤填充的聚丙烯电池隔膜。该隔膜具有孔径分布均匀、耐热性能好、力学强度高和安全性能优越的优点，且离子选择性较高，有望应用在动力电池、高温锂离子电池、锂硫电池及锂空气电池等领域[126]。

宁波艾特米克锂电科技有限公司制备了一种具有热闭孔功能的无纺布结构的复合纳米纤维隔膜，由原纤化纤维素纳米纤维和至少一种低熔点聚合物纳米纤维相互交联复合而成。复合纳米纤维隔膜可实现热闭孔功能，避免因热惯性的作用导致电池正负电极的直接接触，显著提高了以上储能器件的安全性[127]。

南京大学周豪慎的[128]提出一种以金属－有机骨架化合物（MOF）为基元材料的氧化石墨烯复合功能隔膜。采用的 MOF 材料典型的孔道直径约为 $0.9~nm$，而氧化石墨烯材料的层间距约为 $1.3~nm$，都小于多硫化物的离子直径，可以选择性地使锂离子透过。采用这种孔道精确设计的 MOF 隔膜，可将锂硫电池在 1500 次循环中的容量衰减率降低至每次 0.019%。

4.5 电解液

多硫化物在电解液中的溶解、穿梭，使得锂硫电池的电解液开发比锂离子二次电池更为复杂和具有挑战性。目前在锂离子二次电池中已经商品化的碳酸酯有机电解液体系并不能直接用在锂硫电池中，开发新的电解质体系，是锂硫电池研究热点之一。

4.5.1 有机电解液

锂离子电池中常用的有机溶剂，如碳酸乙烯酯（EC）、碳酸二甲酯（DMC）、碳酸甲乙酯（EMC）等，不适用于锂硫电池体系。这主要是由于在首次放电过程中 Li_2S_x 与碳酸酯类有机溶剂会发生不可逆反应导致电池容量衰减。随着对锂硫电池研究的深入，研究人员总结出适合锂硫电池的有机电解液需要具有对 Li_2S_n（$4 \leqslant n \leqslant 8$）一定的溶解度，并和锂电极较好的相容性。研究人员逐渐发现使用链状醚类溶剂，如乙二醇二甲醚（DME）等、与环状醚类溶剂等的混合溶剂作为锂硫电池的有机电解液能够得到较好的性能，特别是首次循环中有较高的单质硫利用率，倍率性能较好，但是循环性能较差。锂硫电池合适的醚类有机溶剂一般为链状和环状醚类，常用如链状的乙二醇二甲醚（DME）和 1，3－二氧戊环（DOL）。研究人员也通常使用二元或三元混合有机溶剂来获取更佳的性能。室温离子液体也可以作为锂硫电池电解液，Yuan 等[134]合成了室温离子液体 N－甲基－N－丁基－哌啶（PP14）双（三氟甲基磺酰）（TFSI）铵盐，并配成 1 mol/L LiTFSI/PP14－TFSI 溶液作为锂硫电池的电解液。

4.5.2　聚合物电解质

聚合物电解质是由聚合物膜和盐构成的一类可以传输离子的新型离子导体，聚合物电解质与液体电解液相比较具有不易泄露、更安全的优点。聚合物电解质按其相态可分为全固态聚合物电解质（SPE）和凝胶聚合物电解质（GPE），全固态聚合物电解质由高分子量聚合物基体，如聚氧化乙烯和锂盐组成。凝胶聚合物电解质是把液态的电解液凝固于聚合物基体中的电解质，其离子电导率比固态电解质高。聚合物电解质替代传统的液态电解液，能够控制 Li_2S_n（$4 \leqslant n \leqslant 8$）向锂负极的扩散，有望在改善锂硫电池安全性的同时提高锂硫电池的性能。锂离子在聚合物基体中的迁移是通过聚合物链段的运动在其配位位置上传递，因此室温离子电导率偏低。GPE 主要由聚合物基体、增塑剂与锂盐通过互溶的方式形成具有合适微结构的聚合物网络，主要利用固定在微结构中的增塑剂实现离子传导，其离子传导机理类似于液体，因此室温离子电导率较高。

4.5.3　无机固体电解质

无机固体电解质又称快离子导体，包括陶瓷电解质和玻璃电解质。无机固体电解质作为物理屏蔽层保护锂负极，可以完全阻隔聚硫锂向金属锂负极的扩散。Hayashi研究小组[135]采用高温固相合成法在 230 ℃ 下制得 $Li_2S－P_2S_5$ 玻璃陶瓷电解质，并使用该玻璃陶瓷电解质以 S/CuS 为正极、Li－In 合金为负极组装成全固态锂硫电池，在 0.064 mA/cm² 放电电流密度下，循环性能最好的是经 20 次循环后保持有 650 mA·h/g 的放电比容量。美国 Polyplus 公司采用等离子体辅助沉积、蒸镀等多种技术分别将离子传导层（含有 P_2O_5、SiO_2、Al_2O_3 等成分的玻璃－陶瓷电解质）与和金属锂相容性较好的过渡层（如 LiI、Li_3N、Li－Sn 等）沉积制备在金属锂表面，形成多层复合膜结构，阻隔金属锂与电解液直接接触。

4.6　总结与展望

　　锂硫电池具有较高的质量比能量密度，这能有效地降低电子器件中尤其是电动车中电池的重量，提高电动车的续航里程。但是，硫正极材料固有的电子导电性和离子导电性低，以及充放电过程中硫化物的溶出和穿梭效应、体积膨胀效应都严重影响了电池的循环稳定性，如何提高正极材料的导电性和硫的利用率，抑制硫化物的溶出和穿梭效应成为目前的研究热点。一方面，通过硫活性物质与各种碳材料、导电聚合物、纳米金属氧化物、金属中的一种或多种复合来改善正极的导电性，其中，多种材料复合能够综合利用各材料的优势进行互补，是提高材料综合性能的有效途径之一。另一方面，通过正极的结构设计来限制硫化物的溶出、抑制穿梭效应。以多孔导电基体负载活性硫，而后采用导电材料进行包覆或封装，将硫限制在多孔孔道内，既能够提高正极材料的导电性，又能够将硫限制在正极内，从根源上限制了多硫化物的溶出，进而也抑制了穿梭效应，不失为另一提高正极材料性能的有效途径。当然，采用何种多孔导电基体，基体的孔道结构、孔径大小，活性硫的负载方式、负载量，包覆或封装孔道的导电材料的选用都还不成熟，基本处于实验室研究阶段，想要进入生产，还需要更多的努力。

　　负极锂的枝晶问题导致锂硫电池的安全性能存在隐患，解决枝晶问题可以借鉴其他锂二次电池中的经验。也有研究采用碳系列、硅系列、锡系列材料替换锂金属作为负极，采用这些材料的重要问题之一就是如何引入锂。在正极或负极中预嵌锂能够完全避免锂金属的使用，但是嵌入的锂量有限，且一般需要提前组装电池进行充放电，工序烦琐，在电池的拆装过程中，也会影响电池的性能。若能解决锂引入的问题，采用目前锂离子电池中较为成熟的碳系列材料作为锂硫电池的负极是一个不错的选择。

　　隔膜材料是电池的重要部件之一，不同于锂离子电池的隔膜，锂硫电池的隔膜不仅需要允许锂离子自由通过，而且最好能够阻止多硫化物的通过以减少穿梭效应。常用的烯烃类隔膜并不能有效地阻止多硫化物的通过，因而需要对其进行改性。设计多种材料复合的多功能隔膜是目前的主要研究方向。

　　电解液是影响锂硫电池性能另一重要组成，液体有机电解液、聚合物电解质、无机固体电解质各有优缺点，选用何种电解液需要考虑电解液与正极材料的一致性。通过在电解液中添加各种各样的添加剂可以抑制穿梭效应，改进负极与电解液之间的反应界面，是提高电池性能的另一有效途径。

　　经过几十年的发展，尤其是近十年的研究，锂硫电池在正极、负极、隔膜和电解液方面都有了长足的发展，电池的质量比容量和循环性能都有了很大的提升，有望替换锂离子电池用于航空航天、电动车等领域，发挥高比容量、低成本和环保的优势。目前，锂硫电池的产业化仍未实现，由实验室转向工业生产，仍需要付出长足的努力。

参考文献

[1] 王希文. 我国电池行业发展战略研究 [D]. 天津：天津大学，2003：10.

[2] Electric Tech Corp. Electric dry cells and storage batteries：美国，3043896A [P]. 1962—07—10.

[3] 邓南平，等. 锂硫电池系统研究与展望 [J]. 化学进展，2016，28（9）：1435—1454.

[4] 陈飞彪. 锂硫电池正极材料的制备及电化学性能研究 [D]. 北京：北京理工大学，2015：16.

[5] Kim B S, Park S M. In situ spectroelectrochemical studies on the reduction of sulfur in dimethylsulfoxide solutions [J]. Journal of The Electrochemical Society，1993，140（1）：115—122.

[6] Jung Yongju, Kim Seok. New approaches to improve cycle life characteristics of lithium-sulfur cells [J]. Electrochemistry Communication，2007（9）：249—254.

[7] 黄佳琦，等. 锂硫电池先进功能隔膜的研究进展 [J]. 化学学报，2017（75）：173—188.

[8] 广东烛光新能源科技有限公司. 一种含硫电极、含有该电极的锂硫电池及其制备方法：中国，105390663A [P]. 2016—03—09.

[9] 厦门大学. 一种具有功能保护层的锂硫极片及其制备方法与应用：中国，105789557A [P]. 2016—07—20.

[10] 中国科学院金属研究所. 一种锂硫电池多层复合正极及其制备方法：中国，103972467A [P]. 2014—08—06.

[11] 华中科技大学. 一种锂硫电池正极及电池：中国，203631665A [P]. 2014—06—04.

[12] 中国科学院化学研究所锂—硫电池用隔膜及其制备方法：中国，103490027A [P]. 2014—01—01.

[13] 清华大学. 一种不对称隔膜及在锂硫二次电池中的应用：中国，105261721A [P]. 2016—01—20.

[14] 陕西煤业化工技术研究院有限责任公司，等. 一种锂硫电池用保护层及其制备方法和使用该保护层的锂硫电池：中国，104393349A [P]. 2015—03—04.

[15] 中国科学院苏州纳米技术与纳米仿生研究所. 锂硫电池用复合隔膜、其制备方法及应用：中国，05990552A [P]. 2016—10—05.

[16] 三星 SDI 株式会社. 锂硫电池：中国，610167A [P]. 2005—04—27.

[17] 中国科学院上海硅酸盐研究所. 一种具有功能性保护层的锂负极及锂硫电池：中国，03985840A [P]. 2014—08—13.

［18］ 浙江大学. 一种吡咯表面处理的锂电极及其锂硫电池：中国，04993167A［P］.
2015—10—21.

［19］ 北京理工大学. 一种碳纤维布作为阻挡层的锂硫电池：中国，04900830A［P］.
2015—09—09.

［20］ 北京理工大学. 一种含有阻挡层的锂硫电池：中国，05428616A［P］. 2016—03—23.

［21］ 中国人民解放军63971部队. 一种应用于锂硫电池中的新型正极隔层及其制备方
法：中国，06450104A［P］. 2017—02—22.

［22］ 武汉理工大学. 一种具有吸附层的锂硫电池：中国，102185158A［P］. 2011—
09—14.

［23］ 中南大学. 一种水热法制备三维硫/石墨烯/碳纳米管（S/GN/CNTs）复合物的
方法及其用于锂硫电池阴极材料：中国，106159231A［P］. 2016—11—23.

［24］ 哈尔滨工业大学. 石墨烯包覆硫/多孔碳复合正极材料的水热制备方法：中国，
104064738A［P］. 2014—09—24.

［25］ 江苏师范大学用于锂电池的硫—多孔碳毛毡复合正极材料：中国，103996828A
［P］. 2014—08—20.

［26］ 中国人民解放军63971部队. 一种用于锂—硫电池的新型碳硫复合物：中国，
101587951A［P］. 2009—11—25.

［27］ Guangyuan Zheng, Yuan Yang, Judy J. Cha, et al. Hollow carbon nanofiber-
encapsulated sulfur cathodes for high specific capacity rechargeable lithium batter-
ies［J］. Nano lett，2011（11）：4462—4467.

［28］ 中国科学院金属研究所. 高能量柔性电极材料及其制备方法和在二次电池中的应
用：中国，102263257A［P］. 2011—11—30.

［29］ San Moon, Do Kyung Kim, et al. Encapsulated monoclinic sulfur for stable cycling of
Li-S rechargeable batteries［J］. Adv. Mater.，2013（25）：6547—6553.

［30］ 郑加飞，等. 石墨烯包覆碳纳米管—硫（CNTs—S）复合材料及锂硫电池性能
［J］. 无机化学学报，2013，29（7）：1355—1360.

［31］ 奇瑞汽车股份有限公司. 一种锂硫电池正极材料及其制备方法、锂硫电池：中
国，104766957A［P］. 2015—07—08.

［32］ 中国科学院大连化学物理研究所. 一种锂—硫电池正极用复合电极材料及其制备
方法：中国，104716306A［P］. 2015—06—17.

［33］ 宁波大学. 一种大孔结构锂硫二次电池及其制备方法：中国，104112875A
［P］. 20141022.

［34］ 中国科学院大连化学物理研究所. 一种用于锂硫电池正极的碳硫复合物及其制备

和应用：中国，105742580A［P］. 2016—07—06.

［35］J. Yan, et al. Long-life, high-efficiency lithium/sulfur batteries-from sulfurized carbon nanotube cathodes［J］. J. Mater. Chem. A，2015，3（18）：10127—10133.

［36］南京师范大学. 一种锂硫电池正极用硫/碳复合材料的制备方法：中国，104766967A［P］. 2015—07—08.

［37］Z. Wang, et al. Enhancing lithium-sulphur battery performance by strongly binding the discharge products on amino-functionalized reduced graphene oxide［J］. Nat. Commun. ，2014（5）：5002.

［38］Y Qiu, et al. High-rate, ultralong cycle-life lithium/sulfur batteries enabled by nitrogen-doped graphene［J］. Nano Lett. ，2014，14（8）：4821—4827.

［39］J. Song, et al. Strong lithium polysulfide chemisorption on electroactive sites of carbon composites for high performance lithium-sulfur battery cathodes［J］. Angew. Chem. Int. Ed. ，2015，54（14）：4325—4329.

［40］复旦大学. 氮掺杂的多孔碳纳米纤维网状结构的硫碳复合材料及其制备方法和应用：中国，103700818A［P］. 2014—04—02.

［41］西安理工大学. 微波液相法制备掺杂石墨烯锂硫电池正极材料的方法：中国，105514395A［P］. 2016—04—20.

［42］C. P. Yang, et al. Insight into the effect of boron doping on sulfur/carbon cathode in lithium-sulfur batteries［J］. ACS Appl. Mater. Inter. ，2014，6（11）：8789—8795.

［43］G. Zhou, et al. Long-life Li/polysulphide batteries with high sulphur loading enabled by lightweight three-dimensional nitrogen/sulphur-codoped graphene sponge［J］. Nat. Commun. ，2015（6）：7760.

［44］温州大学. 硫氮双掺杂石墨烯纳米材料及其制备方法与应用：中国，106684389A［P］. 2017—05—17.

［45］X. Wang, et al. Chemical adsorption：Another way to anchor polysulfides［J］. Nano Energy，2015（12）：810—815.

［46］浙江工业大学. 一种硫/碳复合材料的电解制备方法：中国，103606649A［P］. 2014—02—26.

［47］Li W. ，et al. Understanding the role of different conductive polymers in improving the nanostructured sulfur cathode performance［J］. Nano Lett，2013（13）：5534—5540.

［48］深圳市沃特玛电池有限公司. 一种锂硫电池正极材料及其制备方法、锂硫电池：

中国，106299317A [P]. 2017—01—04.

[49] 中国计量学院. 一种空心核壳结构的聚苯胺/硫复合材料的制备方法：中国，104638236A [P]. 2015—05—20.

[50] 浙江师范大学. 一种聚吡咯空心微球/硫复合材料及其制备方法和用途：中国，103259000A [P]. 2013—08—21.

[51] 合肥国轩高科动力能源有限公司. 复合导电聚合物包覆单质硫的制备方法及其用途：中国，105355876A [P]. 2016—02—24.

[52] 武汉理工大学. 一种具有三明治结构的导电聚合物/硫复合正极材料的制备方法学：中国，106356513A [P]. 20170125.

[53] 北京理工大学. 一种锂硫电池正极的制备方法：中国，103268934A [P]. 2013—08—28.

[54] Yu X., et al. Stable-cycle and high-capacity conductive sulfur-containing cathode materials for rechargeable lithium batteries [J]. Journal of Power Sources, 2005, 146 (1—2)：335—339.

[55] Zhang S. S. Sulfurized carbon：A class of cathode materials for high performance lithium/sulfur batteries [J]. Frontiers in Energy Research, 2013, 1 (10)：1—9.

[56] Duan B., et al. A new lithium secondary battery system：The sulfur/lithium-ion battery [J]. Journal of Materials Chemistry A, 2014, 2 (2)：308—314.

[57] Zhang S. Understanding of sulfurized polyacrylonitrile for superior performance lithium/sulfur battery [J]. Energies, 2014, 7 (7)：4588—4600.

[58] Song M S, Han S C, Kim H S, et al. Effects of manosized adsorbing material on electrochemical properties of sulfur cathodes for Li/S secondary batteries [J]. Electrochem Soc 151 (6)：A791—A795.

[59] Zheng W, Hu X G, Zhang C F. Electrochem Properties of Rechargeable Lithium Batteries with Sulfur-Containing Composite Cathode Materials [J]. Electrochem Solid St., 2006, 9 (7)：A364—A367.

[60] Seh Z W, Li W, Cha J J, et al. Sulphur-TiO$_2$ yolk-shell nanoarchitecture with internal void space for long-cycle lithium-sulphur batteries [J]. Nat. Commun., 2013, 4 (4)：1331.

[61] 中国科学院宁波材料技术与工程研究所. 一种锂硫电池正极材料及其制备方法和应用. 中国：CN103730664A [P]. 2014—04—16.

[62] Nazar L F. et, al. A highly efficient polysulfide mediator for lithium-sulfur

batteries [J]. Nat. Commun., 2015 (6)：5682.

[63] Ji X., et al. Stabilizing lithium-sulphur cathodes using polysulphide reservoirs [J]. Nature Communications, 2011, 2 (7)：325—331.

[64] A. Gorkovenko, et al. Cathodes comprising electroactive sulfur materials and secondary batteries using same. 美国：6210831B1 [P]. 2001—04—03.

[65] X. Tao, et al.. Decoration of sulfur with porous metal nanostructures：An alternative strategy for improving the cyclability of sulfur cathode materials for advanced lithium-sulfur batteries [J]. Chemical Communications, 2013, 49 (40)：4513—4515.

[66] S. Zheng, et al. Copper-stabilized sulfur-microporous carbon cathodes for Li-S batteries [J]. Advanced Functional Materials, 2014, 24 (26)：4156—4163.

[67] 中国科学院物理研究所. 一种含有多孔金属的锂—硫电池正极材料及其制备方法：中国，102723470A [P]. 2012—10—10.

[68] 中国科学院大连化学物理研究所. 一种锂硫电池用正极：中国，104300112A [P]. 2015—01—21.

[69] 湘潭大学. 一种锂硫电池的镍硫正极及其制备方法：中国，103606646A [P]. 2014—02—26.

[70] M N Obrovaca, J R Dahna. Electrochemically Active Lithia/Metal and Lithium Sulfide/Metal Composites [J]. Electrochemical and Solid-State Letters, 2002, 5：A70—A73.

[71] Y Zhou, et al. Electrochemical reactivity of Co-Li$_2$S nanocomposite for lithium-ion batteries [J]. Electrochimica Acta, 2007, 52：3130—3136.

[72] A Hayashi, et al. Al-solid-state rechargeable lithiumbatteries with Li$_2$S as a positive electrode material [J]. Journal of Power Sources, 2008 (183)：422—426.

[73] 华南师范大学. 一种锂硫电池球形复合正极材料及其制备方法与应用：中国，104466138A [P]. 2015—03—25.

[74] 华南师范大学. 一种锂硫电池复合正极材料及其制备方法与应用：中国，104362316A [P]. 2015—02—18.

[75] 中国科学院长春应用化学研究所. 一种水性聚苯胺锂硫电池正极材料及其制备方法：中国，105390665A [P]. 2016—03—09.

[76] 中南大学. 一种基于纳米硫的锂硫电池用正极复合材料及制备方法：中国，104900856A [P]. 2015—09—09.

[77] 东莞市翔丰华电池材料有限公司. 用于锂硫电池正极的石墨烯/硫/导电聚合物复

合材料制备方法：中国，104332600A［P］. 2015－02－04.

［78］中国科学院苏州纳米技术与纳米仿生研究所. 锂硫电池正极、其制备方法及应用：中国，106033815A［P］. 2016－10－19.

［79］中南大学. 一种锂硫电池正极材料的制备方法：中国，103035893A［P］. 2013－04－10.

［80］中国计量学院. 一种聚合物包覆镍铝合金/硫复合电极材料的制备方法：中国，104319398A［P］. 2015－01－28.

［81］广西科技大学. 一种碳硫复合正极材料及其制备方法：中国，103746101A［P］. 2014－04－23.

［82］广西科技大学. 一种碳硫复合正极材料及其制备方法：中国，103746095A［P］. 2014－04－23.

［83］广西科技大学. 一种碳硫复合正极材料及其制备方法：中国，103730641A［P］. 2014－04－16.

［84］广西科技大学. 一种碳硫复合正极材料及其制备方法：中国，103746096A［P］. 2014－04－23.

［85］钟玲珑. 一种氧化铝空心球锂硫电池正极材料的制备方法：中国，105633377A［P］. 2016－06－01.

［86］北京理工大学. 一种锂硫电池正极复合材料及其制备方法：中国，101719545A［P］. 2010－06－02.

［87］中国计量学院. 一种聚合物/空心硫复合电极材料的制备方法：中国，105024054A［P］. 2015－11－04.

［88］苏州宝时得电动工具有限公司，陈璞. 正极材料、正极、具有该正极的电池及正极材料制备方法：中国，103165885A［P］. 2013－06－19.

［89］浙江大学. 以硫化亚锡为锚定中心的锂硫电池及其正极的制备方法：中国，104157851A［P］. 2014－11－19.

［90］青岛大学. 负载单质硫的球状 MoS_2/石墨烯纳米复合材料的制备及应用：中国，104051735A［P］. 2014－09－17.

［91］中国人民解放军 63971 部队. 一种保护锂硫电池负极的方法：中国，105140449A［P］. 2015－01－20.

［92］王维坤，余仲宝，苑克国，等. 高比能锂硫电池关键材料的研究［J］. 化学进展，2011（23）：540－547.

［93］Lee Y M，et al. Electrochemical performance of lithium/sulfur batteries with protected Li anodes［J］. Journal of Power Sources，2003（119）：964－972.

[94] 苏育志，马文石，龚克成. 聚有机二硫化物正极材料的研究现状 [J]. 高技术通讯，1999 (6)：58—62.

[95] Skotheim T A. Lithium anodes for electrochemical cells：美国，7247408B2 [P]. 2007—07—24.

[96] Affevito J D. Methods and apparatus for vacuum thin film deposition：美国，7112351B2 [P]. 2006—09—26.

[97] Moltech Corp. Stabilized anode for lithium-polymer batteries：美国，5648187B2 [P]. 1997—07—15.

[98] Moltech Corp. Stabilized anode for lithium-polymer batteries：美国，5961672A [P]. 1999—10—05.

[99] Chan Ho Yin, et al. Electric Power Generator With Ferrofluid Bearings：美国，20120086213A1 [P]. 2012—04—12.

[100] 中国科学院上海硅酸盐研究所. 一种具有功能性保护层的锂负极及锂硫电池：中国，103985840A [P]. 2014—08—13.

[101] 中国科学院化学研究所. 锂二次电池中锂负极的保护处理：中国，104617259A [P]. 2015—05—13.

[102] Zheng M S, Chen J J, Dong Q F. The enhanced electrochemical performance of lithium/sulfur battery with protected lithium anode [J]. Adv Mater Res，2012，476 /478：676—680.

[103] Nimon Y S, Chu M Y, Visco S J. Coated lithium electrodes：美国，6537701B1 [P]. 2003—03—25.

[104] 中国科学院大连化学物理研究所. 一种保护锂硫电池负极的方法：中国，104716381A [P]. 2015—06—17.

[105] 丁飞，张翠芬，胡信国. 1，4—二氧六环预处理对锂电极的钝化作用 [J]. 稀有金属材料与工程，2006，5 (4)：585—588.

[106] 波利普拉斯电池有限公司. 在保护涂层下面的电镀金属负电极：中国，1297588A [P]. 2001—05—30.

[107] 宁波良能新材料有限公司. 一种锂硫电池负极材料及其制备方法：中国，105552307A [P]. 2016—05—04.

[108] 天津中能锂业有限公司. 一种锂硫电池及其制备方法：中国，102130359A [P]. 2011—07—20.

[109] 清华大学. 一种以石墨为负极的锂硫电池的制备方法：中国，101465441A [P]. 2009—06—24.

［110］中南大学. 一种锂离子电池用硫化锂一多孔碳复合正极材料及制备方法：中国，102163720A［P］. 2011—08—24.

［111］天津力神电池股份有限公司. 一种锂硫电池结构的原位制备方法：中国，106450487A［P］. 2017—02—22.

［112］天津力神电池股份有限公司. 一种基于硅负极的锂硫电池的原位制备方法：中国，106450488A［P］. 2017—02—22.

［113］天津力神电池股份有限公司. 一种基于硬碳负极的锂硫电池的原位制备方法：中国，106450489A［P］. 2017—02—22.

［114］北京理工大学. 一种锂硫电池及其制备方法：中国，101562261A［P］. 2009—10—21.

［115］大连丽昌新材料有限公司. 一种锂硫电池及其制备方法：中国，102694196A［P］. 2012—09—26.

［116］上海空间电源研究所. 一种含硅锂负极、其制备方法及包含该负极的锂硫电池：中国，102694158A［P］. 2012—09—26.

［117］Bauer I, et al. Reduced polysulfide shuttle in lithium-sulfur batteries using Nafion-based separators Original［J］. J Power Sources. 2014（251）：417—422.

［118］Lin W, et al. Enhanced performance of lithium sulfur battery with a reduced graphene Oxide coating separator［J］. J Electrochem Soc. 2015（162）：A1624.

［119］Wang W M. Discussion on the effect factors of the conductivity performance of PEO-Based polymer electrolyte［J］. Adv Mater Res. , 2012（571）：22—26.

［120］Jusef H, Sun Y K, Bruno S. Rechargeable lithium sulfide electrode for a polymer tin/sulfur lithium-ion battery［J］. J Power Sources, 2011, 196（1）：343—348.

［121］Wei H, Ma J, Li B A, et al. Enhanced cycle performance of lithium-sulfur batteries using a separator modified with a PVDF-C layer［J］. ACS Appl Mater Interfaces, 2014（6）：20276.

［122］潘亦真，等. LAGz 陶瓷隔膜与 Celgard 隔膜锂硫电池充放电性能对比研究［J］. 山东化工，2016，45（20）：57—59.

［123］常州大学. 一种纳米氧化铝颗粒修饰的陶瓷隔膜的制备方法：中国，104993082A［P］. 2015—01—02.

［124］Wang L, et al. A scalable hybrid separator for a high performance lithium-sulfur battery［J］. Chem Commun, 2015（51）：6996—6999.

［125］天津工业大学. 一种锂硫电池隔膜及其制备方法：中国，106654126A［P］. 2017—05—10.

［126］中山大学. 一种高含量玻纤填充的聚丙烯电池隔膜的制备方法：中国，106571438A ［P］. 2017—04—19.

［127］宁波艾特米克锂电科技有限公司. 具有热闭孔功能复合纳米纤维隔膜、制备方法和储能器件：中国，104485437A ［P］. 2015—04—01.

［128］Bai，S.，et al. Metal-organic framework-based separator for lithium-sulfur batteries ［J］. Nature Energy，2016 (1)：16094.

［129］Mikhaylik Y，Akridge J. Polysulfide shuttle study in the Li/S battery system ［J］. Electrochem. Soc.，2004 (151)：A1969—1976.

［130］Cheon S，Ko K，Cho J，et al. Change of sulfur cathode during discharge and chainge ［J］. J Electrochem Soc.，2003 (150)：A796—799.

［131］K olosnitsyn，et al. Electrochemistry of a lithium electrode in lithium polysulfide solutions ［J］. Russ J Electrochem，2008 (44)：609—614.

［132］Stephan A M. Review on gel polymer electrolytes for lithiumbatteries ［J］. Eur Polym J，2006，42 (1)：21—42.

［133］Zhang S S. Liquid electrolyte lithium/sulfur battery：Fundamentalchemistry，problems，and solution ［J］. J Power Sources，2013，231 (2)：153—162.

［134］Yuan L X，et al. Improved dischargeability and reversibility of sulfur cathode in a novel ionic liquid electrolyte ［J］. Electrochem Commun，2006 (8)：610.

［135］Hayashi A，et al. All-solid-state Li/S batteries with highly conductive glass-ceramic electrolytes ［J］. Electrochem Commun，2003 (5)：701—705.

第5章　固体锂电池

固体电池广义上讲是一种采用固体电解质的电池。固体电池具有能量密度高，功率密度低的优点。基于固体电池的功率重量比高的特性，特别是固体锂电池，其成为新能源电动汽车非常理想的供能电源选择之一。未来十年，固体锂电池技术的研发有望取得突破性进展，特别是有望在低成本、高能量密度和优化生产过程等方面取得显著进步，从而赶超目前最流行的锂离子电池技术。固体锂电池技术属于当前和未来的研究重点方向之一。

5.1　固体锂电池概述

常规的锂电池或锂离子电池涉及的电解液一般为液态的。通常采用将锂盐溶解在有机溶剂中的方法来获得电解液。但是因为有机溶剂本身存在稳定温度范围较窄、不易存储、易燃易爆的问题，所以常规锂电池或锂离子电池的安全性较差。虽然许多研发人员和制造公司均采用加入阻燃剂、高温稳定剂等添加剂的方式来缓解安全问题，但添加剂的使用治标不治本，始终不能消除安全隐患。固体电解质为锂电池的发展带来了新思路。固体电解质因为不涉及电解液，自带安全属性，不但消除了锂电池和锂离子电池的安全隐患，还在高能量密度及电池的微型化和轻薄化的实现方面具有得天独厚的优势。固体锂电池具有离子电导率相对高，储能容量大，循环倍率性能高，大电流充放电性能，热稳定范围宽、超薄化和小型化，安全性能好的优势，在可穿戴设备和其他便携式电子设备方面等商业上的应用逐渐成熟，发展壮大，用量越来越大。

固体锂电池的优点包括：（1）良好的安全性。固体锂电池无液体成分，根除了电解液的泄露和燃烧等安全隐患。（2）简化了电池结构。固体电解质既作为传导离子的电解质使用，也同时作为隔绝电子传导的隔膜使用。（3）多种类负极。既可以用高容量的金属锂作为负极来使用，也可以用嵌锂石墨、锂钛氧化物等材料作为负极。（4）外形可定制。固体锂电池具有良好的机械加工性能，可以按照不同的使用需求设计和制作出各种尺寸和不同形状的电池。（5）微型化和轻薄化。

5.1.1 锂电池研究历史

20世纪50年代前后，科学家们首次研发成功了金属锂一次电池，该电池以金属锂作为负极，以氧化锰、氟化碳和银钒氧化物等作为正极，并于70年代逐步走进民用。然而一次电池本身的限制，无论从环保角度还是从资源可回收利用的角度使之推广均受到了极大的限制。1979年，Armand等人首次提出"摇椅式电池（rock-chair battery）"的概念，随后由Goodenough等人[1]提出了使用$LiCoO_2$和$LiNiO_2$作为锂电池的正极活性材料，使锂离子电池真正被推上市场。21世纪初期，锂离子电池因其相比于其他电池具有高能量密度的优点，在便携式电子器件领域（如音乐视频播放器、手机、电脑等）、可穿戴设备领域（如智能手表、智能眼镜，虚拟设备）和电动汽车领域、储能发电领域以及智能电网领域迎来了爆发式发展和应用。图5-1示意出了储能电池的发展方向，当前锂离子电池应用广泛，其长寿命化、高安全化和高容量化的研发正在如火如荼地进行，预计2020年附近，低成本、高安全的全固体电池会取得突破性进展，同时有机充电电池、多阳离子电池技术也有望取得重大突破，未来15年，钠固体电池、锂固体电池、钠硫电池和锂空气电池将成为市场的主流产品，成为研发的重点方向。

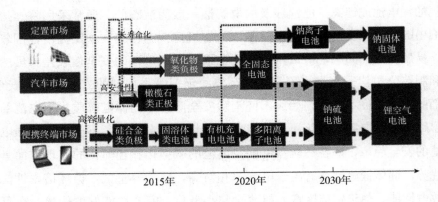

图5-1 储能电池发展方向

5.1.2 锂电池工作原理

参考"摇椅式电池"来介绍一下锂电池的工作原理，如图5-2所示。摇椅的两端为电池的正负电极，中间为含有电解质的电解液。而锂离子好比乒乓球一样可以在电解液以及摇椅的两端来回穿梭，电解液充当了锂离子运动的介质，两个电极好比乒乓球拍，充电时锂离子被正极端打到负极端收集负电荷，放电时锂离子从负极端释放被打到正极端提供正电荷。

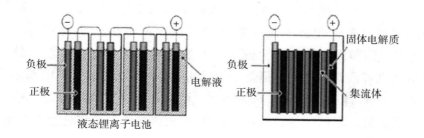

图5-2 液态锂离子电池与全固体锂离子电池结构示意图

固体电池的原理与之相同，电解液换为固体电解质，固体状态使得原子和离子之间的间距变小，物理化学作用量程显著改善，其高密度结构可以使得更多的带电离子聚集在一端，从而大电流可以被传导，进而电池容量可以被提升。即相同电量条件下，固体电池占用的体积明显变小。此外，由于固体电池中没有电解液，电池的封装会变得更加易于实施，特别是在电动汽车等大型设备上应用时，省却了通常需要额外增加的制冷件、控制系统等，不仅降低了制作成本，提高了集成能力，还能有效减轻重量。对于大型设备的推广使用具有非常重要的意义。

5.1.3 固体锂电池研究情况

按照电解质组分的区别，固体锂离子电池可以分为聚合物锂离子电池和全固体薄膜锂电池。

聚合物锂离子电池的技术已经十分成熟，目前在手机、个人电脑等电子产品领域已经大量应用。1994年，美国Bellcore公司首次研制成功固体电解质的聚合物锂电池[2]。截至目前，全球范围内多数生产锂电的企业都具备生产锂离子聚合物电池的能力，其中研发能力较强的国际公司包括索尼、三星、LG、三洋、东芝、松下等。中国的锂离子电池研发和生产虽然起步比较晚，但是中国锂电企业已经占有了可观的全球市场锂电供货量。比如东莞ATL、深圳比亚迪、比克、力神、南孚、TCL等公司的产品就在市场上大量流通。其中，东莞ATL的聚合物锂电池在苹果公司的iPhone、iPad和MacBook上面已经大量使用，该公司成为苹果公司的主要电池供应商之一。此外聚合物锂离子电池在无人机等航空模型上面也已经开始大量使用。随着国家大力发展清洁能源战略，锂离子聚合物电池在电动汽车领域的应用越来越多，伴随着共享经济的发展，2016年，市面上出现了以锂离子聚合物电池为动力的新能源汽车租赁市场。随着技术的不断进步，锂聚合物电池作为安全环保的绿色高能电源将在动力电池应用市场上具有不可估量的潜力。

1983年，Kanehori等科学家研发成功了世界上首例全固体电池—锂/二硫化钛电池[3]。1991年EBC公司将Li/TiS_2电池推向了商业化。随后美国Oak Ridge实验室采用LMO金属氧化物（$LiCoO_2$、$LiMn_2O_4$、LiV_2O_5等）作为阴极，金属Li作为阳极，LiPON（lithium phosphorus oxynitride）作为固体电解质首次制造了全固体薄膜电池[4]。他们发现 LiPON 材料在室温下具有 2×10^{-6} S/cm 的离子电导率，并且对金属锂和很多过渡金属氧化物都表现出很好的电化学稳定性，从此，以 LiPON 为电解质的薄膜固体锂电池被不断开发成功，成为现在市面上最主要的薄膜固体锂电池电解质材料之一。但是 Oak Ridge 实验室制备的薄膜电池采用的是溅射方法制备 LiPON 薄膜电解质和其他部件，而 LiPON 在室温下 10^{-6} S/cm 的锂离子电导率还是偏低，不够理想，所以 LiPON 类固体薄膜电池普遍存在电池内阻大、循环寿命短的问题。

2011 年，东京工业大学的 Kamaya 等研发人员首次报道了 $Li_{10}GeP_2S_{12}$ 固体电解质[5]，其室温下的离子电导率高达 1.2×10^{-2} S/cm，是迄今为止发现的离子电导率最高的固体电解质材料之一。以 $Li_{10}GeP_2S_{12}$ 为电解质，金属铟为阳极，$LiCoO_2$ 为阴极的全固体电池的性能竟然能够达到液态锂电池的水平。

近年来，科学家们逐渐研发出了以钛酸镧锂、磷酸铝钛锂和很多磷硫的化合物为固体电解质的固体电池。随着制造技术的不断成熟和固体电解质研发的逐步深入，全固体锂电池在可穿戴设备、便携式电子器件、电动汽车、储能技术和其他微电子系统中的应用也逐步拓展开来。全固体锂电池以其高安全性、高能量密度、长循环寿命、可微型化和环境友好等特点成为未来锂电池发展的重要方向。

随着固体锂电池成为高校和公司研究的热点，以固体锂电池为核心的发明专利申请如雨后春笋般涌现。截至 2017 年 4 月，主题涉及固体锂电池的中国专利申请约 900 篇，从 1985 年中国专利制度刚刚建立起初的一篇申请，到 2015 年巅峰的 110 篇专利，国际锂电厂商以及研发公司和国内企业高校对固体锂电池的研发成果的知识产权保护越来越重视，投入越来越大。其中相关专利申请的技术内容涉及电解质材料的占 60%，涉及正负极材料的各占 21% 和 19%，可见对于固体锂电池的研发重点仍然在于固体电解质的研究方面。对于固体锂电池主题的中国专利申请年代分布情况而言，20 世纪 90 年代相关技术处于起步阶段，专利申请量基本每年为个位数。进入 2000 年以后，专利申请呈现稳定分布，一方面是该阶段没有颠覆性的产品在市场上出现，中国对固体锂电池的研发主要集中在高校；另一方面是锂离子电池技术在此期间是国内外各大厂商追逐的对象，因而固体锂电池处于开发阶段。不过从 2010 年开始，随着便携式电子设备技术的广泛推广、电动汽车的大力开发、新型材料商用化日趋成熟，针对固体锂电池的研究呈现井喷式增长，由于 2016 年的专利申请有大量的未公开状态，未能统计到，预计 2016 年的申请量会延续增长的态势。对于锂固体电池研究开展比较多的高校和研究机构包括中国科学院、宁波大学、复旦大学、上海交通大学和清华大学等。国内外在固体锂电池方向实施专利布局比较积极的公司包括丰田汽车公司、住友电气工业株式会社、松下、精工爱普生等。相比而言，国内高校更注重新材料的研究和改进，日本的电气大公司更注重制备方法、工艺和电气连接等商品化方向的研究和开发。

5.2　负极材料

几乎所有的传统锂离子电池的负极材料（碳基材料、过渡金属氧化物、氢化物和金属合金）同样适用于全固体锂电池中，全固体锂电池目前研究较多的负极材料是金属材料和金属合金。一般负极材料主要为金属及复合材料、氮化物和氧化物。

5.2.1　金属及复合材料

金属锂是最具代表性的薄膜负极材料，一般是在真空环境下采用热蒸镀的方法沉积在薄膜电极材料或者基底上面得到的，其理论比容量高达 3 600 mA·h/g，已经有日本公司将其作为全固体电池负极并将其商业化。但是，金属锂非常活泼，其熔点只有 180 ℃，非常容易与水和氧发生反应，特别是在许多集成电路制造过程中回流焊机工艺温度高达 250 ℃，该情况下不适合采用金属锂作为负极。锂合金材料也是典型薄膜负极材料，锂合金材料不但具有较高的理论比容量，还可以减少副反应的发生，降低锂的电化学活性，提高电池的安全性。常用的锂合金有 Li_xSi、Li_xAl、Li_xPb、Li_xSn、Li_xGe、Li_xGa、Li_xAs、Li_xBi、Li_xSb、Li_xZn、Li_xAg、Li_xCu 等。东莞新能源科技有限公司和宁德新能源科技有限公司提供了一种全固体聚合物锂电池[6]，其包括负极片、正极片和间隔于负极片和正极片之间的全固体聚合物电解质膜，负极片以锂与 K、Ru、Cs、Fr、Mg、Ca、Sr、Ba 中的一种或多种金属形成的锂合金作为负极材料，锂合金中锂金属的质量含量比例为 70%～99.9%，其他金属的质量含量比例之和为 0.1%～30%。与现有技术相比，上述锂合金负极材料与全固体聚合物电解质间具有很好的相容性和界面稳定性，因此使用其制作的全固体聚合物锂电池的循环性能有显著的提高。不过，由于锂离子仍然是活性离子，随着其在材料中的嵌入和脱嵌，电极活性材料会产生一定的体积膨胀（例如 $Li_{4.4}Si$ 的体积膨胀是嵌锂前的 3 倍），在使用过程中锂金属合金还会出现疲劳、结构坍塌、电极粉末化等问题。

很多研究者通过将合金纳米化和制备多孔结构材料等方式来减缓使用中的体积变化和机械应力，还有研究者用碳纤维、石墨烯等材料来修饰和改进合金结构来解决上述问题。还有很多新型的复合材料将被逐步研发出来，并应用于固体锂电池当中。住友电气工业株式会社提供了一种全固体锂二次电池[7]，其负极采用三维网状多孔体为杨氏模量至少 120 GPa 的铜合金，电极通过将活性物质填充至三维网状多孔体的孔中而构成，即使在重复充放电后该电池的内电阻也不会升高。深圳市科恩环保有限公司[8]的实用新型涉及一种基于石墨烯内衬的锂电池，它包括正极、固体电解质、负极，所述负极包括锂碳膜和锂碳膜外的石墨烯膜，负极采用石墨烯与锂碳膜配合，大大改善了锂碳膜黏附效果不佳的问题。中山大学等合作申请了一种锂离子电池的石墨烯/金属氧化物复合负极材料及其制备方法[9]，该方法具体步骤如下：S1. 将金属氧化物负极材料加入到锡盐酸性水溶液中，恒温、搅拌；S2. 过滤上述混合物取其固体物质，用水冲洗；S3. 将经 S2 处理后的固体物质放入石墨烯悬浊液中，搅拌；S4. 将经 S3 处理得到的物质离心分离，离心底物干燥，即得产物。该方法制备工艺简单，适合工业化生产，制备出来的石墨烯/金属氧化物复合负极材料中的石墨烯与金属氧化物复合紧密。

5.2.2　氮化物

氮化物负极材料可以分为金属氮化物，锂过渡金属氮化物和非金属氮化物三大类。其中锂金属氮化物因其可逆容量高、嵌锂平台低，而成为当前科研工作者们研究的热点。常见的金属氮化物有 CrN、Cu_3N、Ge_3N_4、Zn_3N_4、Sn_3N_4、Fe_3N、Ni_3N、Co_3N、Sb_2N、VN 等；常见的锂过渡金属氮化物有 $Li_{3-x}Co_xN$、Li_3FeN_2、Li_7MnN_4 和 $Li_{3-x}Cu_xN$ 等；常见的非金属氮化物有 SiN 等。其中金属氮化物容量高，例如 CrN 具有 $1200\ mA \cdot h/g$ 的放电容量，VN 薄膜在 50 次充放以后拥有高于 $800\ mA \cdot h/g$ 的容量。氮化物以其高的离子电导率和可逆容量而成为负极材料的研究热点之一。松下公司[10] 在全固体型聚合物电池中使用了：（1）锂系负极活性物质，其包含晶粒和晶界，晶界的至少一部分露出到表面，晶界的露出面积相对于每 $1\ cm^2$ 表面为 $0.02 \sim 0.5$ cm^2；（2）干聚合物电解质，其含有特定的甘醇醚类、在骨架中包含给电子性氧原子的聚合物以及锂盐；或者（3）非晶质的锂氮化物层，其形成在负极与聚合物电解质之间。由此，负极与聚合物电解质的界面电阻被降低，可以得到高容量且循环特性优良的全固体型聚合物电池。此外，保存时的内阻的增大被抑制，可以得到保存后的高倍率放电特性优良的全固体型聚合物电池。宁波杉杉源创科技研发有限公司等提供了一种全固体薄膜电池中的负极材料 CrN 及其制备方法[11]，溅射腔由一个涡轮分子泵和一个机械泵抽真空直到小于 $0.5\ MPa$，采用金属铬作为溅射靶，氮气作为反应气体，不锈钢片和/或玻璃为基片，气体压强保持在 $0.2 \sim 3.0\ Pa$，溅射电源的功率为 $30 \sim 200\ W$，并且保持基片与靶之间的距离为 $5 \sim 10\ cm$，基片温度为 $100 \sim 400\ ℃$，溅射沉积时间为 $1 \sim 20$ 小时形成 CrN 薄膜。CrN 薄膜是一种新型的负极材料，可应用于全固体薄膜锂离子电池，具有比容量高、循环寿命长、不可逆容量损失少等优点。

5.2.3　氧化物

氧化物负极材料可以分为金属氧化物和金属基复合氧化物。其中金属氧化物负极有 TiO_2、SnO_x、SiO_x、Al_2O_3、MoO_2、Cu_2O、In_2O_3、VO_2、Ga_2O_3、Bi_2O_5 和 Sb_2O_5 等；金属基复合物氧化物有 Li_xMoO_2、$LiNiVO_4$、$Li_4Ti_5O_{12}$、Li_xWO_2、Fe_2VO_4、SnB_xO_y、SnP_xO_y 和 $SnAl_xO_y$ 等。其中 SiO_x 和 $SnAl_xO_y$ 容量虽然高，但容量衰减也相对快；Li_xMoO_2 循环性能好，但容量相对低。商业上非常成功的负极材料为尖晶石结构 $Li_4Ti_5O_{12}$，钛酸锂材料被称为"零应变材料"，在空气中可以稳定存在，其空间结构为 $Fd3m$ 空间群。$Li_4Ti_5O_{12}$ 的电子电导率为 $10^{-9}\ S/cm$，当 $Li_4Ti_5O_{12}$ 嵌锂到 $Li_7Ti_5O_{12}$ 之

后就会出现与金属类似的电子场，这样电导率会明显地提高。$Li_4Ti_5O_{12}$在 $1\sim3$ V（vs. Li/Li^+）的电位区间的理论比容量为 175 mA·h/g，在 $0\sim3$ V（vs. Li/Li^+）电压区间拥有高达 293 mA·h/g 的比容量。

吉首大学[12]公开了一种锂离子电池复合负极材料及其制备方法，所述锂离子电池复合负极材料包括 $Li_4Ti_5O_{12}$ 和锂离子导体 $Li_{1.3}Al_{0.3}Ti_{1.7}(PO_4)_3$；$Li_4Ti_5O_{12}$ 与 $Li_{1.3}Al_{0.3}Ti_{1.7}(PO_4)_3$ 的质量百分数之比为 $0.88\sim0.98$：$0.12\sim0.02$；其中 $Li_4Ti_5O_{12}$ 和 $Li_{1.3}Al_{0.3}Ti_{1.7}(PO_4)_3$ 在相同的反应条件下同时生成；该制作方法使用特殊的化学方法将负极材料与固体电解质/混合物在同一条件下制得，该固体电解质在活性材料中的分散更均匀，且负极材料与固体电解质混合物是在相同条件下制得的，两物质的结构及电化学一致性更好，因此电极的电化学性能更优且不需像机械混合那样长时间混合电极材料与固体电解质，电极制作时间大大缩。该校发明人还提供了一种全固体锂离子薄膜电池[13]，是以 $Li_{1.3}Al_{0.3}Ti_{1.7}(PO_4)_3$ 固体电解质烧结片作为电解质的同时兼作基片，在烧结片的两侧分别沉积 $LiCoO_2$ 或 $LiMn_2O_4$ 薄膜作为正极、$Li_4Ti_5O_{12}$ 或 $LiMn_2O_4$ 薄膜作为负极，电池正、负极薄膜厚度在 20 μm 以下，$Li_{1.3}Al_{0.3}Ti_{1.7}(PO_4)_3$ 固体电解质烧结片的厚度在 1.5 mm 以下，该薄膜电池的内阻和厚度都不会增加，但却使薄膜电池的制作更方便，且电池为全固体，能用于一体化集成领域和高温环境，可避免使用额外基片。

5.3　正极材料

能够膜化的高电位材料一般情况下均可用于固体锂电池正极材料。全固体锂电池的正极材料与传统锂离子电池采用的电极材料类似，包括锂离子电池中经常采用的 $LiMn_2O_4$、$LiCoO_2$、$LiCo_{1/3}Ni_{1/3}Mn_{1/3}O_2$、$LiCo_xNi_{1-x}O_2$、$LiNiO_2$、$LiCoPO_4$、$LiFePO_4$ 等。此外，一些硫化物也可作为全固体锂离子电池的正极材料，如 Li_2S、FeS、FeS_2 等。按照材料特性，固体锂电池的正极材料主要分为锂金属氧化物、金属硫化物和钒氧化物。

5.3.1　锂金属氧化物

$LiMn_2O_4$、$LiCoO_2$、$LiCo_{1/3}Ni_{1/3}Mn_{1/3}O_2$、$LiCo_xNi_{1-x}O_2$、$LiNiO_2$、$LiCoPO_4$、$LiFePO_4$ 等已经商业化的正极材料普遍应用在固体锂电池的正极材料中。近年来，一些新的正极材料也被报道出来，例如，$LiFe(WO_4)_2$、$LiFe_xMn_{2-x}O_4$、$LiNi_xMn_{2-x}O_4$、$LiCo_xMn_{2-x}O_4$ 等。吉首大学[14]报道了一种高电压镍锰酸锂正极材料的表面包覆方法，即在正极材料 $LiNi_{0.5}Mn_{1.5}O_4$ 表面包覆一层锂离子固体电解质。制备方法为采用原位表面包覆法按照一定的质量分数将一定量的按照公知方法制备的 $LiNi_{0.5}Mn_{1.5}O_4$ 粉末加入到锂离子固体电解质的前驱体溶液中，通过搅拌、蒸干和热处理得到一定量锂离子固体电解质包覆的 $LiNi_{0.5}Mn_{1.5}O_4$ 正极材料。经过原位表面包覆工艺在正极材料表面包覆一层锂离子导电良好的固体电解质，一方面可以提高锂离子在循环过程中的扩散系数，从而提高材料的循环性能；另一方面可以减少电解质溶液与电极材料的直接接触，避免电解质溶液与电极材料之间副反应的产生，保证高电压条件下电极材料和电解质溶液的化学稳定性。还有一种 $LiNi_{0.8}Co_{0.1}Mn_{0.1}O_2$ 的薄膜锂离子电池正极材料[15]被报道。该薄膜材料采用脉冲激光沉积法制备获得，得到的 $LiNi_{0.8}Co_{0.1}Mn_{0.1}O_2$ 薄膜的晶粒直径为 50～100 nm，薄膜电极的可逆比容量为 180 mA·h/g，且该材料在充放电过程中的容量保持特性较好。该种薄膜锂离子电池正极材料具有制备简单、电化学性能稳定、比容量高等特点，适用于薄膜锂离子电池。复旦大学[16]报道了一种应用于全固体薄膜锂电池的正极材料钨酸铁锂薄膜 $LiFe(WO_4)_2$ 及其制备方法，采用射频磁控溅射沉积法制备非晶态钨酸铁锂薄膜，其特点是薄膜在室温下沉积，无须退火处理，与固体电解质薄膜可形成良好匹配的界面。结合射频磁控溅射制备的锂磷氧氮（LiPON）固体电解质薄膜与真空热蒸发制备的金属锂负极薄膜，组装成全固体薄膜锂电池。电池的比容量可达 10^4 mA·h/cm²－μm，循环次数可达 150 次。这些结果表明射频磁控溅射方法制备 $LiFe(WO_4)_2$ 正极薄膜，能应用于全固体薄膜锂电池。

5.3.2　金属硫化物

当前研究比较多的金属硫化物包括 TiS_2、MoS_2、WS_2、FeS_2、SnS_2 和 CuS_2 等[17]。TiS_2 薄膜材料具有 450 W·h/kg 的能量密度，在嵌入和脱嵌锂的过程中拥有接近 100% 的库伦效率，放电平台电压为 2.1 V，在 400 次充放电后容量保持率高达 80% 以上。TiS_2 的离子传输通道丰富，离子迁移率高，是一类非常理想的薄膜正极材料选择之一。Rao 等[18]在 1977 年就报道了碱金属基固体电解质电池，采用了 $Li/LiAlCl_4/TiS_2$ 电极体系组装成固体锂电池获得了良好的高温性能，在 50 kΩ 负载下放电，开路电压可以达到 2.62 V，200 ℉下于 40 μA 电流条件下获得了 2.60 V 的开路电压。此外，Rao 还公开了电池正极材料可以选择为 ZrS_2、HfS_2、TaS_2 等材料。同样具有优异电化学性能的薄膜材料，例如 MoS_2，其 1000 次充放电以后的库伦效率接近 100%，容量保持在 50% 以上[19]。美国克莱纳多大学实验室[20]报道的全固体锂电池正极材料为过渡金属硫化物和硫混合材料，其中过渡金属硫化物选自 FeS_2，FeS_2 原位形成电化学稳定的玻璃相，获得了具有高容量、高能量密度和可逆性能良好的全固体锂电池。金属硫化物原材料丰富，制备工艺简单，使其成为一类具有研究和应用潜力的固体锂电池正极材料。

5.3.3　钒氧化物

钒氧化物电极材料主要为 V_2O_5 电极材料，通过金属离子（例如，Pt、Au、Ag 和 Cu 等）掺杂的方法可以进一步改善氧化钒正极薄膜的性能。其中无定形 V_2O_5 材料循环稳定性好，可逆容量高，成为钒氧化物正极材料研究和开发的重点方向之一。Hope

兄弟[21]发明了一种固体锂电池的阴极,包括聚合物球体层。每一个聚合物球体包含一个封装在离子和导电聚合物材料中的氧化钒芯。聚合物薄膜含有无机盐、活性炭及聚环氧乙烷,无机盐选自 $LiClO_4$、$NaClO_4$、LiF_3CSO_3 和 $LiBF_4$。在固体锂电池中形成阴极层的方法:在有机溶液中乳化氧化钒粉末,用包含无机盐和活性炭的聚环氧乙烷做黏合剂,以便在乳胶中提供多个包含封装在上述黏合剂薄膜里的氧化钒芯的球体;在集流体衬底上形成乳胶液薄膜,并使溶剂蒸发,从而使球体层淀积在衬底上。该固体锂电池,阴极具有增大的活性表面积,机械稳定性和导电性好,电池的性能得到提高,寿命延长。

5.3.4 正极材料的表面包覆

表面采用固体电解质包覆活性材料表面作为活性材料保护层或者正极活性材料与固体电解质之间的缓冲层来提高固体锂电池的性能在专利文献中广泛报道。而这种方法在锂离子溶液或聚合物电池中也被广泛采用。现有技术中,研究人员均希望固体锂电池的充放电特性能够提高,天津巴莫科技股份有限公司的研发人员研发了一种电池[22],具备正极、负极和固体电解质,所述正极包含正极材料,所述固体电解质设置于所述正极与所述负极之间,所述正极材料包含正极活性物质粒子和被覆所述正极活性物质粒子的被覆层,所述正极活性物质粒子包含吸藏和放出锂离子的过渡金属氧化物,所述被覆层是实质上仅包含钒和氧的层,所述被覆层与所述固体电解质接触。华为公司研发了一种全固体锂离子电池复合型正极材料[23],该全固体锂离子电池/复合型正极材料包括正极活性材料和设置在正极活性材料表面的包覆层,所述正极活性材料为钴酸锂、镍酸锂、锰酸锂、磷酸铁锂、镍钴锰酸锂、五氧化二钒、三氧化钼和二硫化钛中的一种或多种,包覆层的材料为一种或多种含锂过渡金属氧化物,包覆层能有效抑制空间电荷层的形成,改善电极/无机固体电解质界面,有助于降低全固体锂离子电池界面电阻,从而提高全固体电池的循环稳定性和耐久性。住友电气工业株式会社[24]提供了一种固体电解质电池,包括 $LiNbO_3$ 膜作为固体电解质和正极活性材料之间的缓冲层,并且其电阻充分低。所述固体电解质电池包括正极层、负极层以及在这两个电极层之间传导锂离子的固体电解质层,其中在正极活性材料和固体电解质之间设置有 $LiNbO_3$ 膜作为缓冲层,并且在所述 $LiNbO_3$ 膜中,Li 与 Nb 的组成比(Li/Nb)满足 $0.93 \leqslant Li/Nb \leqslant 0.98$。所述缓冲层可以被设置在所述正极层和所述固体电解质层之间,或者可以被设置在所述正极活性材料颗粒的表面上。所述缓冲层的厚度为 2 nm 至 1 μm。中国科学院宁波材料技术与工程研究所的许晓雄等技术人员发明提供了一种锂离子固体导体材料[25],该固体导体材料具有下述结构式 $(100-x)(yLi_2S \cdot zP_2S_5) \cdot xM$,式中: $0 < x \leqslant 40$,$y:z=3:1$;M 为卤化锂。该锂离子固体导体由于向硫化物电解质中引入了卤化锂化合物,使得卤素原子和金属锂之间作用形成一个缓冲层,如同液态锂电池中的 SEI 膜,有效缓解电解质材料成分与金属锂的进一步反应,提高电解质与

金属锂电极的稳定性。此外，向硫化物电解质中引入卤化锂化合物提供了锂离子传输的多维通道，增加了其活动空间，导致了锂离子电导率的提高。因此，卤化锂的引入也可以提高硫化物电解质的离子电导率。宁波大学研究者[26]制备了一种 Ni^{2+}，Si^{4+}，Zn^{2+}，F^- 掺杂的 NASICON 固体电解质 $LiTi_2(PO_4)_3$ 表面改性的层—层复合富锂正极材料，其表面改性层的化学计量式为 $Li_{1+2x+2m+z-y} Zn_x Ni_m Si_z Ti_{2-x-m} P_{3-z} O_{12-y} F_y$，其中：$x=0.1\sim0.5$；$y=0.1\sim0.2$；$m=0.1\sim0.3$；$z=0.1\sim0.3$；所述正极材料的化学式为 $xLi_2MnO_3 \cdot (1-x) LiMn_{0.5}Ni_{0.5}O_2$ $(0 \leqslant x \leqslant 0.5)$；表面改性层的物质的量为正极材料量的 $1\% \sim 10\%$。该表面改性的正极材料具有高循环容量保持能力和优秀的倍率特性。

5.4 固体电解质材料

固体电解质在行业内也可以称作快离子导体或超离子导体，在固体锂电池中起到离子传输的媒介作用。固体电解质需要具有更高的离子电导率和更低的电子电导率。在固体锂电池发展的过程中，电解质一直是一项制约因素，如果能够开发出达到锂离子液体电解质性能的固体电解质，势必会促进固体锂电池的应用，引领一场电池技术的技术革命。

固体电解质既可以应用在全固体电池中，也可以应用在液体混合电解质电池中。常见的固体电解质包括：NASICON，LISICON 氧化物、硫化物、薄膜 LiPON、聚合物、LATP、LYGP 等材料，上述材料分别适用于全固体锂离子电池、锂—空气电池、锂—硫电池、锂—溴电池、锌—溴电池、铁—$K_3Fe(CN)_6$电池和锌—空气电池。不同种类的固体电解质电池系统的电池属性参见表 5-1。

固体电解质按照材料性能区分又可以分为无机固体电解质、无机有机复合固体电解质和固体聚合物电解质等。

5.4.1 无机固体电解质

无机固体电解质是典型的全固体电解质[27]，其不含液体成分，具有良好的机械性能和热稳定性，能够克服液体锂离子电池难以规避的电池安全性问题。无机固体电解质可塑性和可加工性能突出，制备的电解质薄膜厚度可以控制到纳米级尺寸，主要用于全固体薄膜电池。

按照结构划分，无机固体电解质又可以分为 NASICON 结构，LISICON 结构，ABO_3 钙钛矿结构，石榴石型 $A_3B_2Si_3O_{12}$，硫化物体系[28]。

5.4.1.1 NASICON、LISICON 和 LiPON

商业上应用非常成功的固体电解质有 NASICON[29]、LISICON[30] 和 LiPON[31] 固体电解质材料，还有 LISIPON、LIBON 等相似结构体系的固体电解质。

NASICON 固体电解质是钠超离子导体（Sodium［Na］Super Ionic Conductor）的缩写，一般代表结构为 $Na_{1+x}Zr_2Si_xP_{3-x}O_{12}$，$0<x<3$ 的固体电解质体系。拓展而言，NASICON 代表了具有 Na、Zr 和/或 Si 离子的复合物。NASICON 复合物具有相对高的离子导电率，由于 Na 在晶体间隙位置的嵌入，使其离子电导率达到 10^{-3} S/cm 的级别，与液体电解质比较接近[32]。对于钠离子导体，属三方晶系。其中 ZrO_6 八面体和 $Si(P)O_4$ 四面体以顶角相连，组成三维骨架，钠离子处于间隙位置。NASICON 是 $Na_{1+x}Zr_2Si_{3-x}O_{12}$ 固溶体中电导率最高的化合物（$x=2$），在 300 ℃时，电导率高达 10^{-1} S/cm，可与 β''－氧化铝相比。但由于它在高温时不耐钠腐蚀，应用受到限制。NASICON 结构中八面体和四面体的阳离子可被多种离子所取代，取代化合物称为 NASICON 型钠离子导体。

表 5-1　不同种类的固体电解质电池系统的属性

电池系统	固体电解质	能量密度 (W·h/kg)	功率密度(mW/cm²)	循环寿命 (次数)	电池电压 (V)
具有固体电解质的全固体、非水和混合电解质的电池					
全固体锂离子	氧化物（NASICON，LISICON 以及石榴石）	300～600	10～50 （取决于温度）	～300	3.0～5.0
	硫化物（$Li_2S-P_2S_5-MS_x$）		10～60 （取决于温度）～1000	4.5～5.0	
	薄膜 LiPON		5～50（取决于阴极）	～10000	3.0～4.0
	聚合物（PEO）		10～100（温度升高）	～400	3.3～3.7
锂－空气	$Li_{1+x}Al_xTi_{2-x}(PO_4)_3$ (LATP)	～10000	～15	～100	2.8～3.7 （取决于电解质）
锂－硫	$Li_{1+x}Al_xTi_{2-x}(PO_4)_3$ (LATP)	1500	～5	～300	～2.30
	$Li_{1+x}Al_xGe_{2-x}(PO_4)_3$ (LAGP)				
	$Li_{1+x}Y_xZr_{2-x}(PO_4)_3$ (LYGP)				
锂－溴	$Li_{1+x}Al_xTi_{2-x}(PO_4)_3$ (LATP)	～1200	～30	～100	～4.2

续表

电池系统	固体电解质	能量密度 (W·h/kg)	功率密度(mW/cm²)	循环寿命 (次数)	电池电压 (V)
水系固体电解质电池					
锌—溴	$Li_{1+x}Al_xTi_{2-x}(PO_4)_3$ (LATP)	~500	~15	~100	~2.2
锌— $K_3Fe(CN)$	$Na_{3.4}Sc_2(PO_4)_{2.6}$ $(SiO_4)_{0.4}$	~120	~15		~1.7
铁— $K_3Fe(CN)$		~90	~2		~1.2
锌—空气		~1200	~5		~2.0（酸性 电解质）

LISICON 是锂超离子导体的缩写（Lithium Super Ionic Conductor），一般代表结构为 $Li_{2+2x}Zn_{1-x}GeO_4$ 的固体电解质体系，LISICON 的离子电导率在 10^{-6} S/cm 级别，当 LISICON 中的氧被硫取代时，硫代的 LISICON 离子电导率提高了 100 倍。虽然 LISICON 与 NASICON 同样用于固体电解质，但是二者结构差异比较大。LISICON 最早是在 1978 年由麻省理工学院的洪尧科学家发现[33]，他们制备了 $Li_{14}Zn(GeO_4)_4$ 材料，其在 300 ℃时的电导率高达 0.13 S/cm。$Li_{14}Zn(GeO_4)_4$ 可以看作 Li_4GeO_4 和 Zn_2GeO_4 的固溶体，在其结构中含有一个 $[Li_{11}Zn(GeO_4)]^{3-}$ 三维阴离子骨架，3 个 Li^+ 处于间隙位置，而且迁移通道临近，大小非常适合 Li^+ 的迁移。$Li_{14}Zn(GeO_4)_4$ 和 $Li_{3+x}X_xY_{1-y}O_4$（X=Si，Sc，Ge，Ti；Y=P，As，V，Cr）是 LISICON 结构的典型代表。特别是 $Li_{3+x}X_xY_{1-y}O_4$ 的锂离子电导率大于 $Li_{14}Zn(GeO_4)_4$，主要是由于后者的锂离子位于锂间隙位置，锂离子在传导是所受的阻力比较小的缘故。但是 LISICON 室温导电率低，对锂不稳定，对 CO_2 和水敏感，限制了其在固体电解质中的应用。

对于商业化应用比较成熟的 NASICON 和 LISICON 固体电解质而言，在专利文献中涉及多种离子的协同共掺杂来提高电解质的性能。因为掺杂可增加锂离子浓度以及减少烧结材料的空隙率而提高致密度，从而改善电解质材料的电导率。宁波大学的水森等人[34]研制了一种 F^-、Zn^{2+}、B^{3+} 离子共掺杂的 NASICON 型锂离子固体电解质，所述固体电解质结构式为 $Li_{1+2x+2z-y}Zn_xB_zM_{2-x}P_{3-z}O_{12-y}F_y$，其中：$x=0.1\sim0.5$；$y=0.1\sim0.2$；$z=0.1\sim0.3$；M 为 Ti，Ge，Zr 中的一种；将 ZnO：LiF：B_2O_3：MO_2（M=Ti，Ge，Zr）：$NH_4H_2PO_4$：Li_2CO_3 为 (0.1~0.5)：(0.1~0.2)：(0.05~0.15)：(1.5~1.9)：(2.7~2.9)：(0.5~1.2)（摩尔比）的比例均匀混合，经过球磨、压制、烧结而成，能够获得大于 9×10^{-4} S/cm 的室温锂离子电导率。他们还将 Y^{3+}、S^{2-}、Ni^{2+} 掺杂到 NASICON 中，同样获得了 10^{-4} S/cm 级别以上的离子电导率。张玉荣等人[35]以 $LiM_2(PO_4)_3$ 为母体（M=Ti、Ge），掺杂一系列离子制备了与

LISICON 结构相似的超离子固体电解质：$Li_{1+2x+y}Al_x M_y Ti_{2-x-y}Si_x P_{3-x}O_{12}$（M＝Eu、Mg、Yb）和 $Li_{1+2x+y}Al_x Ti_y Ge_{2-x-y}Si_x P_{3-x}O_{12}$。

LiPON（锂磷氧氮）[36]，化学式为 $Li_{3.1}PO_{3.3}N_{0.5}$ 的高效锂离子薄膜电解质，其在固体锂离子薄膜电池中在较宽的温度范围内具有可接受的电池内阻，并且在 4.2 V（相对于 Li/Li^+）下接触强还原性电极如金属锂阳极和强氧化性电极如充了电的 $Li_{0.5}CoO_2$ 阴极时表现出电化学稳定性。LiPON 固体电解质具有优异的机械、化学、电化学和热稳定性。此外，在所有已知的室温锂离子电解质中，LiPON 具有最低的电子电导率之一，从而使 LiPON 固体电解质电池在环境条件下具有 10 年以上的保存期和极低的年容量损失（＜1％）。LiPON 在现有商业化的全固体薄膜锂电电解质中占据绝大部分。在 LiPON 中部分氮取代了氧形成交联结构，提高了锂离子的电导率，同时也增加了结构的稳定性。无穷动力解决方案股份有限公司就提供了一种改性 LiPON，该 LiPON 中至少自下组的至少一种元素：铝、硅、磷、硫、钪、钇、镧、锆、镁、钙；其中所述电解质的结晶度约为以及所述电解质在 25 ℃的锂离子电导率大于 $5×10^{-6}$ S/cm。关于 LiPON 固体电解质的研究需要先讨论其制备方法，常见的方法是以 Li_3PO_4 为靶材，在氮气环境下磁控溅射获得 LiPON 薄膜。复旦大学[37]报道了一种应用于全固体薄膜锂电池的正极材料掺氮磷酸铁薄膜（FePON）及其制备方法，该方法采用射频磁控溅射沉积法制备掺氮磷酸铁薄膜，其特点是薄膜在室温下沉积，无须退火处理，与固体电解质薄膜可形成良好匹配的界面。结合射频磁控溅射制备的锂磷氧氮（LiPON）固体电解质薄膜与真空热蒸发制备的金属锂负极薄膜，组装成全固体薄膜锂电池。电池的比容量可达 63 mA·$h/cm^2-\mu m$，循环次数可达 100 次。这些结果表明：射频磁控溅射方法制备 FePON 正极薄膜，能应用于全固体薄膜锂电池。该研究团队后续报道了一种高沉积速率制备锂离子固体电解质薄膜的方法。它采用脉冲激光沉积法与氮离子源发生器相结合制备氮化的 Li_3PO_4 薄膜，简称锂磷氧氮（LiPON），沉积速率快，每小时可达 0.8～2.0 μm。采用上述方法制备的锂磷氧氮薄膜，其 Li 离子传导率可达（2～5）×10^{-6} S/cm。结合 V_2O_5 和 MoO_3 等其他薄膜电极与热蒸发制备的金属锂薄膜电极可组装成全固体薄膜锂离子电池，该电池具有良好的充放电性能。

5.4.1.2 石榴石型固体电解质

Thangadrai 等研究人员[38]于 2004 年首次采用固相合成法制备了通式为 $Li_5 La_3 M_2 O_{12}$（M＝Ta、Nb）的石榴石结构固体电解质材料，该石榴石型固体电解质在室温下具有良好的离子电导率和化学稳定性，其还具有电子电导率低、与电极材料相容性好、分解电压高和工作稳定范围宽的优点。石榴石是一类硅酸盐矿物，具有通式 $A_3 B_2 (SiO_4)_3$，其由 BO_6 八面体和 SiO_4 四面体构成网络结构。其中每个正八面体通过顶点与正四面体连接，其结构组成相当于 $B_2 Si_3 O_{12}$，通过在硅酸盐中掺杂其他元素代替 Si，可以得到通式为 $A_3 B_5 O_{12}$ 的多种类型石榴石结构金属氧化物，式中 A 为碱金属或碱土金属，B 为过渡金属。典型的石榴石结构无机固体电解质为 $Li_7 La_3 Zr_2 O_{12}$。但是石榴石型固体电解质机械性能相对较差，室温电导率偏低，与电极材料接触的界面阻抗较大，限制了其在固体电池中的应用。

目前对石榴石型固体电解质的改进大多集中在掺杂上。能与石榴石共掺杂的离子有 Al^{3+}、Mg^{2+}、Zr^{4+}、Y^{3+}、B^{3+}、Zn^{2+}、S^{2-}、F^- 等。株式会社丰田中央研究所研发了一种全固体锂离子二次电池，含有充当固体电解质的新型石榴石型氧化物[39]。所述石榴石型锂离子传导性氧化物为由式 $Li_{5+x}La_3(Zr_x，A_{2-x})O_{12}$ 表示的石榴石型锂离子传导性氧化物，其中 A 为选自 Sc、Ti、V、Y、Nb、Hf、Ta、Al、Si、Ga、Ge 和 Sn 中的至少一种，且 x 满足不等式 $1.4 \leqslant x < 2$，或为如下石榴石型锂离子传导性氧化物，其通过用离子半径不同于 Zr 的元素来置换结构式为 $Li_7La_3Zr_2O_{12}$ 表示的石榴石型锂离子传导性氧化物中的 Zr 位而得到，其中在基于（220）衍射峰的强度进行归一化时，具有（024）衍射峰的 X 射线衍射（XRD）图案的归一化强度为 9.2 以上。丰田公司等[40]合作发明了一种石榴石型固体电解质，包含具有至少一个选自 {110} 面、{112} 面、{100} 面、{102} 面、{312} 面、{521} 面和 {611} 面中的晶面的晶体，该电解质呈现出充分发育的晶面和非常高的结晶度。以及一种制造含 Li、La、Zr 和 O 的石榴石型固体电解质的方法，包括：制备含锂化合物、含镧化合物和含锆化合物的制备步骤；通过混合这些化合物使得元素之间的摩尔比满足 Li：La：Zr=a：b：c（其中 a 为 120 至 160，b 为 1 至 5，以及 c 为 1 至 5）来获得混合物的混合步骤；和在 $400 \sim 1\,200\,℃$ 下加热所述混合物的加热步骤。宁波大学[41]研发了一种 N^{2+}，N＝Ca^{2+}，Mg^{2+}，Al^{3+}，Si^{4+} 阳离子共掺杂的石榴石型锂离子固体电解质 $Li_5La_3M_2O_{12}$，M＝Nb，Ta，所述化学计量式为 $Li_{5+x+2y+z}La_{3-x}N_xAl_ySi_zM_{2-y-z}O_{12}$，N＝Ca，Mg，M＝Nb，Ta。其中：$x=0.1 \sim 0.5$；$y=0.1 \sim 0.2$；$z=0.1 \sim 0.2$；将 Li_2CO_3：La_2O_3：NO（N＝Ca，Mg）：Al_2O_3：SiO_2：M_2O_5（M＝Nb，Ta）＝（$2.7 \sim 3.05$）：（$1.25 \sim 1.45$）：（$0.1 \sim 0.5$）：（$0.05 \sim 0.1$）：（$0.1 \sim 0.2$）：（$0.8 \sim 0.9$）（摩尔比）比例均匀混合，经过球磨、压制、烧结而成，能够获得大于 10^{-4} S/cm 的室温锂离子电导率。

5.4.1.3　钙钛矿型固体电解质

钙钛矿一般指的是碱土金属钛酸盐，包括 $MeTiO_3$（Me＝Ca、Sr、Ba 等），属于立方面心密堆积结构，可以表示为 ABO_3 结构。其中 BO_6 八面体构成 BO^{3-} 阴离子骨架，A 阳离子位于立方体的顶点位置，由于实际中晶体八面体不同程度的扭曲，使其在立方的顶点位置出现大量的空位，从而使得小半径的锂离子能够快速迁移。即 ABO_3 的钙钛矿结构的化合物主要是利用 A 位的空穴来增加锂离子的活动空间来提高锂离子电导率。钙钛矿固体电解质具有较高的离子电导率，例如典型的钛酸镧锂（LLTO）$La_{2/3-x}Li_{3x}TiO_3$，在 $x=0.11$ 时室温电导率高达 10^{-3} S/cm。但钙钛矿固体电解质中含有易变价的 Ti^{4+}，当 Ti^{4+} 与金属锂接触时易于发生氧化还原反应而带来电解质结构的破坏。

对于钙钛矿固体电解质性能的改善目前同样集中在元素的掺杂和取代上。其中 A 位置的空位大小、无序程度和传输能力对电导率的影响明显。中国科学院物理研究所[42]公开了一种富锂反钙钛矿硫化物及固体电解质材料。其通式为 $(Li_mM_n)_{3-x}S_{1-y}(X_aY_b)_{1-z}$，$0 < m \leqslant 1$，$0 \leqslant n \leqslant 0.5$，$m+n \leqslant 1$；$0 < a \leqslant 1$，$0 \leqslant b < 1$，$a+b \leqslant 1$；$0 \leqslant x \leqslant 0.5$，$0 \leqslant y \leqslant 0.5$，$0 \leqslant z \leqslant 0.5$，且 $x = 2y+z$；M 为 H、Na、K、Rb、Mg、Ca、Sr、Ba、Y、La、Ti、Zr、Zn、B、Al、Ga、In、C、Si、Ge、P、S 或 Se，X 为 F、Cl、Br 或 I，Y 为阴离子。该固体电解质材料具有高的离子电导率和热稳定性、工作温度范围宽，可应用于锂离子电池、可充放金属锂电池、锂液流电池或锂离子电容器中。

对于钙钛矿固体电解质的制备方法改进上也有许多专利文献报道。四川大学[43]公开了一种钙钛矿型锂快离子导体的水热制备方法。该制备方法降低了材料的烧结温度，大大节约了能耗；同时改善了材料的烧结性能，提高了材料的致密度，方便后续制备电解质薄片。采用该所述制备方法制备的 LLTO 室温离子电导率可达 5×10^{-4} S/cm（25 ℃），与传统的制备方法相比，离子电导率相当，但合成的温度大幅下降，方法简便，合成产物纯度高，均匀性好，有利于钙钛矿型锂快离子导体的推广和应用。山东玉皇新能源科技有限公司等[44]公开了一种固体电解质锂镧钛氧化合物的电化学制备方法。该固体电解质锂镧钛氧化合物的电化学制备方法首先通过电化学方法使二氧化钛嵌入适量锂离子，然后根据锂镧钛比例加入镧盐形成均匀的混合物，退火得到钙钛矿型 LLTO。通过控制放电电量可以精确控制锂的含量，从而可以得到高纯度的锂镧钛氧化合物。可以精确控制锂镧钛比例，解决了通常固相法中锂盐在高温下的挥发致使产物纯度较低的问题，同时原料便宜，工艺简单，通过电化学和高温处理两个步骤就可以得到高纯度的锂镧钛氧化合物。

5.4.1.4　蒙脱石型固体电解质

蒙脱石（montmorillonite）又名微晶高岭石或胶岭石，是一种硅铝酸盐，其主要成分为八面体蒙脱石微粒，因其最初发现于法国的蒙脱城而命名的。蒙脱石具有开放的层状结构，同晶置换使其骨架带有负电荷，而在其层间吸附了维持电中性平衡的阳离子。层间阳离子具有可交换的性质使得可将天然蒙脱石改性为各种阳离子型的蒙脱石。人们利用蒙脱石这一特性，研究了以蒙脱石为基的一价离子导体和二价离子导体，并且把它们应用到固体电池上。蒙脱石导电性能与其层间特殊的物理化学环境有关。蒙脱石的每一层是由硅氧四面体和铝镁氧八面体组成的带负电的结构单位层，层间是可移动的阳离子，极性分子易被吸附在层间，使层间距离膨胀，更降低了导电激活能，因而具有较高的离子电导率。

蒙脱石系列固体电解质的优点是离子电导率高、化学性质稳定、为天然矿产，同时可作阴极活性材料，用它制成的电池的突出优点是比能量高，制造非常容易，成本很低，可望获得广泛的应用。中国科学院地质研究所和中国科学院物理研究所[45]详细研究了以锂型蒙脱石快离子导体材料为固体电解质。他们以天然钠基膨润土为原料，经提纯选取粒径小于 2 μm 的优质钠基蒙脱石（含量在 75%～95% 以上），再进行脱水处理，采用锂盐非水有机溶剂丙二醇碳酸酯或二甲基甲酰胺交换法，将钠基蒙脱石改型为锂型蒙脱石，之后再进行防材料极化处理，获得电化学性能稳定的锂型蒙脱石快离子导电材料，并按（一）Li｜锂型蒙脱石｜TiS_2（＋）组成的电池，电池的分解电压在 2.6 V 以内，工作温度范围在 $-20 \sim +50$ ℃。锂型蒙脱石材料对金属锂、二硫化钛正负极材料不起化学作用，性能稳定；且其自身柔软，加工时密集性好，具有良好的成型性。南京航空学院等[46]联合开发了层状结构的天然矿产结构式 $Li_{0.66}Si_8(Al_{3.34}Mg_{0.66})O_{20}(OH)_4$ 即锂蒙脱石，或脱去层间水化水，或吸附碳酸丙烯酸酯（PC），它们的离子电导率分别为 $5 \times 10^{-5} \Omega^{-1} \cdot cm^{-1}$ 和 $4 \times 10^{-4} \Omega^{-1} \cdot cm^{-1}$，可作固体电解质，同时可作阴极活性材料（另加导电剂），金属锂片为阳极，该电池具有较高的比能量。复旦大学制备了一种可再充式全固体锂蓄电池[47]。其阳极采用锂材料，阴极采用锂锰复合氧化物，电解质采用改性有机锂蒙脱石，并兼作隔膜材料。所述改性锂蒙脱石由下述方法获得：先除去锂蒙脱石的层间水，然后加入高聚物的单位如环氧丙烷，使层间吸足，在离心机中洗去表面高聚物单体，用（0.5±0.2）％甲醇锂作催化剂，在水浴上加热，使其在层间聚合。该电池可以多次深度充放，具有良好的电性能，而且重量轻、体积小、使用方便。

5.4.1.5 硫化物固体电解质

由于硫－锂离子间作用较弱，因此与氧化物无机固体电解质相比，硫化物无机固体电解质具有更高的锂离子电导率。硫化物电解质按照组成可分为二元硫化物电解质和三元硫化物电解质；按照体系可分为 Li_2S-SiS_2 和 $Li_2S-P_2S_5$ 体系；按照物相可以分为玻璃相、陶瓷相和玻璃陶瓷相。

最早的硫化物电解质研究对象是 Li_2S-SiS_2 体系，不过由于其离子电导率偏低，化学性能、物理性能欠佳而被逐渐淡化。相比 Li_2S-SiS_2 体系，$Li_2S-P_2S_5$ 体系具有更高的离子电导率、更宽的电化学窗口和更低的电子电导率，取而代之，成为硫化物固体电解质的研究热点。将 $Li_2S-P_2S_5$ 硫化物电解质制成玻璃态，会使锂离子传输通道显著扩大，非常利于增加离子的电导率，这归因于玻璃态的物质具有长程无序、短程有序和各向同性等特点；而将玻璃态硫化物电解质材料进行析晶可以得到玻璃陶瓷态的解质材料，玻璃陶瓷态硫化物电解质室温电导率更高，这归因于在析晶的过程中，$Li_2S-P_2S_5$ 无定形粉末发生软化，一方面 $Li_2S-P_2S_5$ 电解质中的晶界电阻会被降低，另一方面，析出的部分晶态超离子导体也有利于提高材料的晶粒锂离子电导率。丰田自动车株式会社[48]公开了一种能够抑制硫化氢产生的固体电解质材料；和全固体锂二次电池。已知 $Li_2S-P_2S_5$ 可以用于全固体锂二次电池的固体电解质材料，但是 $Li_2S-P_2S_5$ 不能防止硫化氢的产生。丰田公司研发了一种由 $Li_2S-MI_aS_b-MII_xO_y$（其中 MI 代表选自 P、Si、Ge、B 和 Al 的物质；a 和 b 分别代表根据 MI 的种类而给出化学计量比的数；MII 代表选自 Fe、Zn 和 Bi 的物质；并且 x 和 y 分别代表根据 MII 的种类而给出化学计量比的数）代表的固体电解质材料，所述固体电解质材料能够抑制硫化氢的产生。

科研人员一般通过对硫化物电解质进行掺杂改性，能够提高电化学性能和稳定性效果的掺杂物有 P_2O_5、LiI 和 Li_3PO_4 等。2011 年，Kamaya 等人[49]发现了三元硫化物电解质 $Li_{10}GeP_2S_{12}$（LGPS），其室温电导率为 12 mS/cm，能够和液态电解质相媲美；同一研究团队于 2015 年制备了一系列硫化物电解质 $Li_{10+\delta}Ge_{1+\delta}P_{2-\delta}S_{12}$（$0 \leqslant \delta \leqslant 0.35$），其中当 $\delta = 0.35$ 时，获得的 LGPS 材料 $Li_{10.35}Ge_{1.35}P_{1.65}S_{12}$，其室温电导率能够达到 14.2 mS/cm[50]，是目前报道的室温锂离子电导率最高的硫化物电解质。表 4 - 2 列举了部分固体电解质的室温离子电导率，可以看到 $Li_{10}GeP_2S_{12}$ 系列固体电解质具有最高的离子电导率。中国科学院宁波材料技术与工程研究所[51]提供了一种如式（I）所示的锂离子固体导体材料，$(100-x)(yLi_2S \cdot zP_2S_5) \cdot xM$，式（I）中：$0 < x \leqslant 40$，$y:z = 3:1$；M 为卤化锂。该锂离子固体导体由于向硫化物电解质中引入了卤化锂化合物，使得卤素原子和金属锂之间作用形成一个缓冲层，如同液态锂电池中的 SEI 膜，有效缓解电解质材料成分与金属锂的进一步反应，提高电解质与金属锂电极的稳定性。此外，向硫化物电解质中引入卤化锂化合物提供了锂离子传输的多维通道，增加了其活动空间，导致了锂离子电导率的提高。因此，卤化锂的引入也可以提高硫化物电解质的离子电导率。华为公司[52]报道了一种无机硫基玻璃陶瓷电解质及其制备方法，涉及锂离子电池领域，能够解决锂离子电池中，固体电解质难以兼具良好的电导率和对空气稳定的问题，提高了电池的安全性能。其中，无机硫基玻璃陶瓷电解质包括：$Li_2S-P_2S_5$ 玻璃陶瓷材料作为内核，无机氧化物材料或无机磷化物材料作为包覆层包覆在内核表面。还提供了一种包含该无机硫基玻璃陶瓷电解质的全固体锂离子电池。

虽然硫化物电解质具有电导率优异、电化学窗口宽的显著优点，但是硫化物电解质存在原料昂贵的缺陷；此外硫化物电解质与氧化物电极之间还存在较高的界面阻抗，严重影响了电池的容量和循环稳定性；为了改善电解质/电极的界面性能，在硫化物电解质与氧化物电极间引入纯离子导体缓冲层。例如住友电气工业株式会社[53]发明了一种锂电池，其包括基板、正极层、负极层以及设置在正极层和负极层之间的硫化物固体电解质层，其中正极层、负极层和硫化物固体电解质层设置在基板上。在该锂电池中，正极层通过气相沉积法形成，并且在正极层和硫化物固体电解质层之间设置有缓冲层，该缓冲层用于抑制锂离子在正极层和硫化物固体电解质层之间的界面附近的不均匀分布。作为缓冲层，优选使用锂离子传导性氧化物，特别是 $Li_xLa_{(2-x)/3}TiO_3$（$x = 0.1$ 至 0.5）、$Li_{7+x}La_3Zr_2O_{12+(x/2)}$（$-5 \leqslant x \leqslant 3$，优选 $-2 \leqslant x \leqslant 2$）或 $LiNbO_3$。尽管如此，由于硫化物电解质中通常含有桥接硫，在遇水时很容易发生吸湿反应，因此硫化物电解质的对空气稳定性不佳。以上这些因素一定程度上限制了硫化物电解质的广泛使用。

其他晶态的无机固体电解质还有硅线石结构的 $LiZnSO_4F$ 等。总之，无机固体电解质离子具有电导率较高、电子电导率较低、电化学稳定窗口宽、结构稳定、易于成膜、工艺简单等诸多优势，在固体锂电池中具有广阔的应用前景。

5.4.1.6 表面防腐处理

有一大部分专利文献中关注于商用化的固体电解质的表面防腐处理技术。中国电子科技集团公司第十八研究所[54]发明了一种金属锂电池用防腐蚀保护膜的制备方法，包括两个步骤：（1）制备憎水性聚合物电解质；（2）在 NASICON 固体电解质片表面形成憎水性聚合物。

电解质膜和阳离子膜，制成金属锂电池用防腐蚀保护膜。采用在 NASICON 固体电解质片表面制备憎水性聚合物电解质膜的同时叠加一层阳离子膜，避免了 NASICON 固体电解质片长期在水溶液电解液中的腐蚀和水解成粉末状，大幅改善了 NASICON 固体电解质片长期在水溶液电解液中的稳定性，用于金属锂电池时，延长了金属锂电极的使用寿命和安全性。其后，该研究所还在形成保护膜的工序后增加了第三工序：（3）将金属锂电极防腐蚀保护膜压制成口袋状，放入压合有集流体的金属锂，注入过渡电解质层，口袋封口后制成带有防腐蚀保护膜的金属锂电极。浙江大学[55]公开了一种全固体微型锂电池电解质的制备方法。方法的步骤如下：（1）选取两组能形成 $Li_2O-TiO_2-SiO_2-P_2O_5$ 体系或 $Li_2O-TiO_2-Al_2O_3-P_2O_5$ 体系的几种原料。经过研磨和煅烧再研磨，分别制得上述两体系；（2）在这两体系中分别滴入 3‰PVA 溶液黏合剂，放入模具中，在室温下压制薄片；（3）将压片高温烧结后冷却，最后得到固体电解质薄片。该薄片在常温下的离子电导率在 $5.927×10^{-4}~9.912×10^{-4}$ S/cm。利用 XRD 和 SEM 对电解质微观结构进行分析与表征的结果，证实全固体锂电池电解质薄片都是晶态材料，都有比较好的致密性和均匀性结构。这就决定了利用这种电解质制造的电池具有优良的电化学稳定性，可以制成新型的防漏液、不腐蚀电极和不发生燃烧的并能在高温环境下使用的全固体微型锂电池。

5.4.2 固体聚合物电解质

固体聚合物电解质通常是由锂盐和聚合物构成，按照性质分类可以分为全固体类、凝胶类和复合类。在全固体聚合物电解质的发明创新研发上还是占有绝大部分，这是因为对于聚合物的选择、组合、改性方面专利可挖掘性非常强。

5.4.2.1 全固体聚合物电解质

全固体聚合物电解质是由锂盐〔例如，$LiPF_6$、$LiBF_4$、$LiClO_4$、$LiAsF_6$、LiI、$LiBOB$、$LiCF_3SO_3$、$LiODFB$、$Li(CF_3SO_2)_2$ 和 $LiN(CF_3SO_2)_2$ 等〕和高分子基质（例如，PEO、PAN、PVDF、PVDC、PMMA、PVB、PVP、SPEEK、丁腈橡胶、聚硅氧烷和杂环类等）络合而成的。固体聚合物电解质的离子电导率为 $10^{-4}~10^{-3}$ s/cm，其电化学稳定性良好，安全性较好，工艺简单，易于大规模产业化，已经在数码产品等领域被广泛使用。

表 5 - 2 部分固体电解质的室温离子电导率[56]

固体电解质	室温离子电导率（S/cm）
LiPON	1.6×10^{-6}
LiBPON	3.5×10^{-6}
$LiAlSi_2O_6$	3.5×10^{-4}
$Li_{10}GeP_2S_{12}$	1.2×10^{-2}
$Li_{10.35}Ge_{1.35}P_{1.65}S_{12}$	1.4×10^{-2}
$Li_{3.25}Ge_{0.25}P_{0.75}S_4$	1.7×10^{-4}
$Li_2S-GeS_2-P_2S_{12}$	$1.2 \sim 2.2 \times 10^{-3}$
$Li_7P_3S_{11}$	1.1×10^{-2}
$Li_{3.25}P_{0.95}S_4$	1.3×10^{-3}
$Li_{1.3}Al_{0.3}Ti_{1.7}(PO_4)_3$	$3.5 \sim 7 \times 10^{-4}$
$Li_{1.07}Al_{0.69}Ti_{1.46}(PO_4)_3$	1.3×10^{-3}
$Li_{1.5}Al_{0.5}Ge_{1.7}(PO_4)_3$	$3.5 \sim 4.0 \times 10^{-6}$
$La_{0.51}Li_{0.34}TiO_{2.94}$	1.4×10^{-3}
$La_{0.54}Li_{0.33}TiO_{2.95}F_{0.05}$	2.3×10^{-3}
$Li_{0.35}La_{0.55}TiO_3$	1.1×10^{-3}
$Li_7La_3Zr_2O_{12}$	$2.4 \sim 3.0 \times 10^{-4}$
$Li_6BaLa_2Ta_2O_{12}$	4.2×10^{-5}
$30Li_2S-26B_2S_3-44LiI$	1.7×10^{-3}
$70Li_2S-30P_2S_5$	1.6×10^{-4}
$LiI-Li_2S-GeS_2$	$10^{-4} \sim 10^{-3}$
$Li_2O-P_2O_5-B_2O_3$	1.7×10^{-7}
LiBSO（$0.3LiBO_2-0.7LiSO_4$）	2.5×10^{-6}
LiPOS（$6LiI-4Li_3PO_4-P_2S_5$）	3.5×10^{-5}
$(PEO)_{15}-LiPF_6-PC/EC$	3.5×10^{-3}
$PAN-LiClO_4-PC/EC$	2.6×10^{-3}
$PMMA-Li_2B_4O_7-EC$	1.3×10^{-3}
（PVDF-HFP）-LiTf-EC	1.0×10^{-3}
（TPU-PVDF）-$LiClO_4$-PC/EC	3.2×10^{-3}
（PVDF-HFP）-LiTf-PVRATFSI	3.0×10^{-4}
PEO/PEO-b-PE-$LiClO_4$	2.8×10^{-6}
PAN/PVC-Li$(CF_3SO_2)_2N$	4.4×10^{-4}

续表

固体电解质	室温离子电导率（S/cm）
PEO/PSt－LiClO₄	2.0×10^{-4}
PVAc/PMMA－LiClO₄	1.7×10^{-4}
PVDF/HFP－LiClO₄	3.5×10^{-5}
PVAc/PVDF－HFP－LiClO₄	5.3×10^{-5}
PHEMO/PVDF－HFP－Li（CF₃SO₂）₂N	1.6×10^{-4}

清华大学[57]公开了一种属于电解质制备与应用技术领域的二次锂电池用复合型全固体聚合物电解质及其制备方法。所述聚合物电解质含有质量百分比为 2%～30% 的无机氧化物，聚氧乙烯与碱金属盐配比为 O/Li 为 8～16。制备方法是将聚氧乙烯和 LiClO₄ 用乙腈溶解；加入无机氧化物；将混合溶液浇到聚四氟乙烯板上，蒸发溶剂，在真空干燥箱中 50～100 ℃ 干燥。所述无机氧化物也可为改性过的无机氧化物。通过把无机氧化物尤其是将改性过的无机氧化物添加到 PEO/LiClO₄ 中，制备出具有高的离子电导率、较高的界面稳定性和电化学稳定性的多种全固体复合型聚合物电解质薄膜。本制备方法简单，成本低，所制备的材料可广泛应用于手机、家用电器以及电动汽车等领域。武汉大学[58]制备了一种共混膜，包括分子量为 10^{-6}～10^{-3} 的聚偏氟乙烯、分子量为 10^{-7}～10^{-3} 的聚环氧乙烷、粒径为 5～100 纳米的无机氧化物、（20～10）∶1 摩尔比的氧化还原电对碘化锂/碘。其制法为，将聚偏氟乙烯和聚环氧乙烷混合后，加入至碳酸丙烯酯和二甲醚混合溶液中，并在 50～100 ℃ 下搅拌均匀；加入纳米无机氧化物和氧化还原电对碘化锂/碘的乙氰溶液；按流延法，在 50～115 ℃ 下制备共混薄膜。该发明生产工艺简单、成本低廉、效率高，适应范围广。该共混膜可作为染料敏化纳米晶太阳能电池的固体电解质，且能提高电池转换效率；有效减少电池界面电荷复合对器件性能的影响；是一种具有很大发展潜力和市场前景的新型材料。

5.4.2.2 凝胶聚合物电解质

凝胶聚合物电解质由聚合物、有机溶剂和锂盐组成，相当于固体聚合物电解质与液态电解质的结合。科学家为了提高聚合物电解质的室温电导率，在聚合物中尝试引入各种添加剂，发现将聚合物基体部分替换为低聚物聚乙二醇（PEG）有利于电导率的提高，且电解质的电导率随 PEG 含量的增加而提高，不过 PEG 中羟基的引入不利于电解质/电极的界面性能。因而又引入了增塑剂来降低羟基的影响。增塑剂/溶剂的引入不仅增加了聚合物链段的运动能力，而且为锂离子提供了液相传递的通道，使得其电导率大幅度提高，常用的增塑剂有碳酸丙烯酯（PC）、碳酸乙烯酯（EC）、碳酸二甲酯（DMC）、碳酸二乙酯（DEC）、丁内酯（BL）等。中国科学院化学研究所[59]制备了一种凝胶聚合物固体电解质，是由具有内增塑链的三维网络聚合物、无机锂盐和极性小分子增塑剂组成。所述的环状内酯极性小分子增塑剂为乙烯碳酸酯（EC）、丙烯碳酸酯（PC）或 γ—丁内酯。将三维网络聚合物预聚物、交联剂、无机锂盐及极性小分子增塑剂按重量份 1：0.2：（0.24～0.72）：（0.5～2.0）进行混合，经无水 THF 溶解后，在催化剂二月桂酸二丁基锡作用下于 75～95 ℃搅拌反应制得聚合物固体电解质。该凝胶聚合物固体电解质可一次性成膜，具有高的室温离子传导率，可用于锂离子二次电池中的电解质材料。

除了低聚物以及有机液体的引入，近些年离子液体也被引入聚合物电解质中组成凝胶聚合物电解质。北京理工大学[60]报到了一种固体化复合电解质及其制备方法，所述电解质为凝胶复合电解质，由多孔无机电解质网络复合离子液体构成；可为由多孔无机电解质网络原位限制离子液体构成的原位凝胶复合电解质或由多孔无机电解质网络非原位限制离子液体构成的非原位吸附型凝胶复合电解质。所述方法采用离子液体辅助溶胶—凝胶法，可在一种方法的不同步骤分别制备得到原位凝胶复合电解质、全固体电解质或非原位吸附型凝胶复合电解质。所述电解质具有多孔网络结构和纳米粒子尺度，表现出高的离子电导率，宽的电化学稳定窗口，良好的热稳定性、化学稳定性和机械强度，良好的成膜性能，易于加工成型；所述方法简单、低耗节能且绿色环保。

尽管凝胶聚合物电解质仍然以固体膜的形式存在，但由于电解液被限制在聚合物链中，凝胶聚合物电解质的室温离子电导率高达 10^{-3} S/cm。凝胶聚合物电解质兼具了固体聚合物电解质和液态电解液的优点，其常用的聚合物基体和锂盐与全固体聚合物电解质相同。常用的制备凝胶聚合物电解质的方法有溶液浇铸法、原位交联法、热融化法和多孔膜浸透法。郑州大学[61]公开了一种含磷交联凝胶聚合物电解质及其现场热聚合制备方法、应用。以质量百分比总和 100% 计，准备下述原料：聚合单体 5%～15%、交联剂 3%～10%、热引发剂 0.01%～1.0%、锂离子电池液体电解液 75%～90%，混合均匀后在惰性气体保护下，75～150 ℃反应 20～100 min 即得。所述含磷交联凝胶聚合物电解质在制备固体锂离子电池中的应用，提供了一类新颖的含双键的磷酸酯和/或膦酸酯作为凝胶聚合物电解质的单体，由此单体设计合成的含磷交联凝胶聚合物电解质具有制备方法简便、离子电导率高、热稳定性高和电化学稳定性好的优点，为固体锂离子电池和大功率锂离子电池的实际应用提供了一类稳定性较好的含磷交联凝胶聚合物电解质。北京理工大学[62]公开了一种水性聚氨酯/聚硅氧烷聚合物电解质膜及其制备方法。其制法是通过共混法将聚硅氧烷分散在水性聚氨酯水分散液中，并将导电盐直接溶于混合溶液中制备得到水性聚氨酯/聚硅氧烷固体聚合物电解质膜；或在水性聚氨酯水分散液中加入聚硅氧烷后直接成膜，将所得薄膜吸附有机电解液得到水性聚氨酯/聚硅氧烷凝胶聚合物电解质膜。该电解质材料具有良好的热稳定性、机械性能以及高的离子导电性，在锂/离子电池、电化学超级电容器方面应用前景广阔。

5.4.2.3 复合聚合物电解质

无机有机复合固体电解质是指在聚合物的固体电解质当中加入无机填料所形成的

一类复合聚合物电解质。无机填料分为活性无机填料（例如 Li_3N、$LiAg_4O_5$、$LiAlO_2$、$Li-La-Ti-O$、$Li-Al-Ti-P-O$、$Li-Al-Ge-P-O$ 和 $Li-Sc-Ti-P-O$ 等）和惰性无机填料（例如，TiO_2、Al_2O_3、ZrO_2、Sb_2O_5、CeO_2、ZnO、BN、SiC、$BaTiO_3$、Fe_2O_3、Fe_3O_4 和 $PbTiO_3$ 等）。由于聚合物固体电解质离子导电率高且易于加工生产，一定量活性无机填料的加入可以增加锂离子扩散通道，离子电导率明显提高，一定浓度的纳米级惰性无机填料的加入还可以提高电解质与电极界面的电荷传质能力，稳定界面，提高机械性能，因而无机有机复合固体电解质在实际应用中被广泛采用。本领域中通常采用有机框架＋无机粒子的方式来表示无机有机复合固体电解质。中国科学院青岛生物能源与过程研究所[63]制备了一种有机聚碳酸酯类高分子和无机快离子导体复合全固体电解质及其构成的全固体二次锂电池。该有机无机复合全固体电解质由聚碳酸酯类高分子、无机快离子导体、锂盐、多孔刚性支撑材料构成；其厚度为 $5\sim2000~\mu m$；机械强度为 $2\sim150~MPa$，室温离子电导率为 $1\times10^{-4}\sim6\times10^{-3}~S/cm$，电化学窗口大于 $4~V$。该有机无机复合全固体电解质易于制备，成型简单，机械性能良好，室温离子电导率较高，电化学窗口较宽；与此同时该有机无机复合全固体电解质能有效抑制负极锂枝晶的生长，提高界面稳定性能，进而改善电池长循环和安全使用性能。上海大学[64]公开了一种聚合物复合材料固体电解质及其制备方法，通过无机纳米粒子和锂盐填充水性聚合物，并与多异氰酸酯交联制备固体电解质的方法，属锂离子电池技术领域。其特点是基于水溶液浇铸法，使用 $60\%\sim80\%$ 水性聚合物、$10\%\sim40\%$ 的锂盐、$2.0\%\sim8.0\%$ 的无机纳米填料和 $2.0\%\sim8.0\%$ 多异氰酸酯交联剂来获得电解质。利用该方法所制的聚合物复合材料具有离子电导率高、力学性能优良和松弛时间短的特点，其成型工艺简单且符合绿色环保要求。北京化工大学[65]报道了一种无机/有机纳米复合固体电解质及其制备方法，该固体电解质由聚氧化乙烯（PEO）、高氯酸锂（$LiClO_4$）和水滑石纳米片 LDHNS 复合而成，其化学组成通式为 PEO/$LiClO_4$/LDHNS，各组分的质量分数分别为 $54\%\sim91\%$、$8\%\sim16\%$ 和 $1\%\sim30\%$。该复合固体电解质的制备方法是：将 PEO/$LiClO_4$ 和 LDHNS 在水中充分混合均匀，然后蒸发溶剂，即可获得上述的复合固体电解质。该无机/有机纳米复合固体电解质/具有较高的电导率、锂离子迁移数和热稳定性，可用作固体锂离子电池电解质。中国科学院大学[66]报道了一种全固体复合型聚合物电解质及其制备方法。采用的聚合物基体为超支化聚合物或星形聚合物。在这些聚合物中加入不同类型的锂盐，并分别与无机填料（如纳米颗粒、纳米纤维）、离子液体、碳酸酯类化合物以及其他线性或支化聚合物（如聚醚，聚二氧戊环，聚己内酯，聚磷腈，聚氨酯，聚碳酸酯，聚酰胺，聚酰亚胺，聚酯，聚偏氟乙烯，聚四氟乙烯，聚六氟丙烯或它们的相应嵌段共聚物或接枝聚合物等）等物质进行复合，可通过溶液浇铸法成膜，制备出全固体复合型聚合物电解质，其室温电导率近 $10^{-4}~S/cm$。所述固体电解质在二次锂离子电池、超级电容器、电子传感器、电致变色器件等电化学器件中有潜在的应用。

5.4.3 固体电解质材料比较

图 5-3 显示了锂离子固体电解质材料导电率、优缺点概要,以及不同固体电解质材料的性质比较。共性是:所有电解质材料的电子导电性能良好;氧化物型、硫化物型、氢化物型固体电解质离子导电性好;氧化物型、薄膜型和聚合物型固体电解质的化学稳定性更明显;氧化物型、硫化物型、卤化物型和薄膜型固体电解质的热稳定性更明显;除了薄膜和聚合物型,其他无机固体电解质机械性能表现优越;硫化物型、氢化物型和聚合物型的规模化集成能力突出;硫化物型、氢化物型和卤化物型固体电解质对湿度均十分敏感;硫化物型、氢化物型固体电解质对阴极材料的兼容性较差;氢化物型、卤化物型、薄膜型和聚合物型固体电解质均对金属锂表现出稳定性质。个性是:氧化物型固体电解质氧化电压高,加工性能差;硫化物型固体电解质具有显著高的离子导电率 (LGPS 高达 10^{-2} S/cm);聚合物型聚合物电解质更易于大面积制造加工,等等。

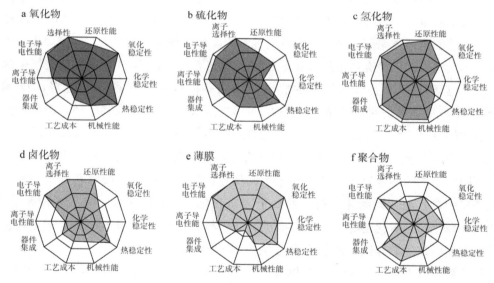

图 5-3 不同固体电解质材料的性质比较

5.5 总结与展望

截至目前,唯一开发成功并实用化的以固体电解质为隔膜的储能技术是高温钠硫电池。全固体锂电池一直以来都是本领域技术人员多年追进研究的热点。全固体锂电池相比现有商用的锂离子溶液电池,在改进安全性、提高能量密度和拓宽使用温度范围等方面均具有显著的进步。也正是由于上述的改进,使得全固体锂电池更加可靠,并在更多的领域中得到了应用。全固体锂电池核心材料涉及无机固体电解质，相应的挑战仍然存在：例如电极易发生体积变化，界面电荷传导受阻，弯曲性能有待提高以及循环稳定性不高等。固体聚合物电解质基于其良好的形状可变性、与电极界面接触良好等性能能够解决上述挑战的一些问题。其中以 PEO 固体聚合物电解质研究最为普遍。但是固体聚合物电解质却有自身的限制，例如窄的电化学稳定性窗口和室温下低的离子电导率，限制了其在全固体锂电池中的大力发展。为了解决固体聚合物电解质的问题，科研者想到了杂化聚合物电解质材料的构思，例如构建聚合物/无机层/聚合物三明治式结构复合层。

相比全固体电解质而言，以固体电解质中 Li^+ 或 Na^+ 作为离子传送媒介，采用固体电解质和液体电极的电池形成的复合电池可以避免高电荷传递电阻的问题。这种全新的策略不仅拓展了固体锂电池的大规模应用，而且更重要的是该策略提供了一种未来潜在开发的电池化学概念，克服了传统的浸没到液体电解质中聚合物隔膜易产生化学副产物（例如锂枝晶）穿透的问题。由于固体电解质完全分离了液相或气相反应物，更多的阴极材料可以结合到固体电解质/液体电极构造的锂电池中，进一步拓展了固体锂电池的研究范围。另外，得益于 NASICON 型固体电解质的发明，成功应用固体电解质锂电池的电池体系延伸到了锂空气电池和锂硫电池体系，NASICON 型固体电解质可以与锂空气电池阳极有机电解液良好兼容，解决了自 1987 年首次报道锂空气电池以来，非水电解质室温下形成不溶性放电产物堵塞阴极空气扩散多孔电极的问题；NASICON型固体电解质还能够在锂硫电池中抑制多硫化物的生长和扩散，成为商业化非常成功的案例。综上所述，全固体锂电池的核心关注还是集中在不同类型的固体电解质材料的研发上，表 5-3 列举了不同类型的固体电解质材料的形态、电导率和优缺点。不同类型的固体电解质材料适用于不同场合的储能环境。正极材料和负极材料的研究也集中在匹配不同固体电解质的离子传导和化学兼容性方面，涉及金属复合物、氮化物、硫化物、氧化物等，未来几年正负极新材料的研发应当不会作为重点，正负极材料表面的改性兼容性和离子传输能力提高应当仍然是研究热点。

虽然固体锂电池给电动车、电网储能系统等领域的应用提供了极其大的可能性，但是达到工业级别的实质性应用还有好长一段路要走，将固体锂电池系统从实验室研究阶段搬到商业化产品阶段还需要系统性的、深入的、交叉性研究的大力开展，主要涉及电极体系、固体电解质、电极/电解质界面和电池配置设计等方面。要想获得高导电性、良好电化学稳定性和机械性能的固体电解质材料（无论是无机固体电解质，还是固体聚合物电解质），科研人员需要与时俱进，广泛采用新兴技术，综合性地将实验科学、计算机建模技术以及能够动态观测离子迁移状态和机制的在线检测技术更加深入地有机结合起来。此外，机械性能良好的大规模固体电解质隔膜的制造成本必须作为固体锂电池应用考虑的因素。

离子在电极和电解质形成的固体/固体界面中传导的阻抗仍然是固体锂电池发展最大的瓶颈。解决的一个办法是在固体电解质上形成柔软的表面结构,无论是材料本身体现出来的柔性还是通过化学基团修饰改性得到的柔性表面,均能够使得上述阻抗问题影响最小化。例如,在电极表面或固体电解质表面沉积一层电子导电或离子导电的薄膜(非常适合小型化设备使用),或者在电极和固体电解质之间插入一层塑性离子导电层,以及电极和固体电解质之间引入液体电解质层形成复合结构等均是克服上述缺陷的研发思路。当然,科研人员需要不断探索电极/电解质界面行为的物化机理,例如界面应力、界面张力的深入研究对于处理电极/电解质界面行为就具有指导性意义。降低电极/固体电解质生产成本,依旧是与现有储能技术竞争的重要考虑因素。拓展来讲,含有固体电解质的锂电池,例如锂空气电池、锂硫电池等均需要克服界面电荷传导受阻的问题。研发过程还有一些问题需要重点关注:一是固体电解质材料与阳极或阴极(例如锂、钠、多硫化物、酸碱环境)的化学和电化学兼容性问题;另一个是坚固的电池结构设计和可靠的封装技术对于无机(陶瓷)固体电解质在封闭环境下长期运行的稳定性问题。

总之,固体锂电池作为新兴的电化学电池,其显著的安全性能、高的能量密度、改进的可靠循环寿命和长期稳定性,为锂电池的发展带来了新的机遇。未来在电子器件、可穿戴设备、屏显技术、电动汽车、储能技术、环境保护等多个领域必将得到广泛的应用。

表 5-3 锂离子固体电解质材料导电率和优缺点概要

类型	材料	电导率(S/cm)	优点	缺点
氧化物	钙钛矿 $Li_{3.3}La_{0.56}TiO_3$ NASICON $LiTi_2(PO_4)_3$ LISICON $Li_{14}Zn(GeO_4)_4$ 以及石榴石 $Li_7La_3Zr_2O_{12}$	$10^{-5}\sim10^{-3}$	高化学和电化学稳定性 高机械拉伸力 高电化学氧化电压	不能弯曲 大规模制造成本高
硫化物	$Li_2S-P_2S_5$ $Li_2S-P_2S_5-MS_x$	$10^{-7}\sim10^{-3}$	高导电性 良好的机械拉伸力和机械弯曲性能 低的晶界阻力	氧化稳定性差 与阴极材料的兼容性差 对湿度敏感
氢化物	$LiBH_4$,$LiBH_4-LiX$ (X=Cl,Br,D), $LiBH-LiNH_2$,$LiNH_2$, Li_3AlH_6,Li_2NH	$10^{-7}\sim10^{-4}$	低的晶界阻力 对金属锂稳定 良好的机械拉伸力和机械弯曲性能	对湿度敏感 与阴极材料的兼容性差

续表

类型	材料	电导率 (S/cm)	优点	缺点
卤化物	LiI，尖晶石 Li_2ZnI_4 和非钙钛矿 Li_3OCl	$10^{-8}\sim10^{-5}$	对金属锂稳定 良好的机械拉伸力和机械弯曲性能	对湿度敏感 氧化电压低 导电性低
溴化物或磷酸化物	$Li_2B_4O_7$，Li_3PO_4 和 $Li_2O-B_2O_3-P_2O_5$	$10^{-7}\sim10^{-6}$	便于制造 良好的加工和耐久性能	导电性相对低
薄膜	LiPON	10^{-6}	对金属锂稳定 对阴极材料稳定	大规模制造成本高
聚合物	PEO	10^{-4} （65~78℃）	对金属锂稳定 可弯曲　易于制造大面积膜　低杨氏模量	有限的热稳定性 低氧化电位 （<4V）

参考文献

[1] UK Atomic Energy Authority and Goodenough J B. Electrochemical cell and method of making ion conductors for said cell：欧洲，0017400A1 [P]. 1984—05—30.

[2] A. S. Arico，P. Bruce，B. Scrosati，et al. Nanostructured Materials for Advanced Energy Conversion and Storage Devices [J]. Nature Materials，2005，4 (5)：366—377.

[3] Hitachi Ltd. Cathode Structure for a thin film batery and a battery having such a cathode structure：欧洲，0127373A2 [P]. 1984—05—15.

[4] Oak Ridge Micro Energy Inc. Thin film battery and electrolyte therefor：美国，6818356B1 [P]. 2004—11—16.

[5] N. Kamaya, et al. A lithium superionic conductor [J]. Nature Materials，2011，10 (9)：682—686.

[6] 东莞新能源科技有限公司，等. 全固态聚合物锂电池：中国，105742713A [P]. 2016—07—06.

[7] 住友电气工业株式会社. 全固态锂二次电池：中国，104205467A [P]. 2014—12—10.

[8] 深圳市科恩环保有限公司. 一种基于石墨烯内衬的锂电池：中国，205004387U [P]. 2016—01—27.

[9] 中山大学，等. 一种锂离子电池负极材料及其制备方法：中国，103346307A

[P]. 2013—10—09.

[10] 松下电器产业株式会社. 全固体型聚合物电池：中国，102623686A [P]. 2012—08—01.

[11] 宁波杉杉源创科技研发有限公司，等. 一种全固态薄膜电池中的负极材料 CrN 及其制备方法：中国，101066843A [P]. 2007—11—07.

[12] 吉首大学. 一种锂离子电池复合负极材料及其制备方法：中国，105655563A [P]. 2016—06—08.

[13] 吴显明. 一种全固态锂离子薄膜电池：中国，101673846A [P]. 2010—03—17.

[14] 吉首大学. 一种高电压镍锰酸锂正极材料的表面包覆方法：中国，102683709A [P]. 2012—09—19.

[15] 夏晖. 一种新型全固态薄膜锂离子电池用正极的制备：中国，103855378A [P]. 2014—06—11.

[16] 复旦大学. 钨酸铁锂正极薄膜材料及其制备方法：中国，101034740A [P]. 2007—09—12.

[17] I. Martin-Litas, P. Vinatier, A. Levasseur, et al. Promising thin films (WO1.05S2 and WO1.35S2.2) as positive electrode materials in microbatteries [J]. Journal of Power Sources, 2001, 97—8：545—547.

[18] Exxon research engineering co. cell containing chalcogenide cathode, alkali metal anode and solid halo-aluminum alkali metal compound electrolyte：美国，4066824A [P]. 1978—01—03.

[19] J. M. Lee, H. S. Hwang, W. I. Cho, et al. Effect of silver co-sputtering on amorphous V_2O_5 thin-films for microbatteries [J]. Journal of Power Sources, 2004, 136 (1)：122—131.

[20] Univ. colorado. Lithium all-solid-state battery：世界，2013133906 A2 [P]. 2013—12—19.

[21] 亨利·F. 霍普. 固态锂电池阴极的组成及制备方法：中国，86102718A [P]. 1986—10—29.

[22] 松下知识产权经营株式会社. 电池和电池用正极材料：中国，106058166A [P]. 2016—10—26.

[23] 华为技术有限公司. 一种全固态锂离子电池复合型正极材料及其制备方法和全固态锂离子电池：中国，103633329A [P]. 2014—03—12.

[24] 住友电气工业株式会社. 固体电解质电池：中国，102576903A [P]. 2012—07—11.

[25] 中国科学院宁波材料技术与工程研究所. 一种对金属锂稳定的锂离子固体导体及其制备方法以及一种全固态锂二次电池：中国，105140560A ［P］. 2015—12—09.

[26] 宁波大学. Ni^{2+}，Si^{4+}，Zn^{2+}，F^-掺杂表面改性的富锂正极材料及制备方法：中国，103094542A ［P］. 2013—05—08.

[27] Lithium battery chemistries enabled by solid-state electrolytes ［J］. Nature Reviews Materials，2017（2）：16103.

[28] G. Y. Adachi，N. Imanaka，H. Aono. Fast Li-circle plus conducting ceramic electrolytes ［J］. Advanced Materials，1996，8（2）：127—135.

[29] Board of regents，the University of Texas system，cathode materials for secondary（rechargeable）lithium batteries：世界，9740541A1 ［P］. 1997—10—30.

[30] 日本电信电话公社. 固体电解质薄膜的制造方法：日本，S5912503A ［P］. 1984—01—23.

[31] 谭稀. LiPON固态电解质层的研究 ［D］. 甘肃：兰州大学物理科学与技术学院，2016.

[32] Anantharamulu N，Koteswara Rao K，Rambabu G，et al. A wide-ranging review on NASICON type materials ［J］. Journal of Materials Science，2011，46（9）：2821.

[33] 郑子山，等. 锂无机固体电解质 ［J］. 化学进展，2003，15（2）：101—105.

[34] 宁波大学. 一种F^-、Zn^{2+}、B^{3+}离子协同掺杂的NASICON型固体锂离子电解质：中国，102456918A ［P］. 2012—05—16.

[35] 张玉荣，等. 锂快离子导体$Li_{1+2x+y}Al_xMg_yTi_{2-x-y}Si_xP_{3-x}O_{12}$系统的研究 ［J］. 功能材料，2001，32（5）：510—511.

[36] 无穷动力解决方案股份有限公司. 用于薄膜电池的薄膜电解质：中国，101933189A ［P］. 2010—12—29.

[37] 复旦大学. 一种高沉积速率制备锂离子固体电解质薄膜的方法：中国，1447475A ［P］. 2003—10—08.

[38] Thangadurai V，et al. Novel fast lithium ion conduction in garnet-type $Li_5La_3M_2O_{12}$（M= Ta、Nb） ［J］. Journal of the American Ceramic Society，2003，86（3）：437—440.

[39] 株式会社丰田中央研究所. 石榴石型锂离子传导性氧化物和含有所述氧化物的全固态锂离子二次电池：中国，102308425A ［P］. 2012—01—04.

[40] 丰田自动车株式会社. 石榴石型固体电解质、包含石榴石型固体电解质的二次电

池及制造石榴石型固体电解质的方法：中国，103403946A［P］. 2013—11—20.

[41] 宁波大学. 一种三组份阳离子共掺杂石榴石型固体锂离子电解质：中国，102780029A［P］. 2015—09—02.

[42] 中国科学院物理研究所. 富锂反钙钛矿硫化物、包括其的固体电解质材料及其应用：中国，104466239A［P］. 2015—03—25.

[43] 四川大学. 钙钛矿型锂快离子导体的水热制备方法：中国，105720306A［P］. 2016—06—29.

[44] 山东玉皇新能源科技有限公司，等. 一种固体电解质锂镧钛氧化合物的电化学制备方法：中国，105206869A［P］. 2015—12—30.

[45] 中国科学院地质研究所，等. 锂型蒙脱石快离子导体电池：中国，1034093A［P］. 1989—07—19.

[46] 南京航空学院，等. 固体电解质锂蒙脱石及其在电池中的应用：中国，85103956A［P］. 1986—11—19.

[47] 复旦大学. 以锂锰复合氧化物为正极的全固态锂蓄电池：中国，1053513A［P］. 1991—07—31.

[48] 丰田自动车株式会社. 固体电解质材料和全固态锂二次电池：中国，102884666A［P］. 2013—01—16.

[49] Kamaya N，Homma K，Yamakawa Y，et al. A lithium superionic conductor［J］. Nature Materials，2011，10（9）：682—686.

[50] Kwon O，Hirayama M，Suzuki K，et al. Synthesis，structure，and conduction mechanism of the lithium superionic conductor $Li_{10+\delta}Ge_{1+\delta}P_{2-\delta}S_{12}$［J］. Journal of Materials Chemistry A，2015，3（1）：438—446.

[51] 中国科学院宁波材料技术与工程研究所. 一种对金属锂稳定的锂离子固体导体及其制备方法以及一种全固态锂二次电池：中国，105140560A［P］. 2015—12—09.

[52] 华为技术有限公司. 一种硫基玻璃陶瓷电解质及其制备方法、全固态锂电池及其制备方法：中国，103943880A［P］. 2014—07—23.

[53] 住友电气工业株式会社. 锂电池：中国，101388470A［P］. 2009—03—18.

[54] 中国电子科技集团公司第十八研究所. 一种金属锂电池用防腐蚀保护膜的制备方法：中国，102544426A［P］. 2012—07—04.

[55] 浙江大学. 全固态微型锂电池电解质的制备方法：中国，1828987A［P］. 2006—09—06.

[56] Chunwen Sun，et al. Recent advances in all-solid-state rechargeable lithium batteries［J］. Nano Energy，2017（33）：363—386.

[57] 清华大学. 二次锂电池用复合型全固态聚合物电解质及其制备方法：中国，1454929A [P]. 2003—11—12.

[58] 武汉大学. 一种共混膜及其制备方法和用途：中国，1654531A [P]. 2005—08—17.

[59] 中国科学院化学研究所. 一种凝胶聚合物固体电解质及其制备方法和用途：中国，1285375A [P]. 2001—02—28.

[60] 北京理工大学. 一种固态化复合电解质及其制备方法：中国，103151557A [P]. 2013—06—12.

[61] 郑州大学. 含磷交联凝胶聚合物电解质及其现场热聚合制备方法、应用：中国，103772607A [P]. 2014—05—07.

[62] 北京理工大学. 一种聚合物电解质材料：中国，101280104A [P]. 2008—10—08.

[63] 中国科学院青岛生物能源与过程研究所. 一种有机无机复合全固态电解质及其构成的全固态锂电池：中国，105811002A [P]. 2016—07—27.

[64] 上海大学. 聚合物复合材料固态电解质及其制备方法：中国，104600357A [P]. 2015—05—06.

[65] 北京化工大学. 一种无机/有机纳米复合固体电解质及其制备方法：中国，101276658A [P]. 2008—10—01.

[66] 中国科学院大学. 一种全固态复合型聚合物电解质及其制备方法：中国，106410269A [P]. 2017—02—15.

第6章 金属空气电池

金属空气电池（又称为金属燃料电池）与普通燃料电池不同，它是采用固体活泼金属为燃料源，以碱性溶液或中性盐溶液为电解液，与氧气进行一系列的化学反应，并将化学能转化为电能的装置。根据燃料源的不同，目前研究较多的金属空气电池有锂空气电池、铝空气电池、锌空气电池和镁空气电池。与氢气燃料相比，金属燃料的容量密度、能量密度及功率密度要远高于氢氧燃料电池中的氢气燃料。且金属空气电池消耗的资源可再生，其电化学反应的运行更稳定、安全性能更高且环境友好。

6.1 金属空气电池概论

金属空气电池的结构如图 6-1 所示，由金属阳极、电解质、空气阴极构成，其构造与氢氧燃料电池基本相同。

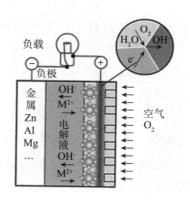

图 6-1 金属空气电池结构示意图

金属/空气电池使用的电解质大多数为碱性或者中性，电池放电时，正极反应为氧气的还原，反应方程式为：

$$O_2 + 2H_2O + 4e^- \longrightarrow 4OH^- \quad E = 0.401 \text{ V}$$

负极反应为金属的氧化消耗，负极的电化学反应为：

$$M \longrightarrow M^{n+} + ne^-。$$

式中：M 代表的是负极采用的金属元素，n 值的大小取决于金属被氧化的价态。

电池总放电反应为：

$$4M + nO_2 + 2nH_2O \longrightarrow 4M(OH)_n。$$

另外，大多数金属在电解液溶液中是不稳定的，会发生腐蚀或氧化，生成 H_2。表 6-1 中列出了各种金属空气电池的电池性能参数。

表 6-1　金属空气电池性能参数

电池类型	能量密度 (A·h/g)	理论比能量 (W·h/kg)	理论电压 (V)	实际工作电压 (V)	实际比能量 (W·h/kg)	电解质溶液
Li—空气	3.86	11400	3.4	2.4	>1000	有机电解液
	3.86	13000	3.4	2.6	>1000	LiOH 水溶液
Mg—空气	2.2	6800	3.1	1.4	>600	有机电解液
Zn—空气	0.82	1300	1.3	1.2	200~300	KOH 水溶液
Al—空气	2.98	8100	2.8	1.6	300~400	KOH/NaCl 水溶液
Fe—空气	0.96	1200	1.3	1.0	100	KOH 水溶液

锂空气电池的电极理论电压可达 3.4 V，比容量 3.86 A·h·g^{-1}，电极的理论利用率为 14.5%。其主要优点在于放电电压高，且能转化为功率和能量的比率都很高。当采用水性电解液时，由于金属锂非常活泼，易与电解液发生反应，通常需要在金属锂表面设置保护膜，当采用有机电解液时则通常不需要设置保护膜。锂空气电池在反应中会产生枝晶问题，枝晶会穿过隔膜，引起电池短路或起火爆炸等，此外，反应生成的产物 Li_2O_2 为强氧化物，易与锂空气燃料电池所需的有机电解液混合导致安全隐患。

铝空气燃料电池中金属铝的理论比容量为 2.98 A·h·g^{-1}，仅次于锂[1]。金属铝具有容易加工、性能优良、资源丰富、造价低廉等优点，将其应用于铝空气电池已成为热门的研究方向。铝空气燃料电池由 Zaromb[2] 和 Trevethan[3] 等在 1960 年首次提出。同金属锌一样，金属铝为活泼金属，可与酸性溶液和碱性液体反应。但金属铝表面容易形成一层致密的钝化膜，且钝化膜破坏后电极腐蚀很快，铝空气电池的发展还需解决铝阳极钝化膜活化和腐蚀抑制问题。

锌空气电池理论比能量可达约 1 350 W·h/kg，实际比能量约为 180~230 W·h/kg，锌空气电池的优点为比容量较高，在中小功率用电器具和场所，纽扣锌空气电池、方形锌空气电池有着其他类型电池无可比拟的优势，而且其成本相对低廉，接近于普通锌锰电池、制造工艺成熟、主要的电池材料不会对环境造成危害，且电池能在较宽的温度范围（20~80 ℃）工作，并且具有较高的安全性。当然，锌空气电池目前还存在着一些不足之处，第一是锌电极在碱性电解液中的吸氢自腐蚀问题，第二是空气电极暴露于空气中出现的碳酸盐化问题，第三是空气电池受外界环境湿度过高或过低的影响会出现"爬碱"或"漏液"现象。

镁燃料的理论能量密度仅次于轻金属锂和铝，是电池理想的电极材料[4]，镁空气电池在一定条件下可大功率平稳放电，且充电时间短，仅需更换镁板和电解质。镁空气电池对工作环境的适应能力强，容易回收。镁空气电池主要存在如下缺点：在有机体系电解液中，镁电极表面受到氧化形成致密的 $Mg(OH)_2$ 钝化膜，使得电极无法正常放电，另外，适宜镁电极的有机电解液属于易挥发性物质，因此在空气电极一侧的挥发将无法避免[5]，在水体系电解液中，镁则面临着自腐蚀析氢问题[6]。另外，镁的成本较高也是其未能普及的一个因素。

6.2　锂空气电池

6.2.1　锂空气电池概况

根据电解液的不同，锂空气电池可以分为三类，即有机电解液型、有机—水组合电解液型以及全固态电解质型。

锂空气电池最早由 Littauer 和 Tsai 在 1976 年提出，其采用了水性电解质，由于无法避免金属锂与水的反应而被停滞。1996 年，Abraham 和 Jiang[7] 在《电化学会会志》上首次报道了有机体系的锂空气电池。其采用了聚丙烯腈凝胶为电解质。1987 年，Sammells 等[8] 报道了第一种半固态锂空气电池。该电池使用固态氧化锆氧离子（O^{2-}）导体作为电解质，该电池的理论能量密度高达 $4266 \ W \cdot h/kg$。2006 年，Bruce 研究小组[9] 采用锂离子电池碳酸酯类电解液代替聚合物电解质，以廉价的 MnO_2 为催化剂，在碳电极中嵌入 Li_2O_2，得到了电化学性能良好的锂空气电池。自此，锂空气电池开始受到广泛关注。

6.2.2　锂空气电池反应机理

锂空气电池的负极为金属锂单质，正极为多孔气体电极，两电极间由传导锂离子的电解质分隔。放电时，金属锂单质被氧化为 Li^+ 并释放出电子，电子由外电路传递至正极，Li^+ 通过电解质传递至正极；在正极，O_2 还原产物与 Li^+ 形成 Li_2O_2 或 Li_2O。

锂空气电池反应如下：

$$O_2 + 2e^- + 2Li \longrightarrow Li_2O_2 \ (E = 3.10 \ V)$$

由上述电池反应可知，在放电过程中，最终反应产物为 Li_2O_2，当采用有机电解液时，由于上述最终反应产物不能溶于有机电解液，其会产生沉积现象，从而停留在空气电极表面堵塞空气极。除了会有 Li_2O_2 的反应产物，还有另一种可能的反应产物为 Li_2O，其也不溶于有机电解液。结果，反应产物最终都聚集在空气电极侧。另外，Abraham 和 Bruce 也证实了 Li_2O_2 是放电过程的主要产物。

6.2.3 锂负极

目前锂空气电池的负极大多数还是用金属锂片。其具有质量轻、电位低，能够提高锂空气电池的能量密度的优点，但其也存在一些缺点，锂离子在充电的过程中还原为锂，由于沉积不均匀而产生锂枝晶，造成容量的不可逆损失，还可能会刺穿隔膜，使电池短路，产生安全问题；另外，在电池放电过程中，锂氧化成为锂离子从锂片脱离，使锂片变薄，从而会增大电池的内阻，继而增大能量的损耗。

何平[10]等人通过采用嵌锂石墨代替锂片作为负极，电解液会在石墨表层形成一层固体电解质，可以有效隔绝锂片与电解液的接触，从而防止枝晶的产生，而且另一方面，在锂离子转移过程中，石墨骨架有很好的支撑作用，使得负极结构相对稳定，解决了锂溶解以及锂片变薄的问题。

通过对金属锂表面进行修饰保护也是一种常见的方式。Walker 等人[11]使用 N，N－二甲基乙酰胺（DMA）作为电解液溶剂，$LiNO_3$ 作为锂盐，借助于 $LiNO_3$ 和金属锂反应使之在金属锂负极表面成功合成一层 SEI 膜，这层膜很大程度上对金属锂进行了保护。

另外，宋洪峰[12]通过将负极层设置成包括锂源负极活性材料层和锂储存层，负极活性材料层中的负极活性材料金属锂或含锂的化合物放出锂离子，锂源负极活性材料层在第一次放电后全部消失，避免了现有技术中负极活性材料在循环使用过程中因溶解、沉积导致枝晶和"死锂"的问题，从而提高锂空气电池的循环性能和安全性能。

Sun 和 Scrosati 等首次将锂－硅合金用于锂空气电池负极，电池放电电压在 2.4 V 左右，估算能量密度可达 980 Wh/kg，高于现在商业化的 $LiCoO_2$ 为正极、石墨为负极的锂离子电池 384 Wh/kg。宣良国等[13]提供了一种锂空气电池负极活性物质，其包含锂合金、能对锂进行掺杂和去掺杂的物质、过渡金属氧化物或者这些的组合物，其中锂合金可以包含金属合金，该金属合金包含锂和 Na、K、Rb、Cs、Fr、Be、Mg、Ca、Sr、Si、Sb、Pb、In、Zn、Ba、Ra、Ge、Al、Sn 或者这些的组合物，能对锂进行掺杂和去掺杂的物质可以包含 Si、含硅（Si）合金、Si－C 复合材料、SiO_x（$0<x<2$）、Sn、含锡（Sn）合金、Sn－C 复合材料、SnO_2 或者这些的组合物，其中过渡金属氧化物可以包含钒氧化物、锂钒氧化物、钛氧化物或者这些的组合物。上述负极活性物质用于锂空气电池时，具有高于碳质材料的理论容量，理论密度也高于碳质材料，而且经实验证明，采用上述负极活性物质的锂空气电池具有优异的稳定性。

此外，金属锂的低利用率限制了锂负极应用，在锂离子电池中锂离子在充放电过程中主要发生脱嵌和嵌入，而锂空气电池中则是金属锂溶解并重新形成，这个过程有时是不可逆的，其中的产物 Li_2O_2 会在空气极富集，导致锂负极利用率低。

总之，引入保护膜或者钝化膜抑制金属锂枝晶的生长，或者寻找其他大容量的负极材料（比如锂合金）代替金属锂，将是锂空气电池走向实际应用的前提。

6.2.4　锂空气电池电解质

目前，锂空气电池电解质包括，水系电解质、有机－水双电解质、有机溶液电解质、离子液体电解质、固体电解质。

有关锂空气电池的水溶液电解质的文献较少，在含水体系中，无法避免金属锂与水溶液发生化学反应生成强碱性溶液 LiOH，其具有较强的腐蚀性。另外，在含水体系中，水既作为电解质溶剂又作为活性物质起作用，在反应中消耗较快，由此在高温和低温下运行均不可行，因此，水管理是含水锂－空气电池成功的关键因素。

Read[14]等研究表明，对于电解液为有机体系的锂空气电池来说，其具体的组成对锂空气电池的充放电容量、倍率性和循环性能均有较大的影响，溶氧量越高则放电容量越高。同时，正极碳材料的电解液润湿性也能够影响电池的性能。其中电解液的黏度（影响氧扩散速率）和氧溶解度对于锂空气电池的倍率性及放电容量有着直接的影响。对于双性电解液锂空气电池来说，目前试验常见的电解液为 LiOH 和 CH_3COOH 溶液。理想的锂空气电池电解液应具有低挥发性、高的氧溶解性、对超氧离子稳定等性质，然而目前锂空气电池中大都采用有机碳酸盐类或醚类电解液，这两类电解液均不能得到好的电池性能，如采用有机碳酸盐类电解液，存在着电池容量低、充电电压高、可逆性差等缺点，正极还会发生不可逆分解，产生少量 Li_2CO_3 等物质。当醚类电解液用于锂空气电池时，虽然产物是人们期望的，但是醚类电解液溶液极易挥发，如乙二醇二甲醚 DME，不利于电池的循环。张新波等[15]提出了一种锂空气电池用砜类电解液，该电解液包括锂盐和有机溶剂，所述的有机溶剂为二甲基亚砜、二苯基亚砜、氯化亚砜、环丁砜或二丙砜中的一种或多种。砜类电解液具有低挥发性、高的氧气溶解能力、电化学窗口宽等优点，尤其对超氧根具有优异的稳定性，有利于可逆产物的生成和副反应的抑制，用于锂空气电池时，能进一步提高电池的可逆性，对电池容量、倍率性能以及循环稳定性都有显著改善效果。实验结果表明：应用该砜类电解液组装成的扣式电池，在 $0.05\ mA/cm^{-2}$ 电流密度下，首次放电比容量可高达 $9400\ mA\cdot h/g$。

离子液体因具有低可燃性、疏水性、低蒸汽压和高热稳定性而被引入到锂空气电池中，但其又存在黏度高、价格较高等缺点，一定程度上制约了离子液体的进一步应用。2005 年，东芝公司的 Kuboki[16]等首次提出将室温离子液体应用到空气电池中。他们测试了五种咪唑类离子液体的性能，研究表明，EMITFSI［1－乙基－3甲基咪唑二（三氟甲基磺酸）亚胺］是最有希望应用在锂空气电池中的离子液体。宝马股份公司的D. 布里瑟尔[17]提出采用疏水离子液体和锂盐作为锂空气电池的电解质，所述电解质包括双（三氟甲烷磺酰）亚胺根作为阴离子，由此实现锂空气电池良好的循环性能。另外，丰田自动车工程及制造北美公司的水野史教[18]将水增强离子液体电解质应用于锂空气电池，其中金属空气电池的阴极室包含空气电极和在离子液体中的水相的乳液或分散液。指出存在于离子液体相中的水在电池工作过程中被消耗以及维持离子相中恒定水含量的方法可以提高体系的性能。对水相和离子液体相的双相体系的超声处理（其中水含量超过离子液体的水溶解度）导致形成具有高分散或乳化的水含量的离子液体相，所述水含量高于溶解度水平。从水层分离该相提供了有效的和改进性能的用于金属－空气电池的电解质体系。采用该电解质的锂空气电池显示了更高更可逆的工作电位。

用于固体锂空气电池的固体电解质材料通常为具有 NASICON 结构的磷酸盐固体电解质，如 $Li_{1.3}Al_{0.3}Ti_{1.7}(PO_4)_3$（LATP）和 $Li_{1+x}Al_yGe_{2-x}(PO_4)_3$（LAGP）。尽管 LATP 具有离子电导率、机械强度和已商业化等综合性优势，并在固态锂空气电池中获得广泛使用，但是和锂金属直接接触时 Ti^{4+} 被还原，导致界面阻抗显著增加[19]。这类固体电解质材料不稳定，容易和锂金属阳极发生反应。刘方超[20]提出了一种碘化锂-3-羟基丙腈复合物中添加碘化锂的固体电解质，其采用三维石墨烯为正极、锂片为负极制备得到全固态锂空气电池，循环 10 次以上，能够保持 $2\,000$ mA·h/g 的容量，并认为电解质中的 LiI 可以减小电池的极化并延长锂空气电池循环寿命。董全峰等[21]提出了一种采用金属有机框架化合物制得的锂电池用固体电解质，在常温下将金属有机框架化合物以及成膜添加剂和/或填料和/或锂盐溶于有机溶剂中，挥发后制成金属有机框架化合物膜片，在惰性气氛中，将金属有机框架化合物膜片浸润于 1 mol/L 的锂盐溶液中，然后取出烘干，金属有机框架化合物 10～95 份，为金属离子或者金属团簇与有机配体形成的一维、二维或者三维结构的一类物质，起到传导锂离子的作用，例如为共价有机框架化合物（COFs）或有机金属框架化合物类材料如沸石型咪唑酯类材料（ZIFs）中的至少一种，由于固体电解质材料为无机类而非聚合物类电解质，不需要用到聚合物类电解质必需的聚氧乙烯（PEO）及其衍生物等，而是以金属有机框架化合物为主体起到锂离子的传导作用。

6.3 铝空气电池

6.3.1 铝空气电池的概况和工作原理

铝空气电池的研究始于 20 世纪 60 年代，Zaromb 和 Trevethan 于 1962 年证实了碱性介质中铝空气电池体系在技术上的可行性；70 年代，集中于小功率铝空气电池的研究；80 年代，加拿大 Alu-minum Power 公司采用合金化的铝阳极和有效的空气电极，将其发展为安全可靠的电池体系，比能量在 240～400 W·h/kg，比功率达到 22.6 W/kg；90 年代后迎来发展高潮，Voltek 公司开发出首例用于电动汽车的铝空气电池系统 VoltekA－2。另外，除了上述动力型铝空气电池系统，在便携式电源备用电源以及水下推进装置应用等方面，铝空气电池也获得了飞速的发展。

铝空气电池的负极为高纯度铝或者铝合金，在电池放电时不断被消耗生成

Al（OH）$_3$；正极为是氧电极，以碱性溶液（例如氢氧化钾、氢氧化钠溶液）、盐溶液（例如氯化钠溶液）或离子液体（例如含有 Al 离子的离子液体）为电解液，电池总的放电反应为：

$$2Al+3/2O_2+3H_2O == 2Al（OH）_3 \qquad (1)$$

中性溶液放电反应为：

$$2Al+3/2O_2+3H_2O == 2Al（OH）_3 \qquad (2)$$

碱性溶液放电反应为：

$$2Al+2OH^-+3/2O_2+3H_2O == 2Al（OH）_4{}^- \qquad (3)$$

在两种条件下都会发生以下腐蚀反应：

$$2Al+6H_2O == 2Al（OH）_3+3H_2 \qquad (4)$$

依据电解液的种类，可分为碱性铝空气电池和中性铝空气电池。由于在盐溶液中放电产物会成凝胶状，增大电池阻力，降低电池效率，而在碱性溶液中不会出现这种情况，所以从电池效率上来讲，使用碱溶液要比使用盐溶液更好。

6.3.2 铝阳极的研究进展

铝空气电池采用高纯铝或铝合金作电池阳极材料。铝在空气和水中，表面形成一层致密的钝化膜 Al$_2$O$_3$，抑制了铝的氧化失电子反应，而在碱性条件下，铝很容易腐蚀，铝钝化膜破坏后腐蚀很快，导致阳极利用率减小；铝自腐蚀导致析氢。铝阳极必须要解决钝化膜活化和腐蚀抑制问题，目前采用的主要方法是合金化，或者在电解液中添加腐蚀抑制剂。对于铝阳极中添加的合金元素，现在研究较多的有：Ga、In、Mg、Zn、Ti、Sn、Hg、Mn、Bi、La、Ce 等元素。

6.3.2.1 纯铝阳极

在国内，根据铝的质量分数将铝锭分为以下三级不同纯度级别：纯铝，铝含量99.00%～99.85%；精铝，铝含量 99.95%～99.996%；高纯铝，铝含量 99.996%以上。Streicher[22]等人研究了不同纯度的铝在碱溶液（0.3N NaOH）中的腐蚀速率，如表6-2所示，当铝中的杂质元素增加时，其腐蚀速率也大幅度增加，杂质元素含量从0.002%增加到 0.8%，导致腐蚀速率增加了 7 倍。存在于铝阳极材料中的主要杂质元素为铁、硅、铜，其中铁元素对腐蚀速率的影响是最大的。在溶解过程中这些杂质元素与 Al 形成的化合物如 Al$_3$Fe 有相对低的过电压，能为铝表面提供阴极位点，与铝基体构成腐蚀微电池，加快腐蚀过程[23]。

表 6-2 不同纯度铝在 23 ℃，0.3N NaOH 溶液中的腐蚀速率（电极工作面积：40.5 cm^2）

%Al	99.998	99.99	99.97	99.88	99.57	97.2
腐蚀速率/（mg/h）	31.2	116.0	147.4	147.4	216.7	269.1

Doche[24]测试了不同纯度级别铝的开路电位及自腐蚀速率。结果显示，随着铝纯度的提高，铝阳极的自腐蚀速率降低，开路电位和极化电位负移，电化学性能提高了，

但是阳极的生产成本也随之增加。

6.3.2.2 铝合金阳极

目前，改善铝合金阳极的电化学性能主要通过添加微量合金元素。合金元素按在铝合金中的功能主要分为三种：破坏钝化膜、降低氧化膜电阻的合金元素；形成低温共熔体合金的合金元素；使铝活化、降低自腐蚀速度的高析氢过电位的元素。然而，高析氢过电位的元素大多为带有毒性的重金属，对环境造成污染，对人体带来危害，在金属合金中应该避免使用。同时，在大电流密度工作条件下，铝合金阳极极化严重，稳定工作电位较正，不能满足动力电源的技术要求，严重阻碍了碱性铝空气电池的在实际工业生产中的应用。根据铝合金中添加元素的种类多少可分为二元合金、三元合金、四元合金、五元合金以及多元合金。

二元合金

Macdonald[25]向纯铝中分别添加少量 Zn、Bi、Te、In、Ga、Pb 和 Ti 元素得到一系列的二元合金，Tuck[26]通过在铝中添加不同含量的 Ga 元素考察了 Al－Ga 二元合金的电化学性能，并分析了 Ga 元素的活化机理。Wilhelmsen[27]等人对 Al－Sn 合金 Al－In合金的电化学性能进行了一系列研究，研究发现，Sn、In、Ga 等元素能够在一定程度上提高阳极的电学性能。然而简单的二元合金仍然存在一定的局限性，其不能满足铝阳极材料的需求。

三元合金

Keir[28]在 Al－Sn 合金的基础上又分别加入 Bi、Zr、Mg、Ag、Si、Zn、Cu 等合金元素得到一系列的三元合金，这些合金元素会使得 Al 基体的晶格参数增大或缩小，导致 Sn 在 Al 中固溶度的变化，从而影响 Sn 的活化作用。Jeffrey 等人[29]又开发出新的三元铝合金阳极的专利，成分为 Al－0.12Mn－0.11In 和 Al－0.8Mg－0.097In，两种合金在 200 mA/cm² 电流密度下的放电电位与开路电位接近，说明在此电流密度下，阳极极化得到抑制。

四元合金

陈永秘[30]提供了一种四元合金 Al－Mg－Bi－Mn，合金中镁含量为 0.1％以上且 8％以下，合金中的铝、镁、铋、锰以外的元素的含量均少于 0.001％，铋的含量为 0.003％以上且 0.03％以下，以及锰的含量为 0.005％以上且 0.08％以下，采用该四元合金作为铝空气电池的负极，在电解液中添加低浓度的碱即可有效地催化负极均匀反应，且负极的四元铝合金的单位质量的放电容量为 1 050 mAh/g，平均放电电压为 1.20 V。

马景灵等[31]公开了一种铝空气电池用四元合金铝阳极，其中铝阳极由以下质量百分比的组分组成：Zn0.05％～6％、Ga0.05％～4％、In0.01％～2％，余量为 Al。锌的加入可明显降低铝合金的自腐蚀速率，有利于其他合金元素的均匀分布。镓元素在铝中的固溶度很大，与铝基体生成铝镓汞齐，铝镓汞齐可剥离氧化膜及腐蚀产物，裸露基体铝，促进铝合金的活化放电，镓与其他合金元素 Zn、In 等，在电极工作温度（约 60 ℃）下，形成低共熔混合物，破坏铝表面钝化膜；合金元素 In 对铝阳极的影响，主要表现在 In 具有很强的活化能力，破坏铝表面的钝化膜，同时，锌、镓与铟都是高析氢过电位元素，可大大降低铝合金的析氢自腐蚀。

Jeffrey P W 等人发现，四元合金（Al－0.84Mg－0.13Mn－0.11In）的开路电位达到－1.70 V（vs. Hg/HgO），600 mA/cm^2 的放电密度下，电极电位仅正移 0.06 V，放电效率高达 90%。A Maimoni 制备的 BDW（Al－1Mg－0.1In－0.2Mn）的合金，在 60 ℃ 4 mol/L NaOH＋1 mol/L Al（OH）$_3$ 溶液中，开路电压为－1.78V（vs. Hg/HgO），在 600 mA/cm^2 下的阳极极化电位为－1.60 V。

李晓翔等人[32]通过正交实验设计出一种新型铝合金阳极 Al－0.2Sn－0.02Ga－0.4Pb，该阳极材料在 50 ℃碱性介质中 200 mA/cm^2 的恒定电位可达－1.6 V，析氢速率仅为 0.0617 mL/（cm^2·min）。

五元合金

王勤等[33]公开了一种铝合金电极材料，其包括（0.1～3）wt% 的 Mg，（0.05～1）wt% 的 Sn，（0.01～0.5）wt% 的 Ga，（0.02～0.1）wt% 的 RE，与余量的 Al，通过在铝基体中掺杂了一定量的镁、锡、镓以及稀土元素，在提高铝阳极活性的基础上，利用稀土元素对晶粒的细化作用，使铝阳极的腐蚀更均匀，腐蚀速率降低，同时由于上述元素的添加，使铝合金的电化学性能较好。

其他多元合金

王日初等[34]公开了一种铝阳极材料，以铝为基体，含有（0.01～1.0）wt% 的活化元素汞，（0.05～2.0）wt% 的镓，（0.05～2.0）wt% 的镁、（0.01～1.0）wt% 的锡和（0.01～1.0）wt% 的锌。铝合金阳极材料电化学活性很高，开路电位为－1.780 V，而纯铝、镁－锰系阳极材料和普通 AZ31 系阳极的开路电位均为－1.6 V 左右，用此种铝合金阳极材料的海水激活铝/氧化银电池组具有体积小、电流大、使用方便、储存性能好、适用范围广等特点，当电流密度为 650 mA/cm^2 时，此阳极材料的电极电位低于－1.75 V，工作电压高于 1.6 V（美国 Dow 化学公司研制的 Al－Zn－Hg 阳极输出电压为 1.1 V），激活时间低于 5 s，析氢量少于 0.1 mL/（cm^2·min）［英国商业 AP65（Mg－Al－Pb－Zn－Mn）阳极的析氢量为 0.15 mL/（cm^2·min）］，此电流密度下铝/氧化银电池组的工作时间超过 17 min，与国外研制的性能优良的海水激活动力源铝/氧化银电池工作时间相当。

汪云华[35]公开了一种盐水铝空气电池用铝合金负极，其为六元合金，包括（0.01～1）重量% 的 Ga；（0.1～2）重量% 的 Sn；（0.01～2）重量% 的 Bi；（0.01～2）重量% 的 Pb；（0～1）重量% 的 In；以及余量的铝，该铝合金负极具有放电性能好，中途不钝化，二次激活时间短等优势。国内西南铝业公司研制的 Al－Ga－In－Zn－Mg－Mn 系列铝合金阳极，在 80 ℃ 4 mol/L NaOH＋2.8 mol/L NaAlO$_2$＋缓蚀剂介质中，电流密度为620 mA/cm² 下的阳极极化电位为-1.57 V （vs. Hg/HgO）。

谢刚等[36]开发了一种铝空气电池用八元铝合金铝－锂－锰－镓－铟－锡－镁－铋合金阳极，提高了铝合金阳极的性能，使其能量密度大于4 000 W·h/kg，另外，在制备中通过添加细化晶粒，使合金成分均匀化，阻碍自腐蚀的元素，有效降低了阳极的析氢速率。

6.3.2.3　主要合金元素对铝合金阳极性能的影响

对铝阳极而言，其存在着表面容易形成一层致密的氧化膜，以及铝的自腐蚀问题，添加合金元素是解决上述问题的重要途径。合金元素的种类和含量是影响阳极性能最主要的因素，在已有的铝合金阳极中，主要的合金元素种类有 Zn、In、Sn、Ga、Mg、Bi、Si、Zr、Ti、Nb、Re、Ca、Ba、Ta 等。这些合金元素一定程度上使得铝阳极的电位负移，可破坏铝基体表面氧化膜，降低氧化膜电阻，增强铝耐腐蚀性能，添加析氢过电位高的合金元素减小铝析氧腐蚀，从而达到提高阳极工作电位及电流效率的目的。

合金元素 Ga

合金元素 Ga 可以改变纯铝晶粒在溶解过程中的各向异性，使阳极腐蚀均匀，而且 Ga 与其他合金元素如 Bi、Pb 等，形成低共熔混合物，破坏铝表面的钝化膜，在阳极反应过程中起到活化的作用，随着 Ga 含量的增加，铝合金阳极的电位变负，但过高的 Ga 含量，会使阳极腐蚀率升高，降低阳极利用率。Tuck[37]等研究了 Al－Ga 合金的阳极行为，并提出在碱性电解质中溶解时，Al－Ga 合金遵循"溶解－再沉积"机理，即 Ga 元素先从合金中溶解出进入溶液，然后在铝表面沉积。由于 Ga 熔点极低，其在合金表面呈现为液态，具有良好流动性，由此能够以单原子或多原子形式进入氧化膜缺陷中，起到破坏氧化膜剥离氧化膜的作用，电极化学活性提高，当温度升高时，Ga 流动性增强，活化作用更加显著。

合金元素 In

元素 In 具有较高的析氢过电位，能有效抑制合金的析氢腐蚀，并能与其他合金元素形成低共熔混合物，破坏铝表面钝化膜，同时 In³⁺ 对铝表面的钝化膜还具有破坏作用[38]。

合金元素 Sn

元素 Sn 具有较高的析氢过电位，能有效抑制析氢自腐蚀，高价的 Sn⁴⁺ 取代钝化膜中的 Al³⁺，产生一个附加空穴，破坏了氧化膜的致密性，同时 Sn 还能降低铝表面钝化膜的电阻，使铝表面钝化膜产生孔隙。并能与 Ga、In 等其他合金元素形成低共熔混合物，破坏铝表面钝化膜，起到活化的作用。

合金元素 Mg

合金元素 Mg 有助于提高合金在空载条件下的抗腐蚀性能[39]。然而 Mg 的含量并非越高越好，当 Mg 过量时容易生成中间产物 Mg_2Al_3，从而导致晶间腐蚀的发生，不利于提高电流效率。也有研究表明，铝合金阳极的微观结构能够借由 Mg 改变，并同时有助于提高阳极的溶解均匀性及其极化性能，从而提高阴极保护性能。

合金元素 Zn

空气电池电压提高元素 Zn 可增加氧化膜中的缺陷数量，降低膜电阻，添加 Zn 后腐烛产物易于脱落，阳极极化减小。Zn 的存在促进了化合物 $ZnAl_2O_4$ 的产生，使得保护层出现缺陷，并能够和其他合金元素（Sn、In、Hg、Bi）一起，有效降低纯铝表面氧化膜的稳定性。与纯铝相比，Al−Zn 二元合金中的锌能够对 Al 阴极提供保护性。作为铝合金阳极的主加合成元素，锌使阳极具备以下主要的特点：易合金化、成分均匀、电位负移 $0.1 \sim 0.3$ V、易活化、产物易脱落[40]。

其他合金元素

元素 Mn 可以与铝基体中的杂质 Fe 元素等形成复杂化合物，消除杂质的有害影响。金属 Bi 和 Pb 是高析氢过电位元素，可有效降低铝的析氢腐烛，还可以与其他合金元素形成低共熔体，破坏招表面钝化膜，使 Al 阳极电位负移。但 Bi 和 Pb 添加量过高，会导致 Bi 和 Pb 形成第二相，易在晶界处析出，在电解液中形成微腐蚀电池，加速铝阳极的自腐蚀。合金元素 Ti、Zr、B、N 的主要作用是细化晶粒[41]。

杂质元素 Fe、Si 和 Cu

少量 Fe 的存在对于铝合金是有益的，例如在 Al−Zn−In 合金中可改善电偶腐蚀倾向。Fe 含量较大时会降低阴极保护特性，这是由于形成的 FeAl 增加了孔蚀倾向。在 Al−In−Fe 合金中，Al 含量为 99% 时，由于 Fe 能阻止 In 向 Al 中扩散和形成 Al−In 合金表面，使 In 不能起到活化作用。当 Al 合金中含有少量的 Si 时（例如 Si 含量为 $0.041\% \sim 0.212\%$），有助于减少电偶腐蚀，并在一定程度上降低阳极电位，改善阴极保护特性。Cu 很容易形成电偶腐蚀，腐蚀产物影响阴极保护特性[42]。

6.4　锌空气电池

6.4.1　锌空气电池概述及工作原理

1878 年，德国科学家 Volt 首次将含有铂的多孔活性炭电极用作阴极，与锌金属一起组装成了第一个锌空气电池。1927 年，第一个酸性电解液锌空气电池问世，该电池使用氯化铵作电解液，最大的好处是电解液不会碳酸化，但金属在酸性电解液中自腐蚀严重。1995 年以色列电燃料（Electric Fuel）有限公司首次将锌空气电池用于电动汽车上，使得锌空气电池进入了实用化阶段。美国 Dreisback Electromotive 公司开发的锌空气电池，已在公共汽车和总重 9 吨的货车上使用，公共汽车可连续行驶 10 h 左右，货车最大续驶里程达 113 km。美国 EOS 储能公司声称开发的锌空气电池可实现 2 700 次循环充放电。

锌空气电池主要由锌电极、空气电极、电解液和隔膜组成，正极为空气电极，反应物为来自空气中的氧气，电解液一般多采用碱性电解液，在放电过程中，负极的锌在碱液中被氧化为二价锌离子，最后以氧化态锌存在于溶液中，并向外释放电子，而正极的氧气得到电子被还原成氢氧根离子进入电解液。

锌空气电池具体的电极反应和电池反应为：

$$（-）ZnO \mid\mid\mid KOH \mid\mid\mid O_2（空气）（+）$$

$$负极：Zn+2OH^- \longrightarrow ZnO+H_2O+2e^-$$

$$正极：1/2O_2+H_2O+2e^- \longrightarrow 2OH^-$$

$$电池：Zn+1/2O_2 \longrightarrow ZnO$$

锌空气电池一般可以分为一次锌空气电池和二次锌空气电池。

6.4.2　锌空气电池负极材料的研究

锌空气电池的负极材料是锌，可以是锌粉、锌膏、锌板等。一些小功率的电器，如已商业化的助听器用纽扣电池，多直接使用锌粉，而一些大功率和中等功率的方形、圆筒形电池多使用锌膏。一些超大型电池，如车用动力电池，一般采用大型阳极锌板或者加入电池管理系统源源不断地供入锌粉。

锌粉颗粒的粒径大小能够显著地影响电极性能：锌粉颗粒粒径小，则比表面积大、活性高，由此制得的电极易发生电化学反应和腐蚀；锌粉颗粒粒径大，则比表面积小，制作的电极易发生钝化，使电极放电性能变差。

雾化锌粉是目前用于碱性 Zn—MnO$_2$和锌—空气原电池中所用的材料的商业形式。雾化锌粉具有约为 $0.02 \text{ m}^2/\text{g}$ 的大比表面积，由此使由这种锌粉制成的阳极能够传送高水平的电流。用于碱性电池组中的雾化锌粉在与电解质混合之前具有 $3\sim3.5 \text{ g/cm}^3$ 的典型密度，其提供约 $42\%\sim50\%$ 的锌体积和 $50\%\sim58\%$ 的孔隙度。为获得电化学电池应用中所需的约 70% 的典型孔隙度，制造商对锌粉和电解质的混合物使用胶凝剂，从而使锌颗粒不紧密堆积，而是悬浮在电解质凝胶中。如果孔隙度过小，则阳极可能不具有良好的反应性。如孔隙度过大，则阳极的导电性可能差。

已经采用多种方法来改善由雾化锌粉制成的阳极的性能。例如，共混具有不同颗粒分布的粉末可导致放电性能明显改善[43]，应用共混具有不同颗粒分布的粉末的原理，其他文献中也描述了添加不同形式的材料如带、片和针等。这类材料具有比雾化粉末大的一个或两个尺度，以改善颗粒—颗粒连通和电极的导电性。可以预见，较大尺度将提供甚至更好的连通性和导电性。但是这种尺度增加也存在限度。超过一定限度时，粉末凝胶混合物的流动性可能变差，从而影响电池组制造工艺。

通过混合不同形式的材料来改善凝胶化锌粉阳极，并由此改善使用这种材料的碱性电池组的放电性能。例如，Eveready Battery Company[44]在分别采用了锌"带"以及向阳极凝胶中添加锌片改善碱性电池的高倍率放电容量。另外，Union Carbide Corporation[45]通过电解含可溶性锌盐的电解质溶液制造锌针和纤维以及通过压缩成锌纤维和针制造固体阳极。

Noranda Inc.[46]使用泪滴状、针状或球状的锌粉颗粒来改善阳极性能。与直纤维相比，这种材料具有较小的体积纵横比。另外，这种一端为圆头的针状颗粒在电池组生产过程中可能阻碍凝胶的流动性。

Melezr[47]为了控制电极的微孔结构，采用了具有特定粒径范围以及特定形貌的锌粉及合金锌粉，并对锌粉及合金锌粉的分布进行了较详细的说明（见表6-3）。对于合适的粒径分布，其认为在40～140 μm 的锌粉重量比应在60%～100%。并同时对锌粉的形貌与粒径的关系也进行了说明，认为不规则形貌与球形锌粉的分界粒径为71微米，大于71微米为不规则形貌，反之为球形。采用这种粒度及形貌分布，锌粉的体密度能达到3.2～4.0 g/cm³。

表6-3 锌粉的粒度分布

重量百分含量	粒径范围
0～10wt%	<40 μm
15～40wt%	40～70 μm
24～40wt%	71～100 μm
10～40wt%	100～140 μm
0～20wt%	>140 μm

Durkot[49]等也对锌粉的形貌和粒度分布进行了研究，提出当合金（In、Bi）锌粉占所采用锌粉重量比的10%，相对于圆球形和泪滴形的锌粉，形貌为针状和雪花状，当粒度分布在325～200目之间的配比时，具有优良的电化学性能。锌粉粒度与形貌分布见表6-4。

表6-4 锌粉粒度与形貌分布

形貌	颗粒大小/μm	纵横比	振实密度/（g·cc^{-1}）
泪滴状	500～2000	8—22	3.6
针状	500～2000	8—22	2.8
圆球状	40～200	1	4.1

Martin[50]提出了制备电池专用锌粉与合金锌粉的方法，规定了碱性电池锌粉的形貌（泪滴状、针状、圆球状）与大小以及锌粉颗粒的横纵比（见表5-4）。构成电池阳极所用的锌粉中50%的颗粒应该小于75 μm。对于二次电池用锌粉，规定其横纵比为2，粒度分布在54～425 μm 之间。这样的锌粉才具有较好的放电性能和较小的析气量。

章小鸽等[51]提出了含有锌纤维和锌粉混合物的凝胶电极，锌纤维和锌粉材料可以具有选定的物理和组成属性。实验数据表明，例如当锌总含量的10%为纤维形式时，向凝胶中的锌粉中添加锌纤维在一些需电条件下可将放电容量提高大于20%。其采用体积纵横比来对不同形式的材料例如片状和纤维进行比较，经测量，纤维形式的颗粒材料的 VAR 比片状的 VAR 大得多，片状的 VAR 为球形的 VAR 的 2 倍。因此，体积纵横比是可用来有效描述颗粒材料的形式的量。VAR 越大，则这种材料的连通性越好。

6.4.3 锌电极添加剂

目前，锌电极的研究主要集中在添加剂方面。锌电极添加剂主要分为三大类：无机类、有机类、复配类。无机添加剂的作用主要是提高氢气在锌表面的析出过电位，从而减少氢气的析出量和锌粉的自溶，而有机添加剂主要是表面活性剂，它含有亲水基团和疏水基团，它的缓蚀作用主要是吸附在金属的表面，形成一层薄膜，减缓锌溶解或氢析出反应，从而减少锌的腐蚀。锌电极添加剂的种类很多，但迄今为止没有任何一种添加剂（单一或复合的）能起到完全取代汞的作用。因此寻找更合适的代汞添加剂一直是碱性锌电极领域的重大研究课题。

6.4.3.1 无机缓蚀剂

无机缓蚀剂主要包括金属单质、金属氧化物、金属氢氧化物及其盐类，通过合金化或者置换反应在锌的表面形成一层保护膜，来提高锌电极的析氢过电位而达到缓蚀的目的。

以金属铟为例，其具有高的电导率、良好的延展性、高的化学稳定性和较高的析氢过电位，在加入锌中时，与锌具有良好的相溶性，能够降低锌颗粒粒子间的接触电阻，是目前使用最广泛的一类代汞缓蚀剂。除此之外，Pb、Cd、Bi、Sn、Al、Ga 等也是研究较多的无机金属缓蚀剂，其中毒性较高的铅、镉虽然具有良好的缓释效果，但由于其毒性而使得使用中受到限制。

Miura[52] 等人认为锌粉中含有 In、Al、Mg、Pb 等元素可以降低锌粉中汞含量，而不影响电池的正常使用。Katsuo[53] 等人在专利号为 JP61，176，068A（1986）的日本专利中指出，将锌粉放入含有 $SnCl_2$ 的水溶液中进行表面处理一段时间后，过滤、清洗、干燥，从而得到表面含有锡的锌粉，这种锌粉在碱液中析氢量明显降低。

宋焕巧[54] 等公开了一种延长锌空气电池储存寿命的无机代汞缓蚀剂，由多种无机化合物复合而成，包括以下任二种或多种阴离子基团：SnO_3^{2-}、Cl^-、SO_4^{2-}、OH^-、NO_3^-、SiO_3^{2-}、PO_4^{3-}、柠檬酸根。还包括以下任一种至五种阳离子：Y^{3+}、Bi^{3+}、In^{3+}、Ca^{2+}、Ce^{4+}、Na^+、La^{3+}、Ag^+。添加此缓蚀剂的锌电极与含汞 6% 的锌电极在（50±1）℃中储存相同时间后于相同型号的锌空气电池中测试电池的放电性能相当。该缓蚀剂主要通过几种无机物的协同作用改善锌的沉积质量，提高析氢过电位从而减少氢气的析出，减缓锌的自腐蚀反应。

王建明[55] 公开了一种锌系列电池中的无机代汞缓蚀剂，该缓蚀剂主要由一些无机化合物复合而成，其分子式为 $M_y X_z$，阴离子基团 X 可以为 SO_4^{2-}，Cl^-，PO_4^{3-}，NO_3^-，SiO_3^{2-}，SCN^-，OH^-，S^{2-}，酒石酸根，柠檬酸根，偏磷酸根中的一种或几种。

对应的阳离子 M 可以为 Ca^{2+}，Mg^{2+}，Cs^+，Li^+，Na^+，Al^{3+}，Sn^{2+}，In^{3+}，Sb^{3+}，Bi^{3+}，Ga^{3+}，Ce^{3+}，La^{3+}，Ag^+ 等金属离子中的二到五种，其相对于锌粉的添加量为 $0.005\sim5$ wt%，采用含有 $CeCl_3$ 0.3%、CsOH 0.6%、$GaCl_3$ 0.7%、$AgNO_3$ 0.4%组成的缓蚀剂的锌粉在碱液中储存 14 天，测得析氢量为 0.45 mL，接近含 Hg 4%的锌粉的析氢水平。

费锡明等[56]研究了在锌负极铜集流体表面电沉积致密的铟、锌、锡单层金属和锌铟、锡铟、锌锡双层金属对锌在 7 mol/L KOH 溶液中析氢量的影响，结果表明无论是双层还是单层镀层，含有铟镀层的集流体能有效降低析氢量。

金属氧化物因其能够提高析氢过电位而受到研究者的关注。目前研究较多的金属氧化物缓蚀剂有，氧化铟 In_2O_3、氢氧化铟 In $(OH)_3$、氧化铊 Tl_2O_3、氧化铅 PbO、氧化镉 CdO、氧化镓 Ga_2O_3、氢氧化钙 Ca $(OH)_2$、二氧化钛等[57]。LEE 等[58]研究表明，在锌颗粒中混合金属氧化物 Bi_2O_3、In_2O_3、Al_2O_3 可抑制锌电极在碱性溶液中腐蚀，其中 Al_2O_3 的缓蚀效果最好，Bi_2O_3 的缓蚀效果最差，在锌颗粒表面负载一层薄的金属氧化物可阻止金属锌直接暴露在 KOH 溶液中，从而起到缓蚀的作用，但效果均不够理想。

6.4.3.2 有机缓蚀剂

随着对锌空气电池中有机缓蚀剂的研究深入，人们基于有机物的结构及其介电常数，对于有机物如何起到缓释性能提出了多种理论。

吸附理论认为，有机缓蚀剂之所以能达到缓蚀的作用，是由于在电极表面形成了具有物理屏障作用的吸附层，该吸附层由有机缓蚀剂通过物理或化学吸附而形成；电化学理论认为，有机缓蚀剂之所以能达到缓蚀的作用，是由于其能够提高阴极反应或阳极反应的活化能，该活化能的提高是因为有机缓蚀剂吸附在电极表面，占据了电极表面腐蚀反应的活性位点。常见的有机缓蚀剂为杂环化合物与表面活性剂。对于杂环类锌缓蚀剂，其结构中常常需要有 N、O、P、S 等杂原子或 π 电子体系从而更容易吸附在锌的表面，吸附的作用越强，缓蚀的效果就越好。表面活性剂类锌缓蚀剂主要是通过其亲水和疏水基团的作用来达到缓蚀作用。亲水端吸附在锌表面，疏水端通过形成疏水层来降低锌附近 H_2O 和 OH^- 的浓度来达到缓蚀的目的。一般来说，亲水端与锌结合得越稳定、疏水端形成的疏水性越强，缓蚀的效果就越好[59-60]。常见的有机缓蚀剂包括含氟表面活性剂、十六烷基三甲基溴化铵、吐温-20、聚乙烯醇[61]、十二烷基苯磺酸钠、十二烷基苯硫酸钠、六次甲基四胺、硫脲等[62]。Rossler[63]等人指出，聚氧乙烯磷酸酯通过在锌表面上吸附而抑制氢气的产生和锌阳极溶解，其含量为 0.001%～5%（相对于锌粉重量）。

6.4.3.3 复合缓蚀剂

无机缓蚀剂的优点在于能够提高析氢过电势，并改善锌的沉积形态，但是其不能很好地抑制阳极的溶解；有机缓蚀剂则弥补了无机缓蚀剂的上述缺点，其不仅可以提高析氢过电势，还能抑制阳极溶解，但其也存在一定的缺点，例如在强碱性条件及强极化条件下不稳定和吸附强度的问题。结合两者的优缺点，在实际应用中，为了发挥各自的作用以及两者的协同作用，往往同时加入这两类锌缓蚀剂。

宋焕巧[64]公开了一种用于碱性电池锌电极的代汞缓蚀剂，该缓蚀剂由无机缓蚀剂和有机缓蚀剂进行复配而成，无机缓蚀剂的用量占锌电极重量的 100～600 ppm，有机缓蚀剂的用量占锌电极重量的 1～100 ppm。无机缓蚀剂为 $CaCl_2$、In（OH）$_3$、柠檬酸钠、Na_2SnO_3 中的一种或两种，有机缓蚀剂为十二烷基苯磺酸钠、聚乙二醇 400、吐温 20、十二烷基硫酸钠中的两种或四种。利用无机缓蚀剂和有机缓蚀剂的协同作用，达到提高锌电极的储存性能的目的，且能提高活性物质利用率。

6.5　镁空气电池

6.5.1　镁空气电池的结构

镁空气电池最早是由 General Electric（GE）公司于 1960 年制造的。镁空气电池由镁合金负极、电解液以及空气正极三部分组成。正极包括催化层和气体扩散层，负极为镁合金，电解液一般为无机盐溶液，也可以是碱溶液或恒温离子液体。

镁空气电池中的电化学反应表示为：

负极反应：$2Mg + 4OH^- \longrightarrow 2Mg（OH）_2 \downarrow + 4e^-$　　$E = -2.69 \ V$

正极反应：$O_2 + 2H_2O + 4e^- \longrightarrow 4OH^-$　　$E = 0.40 \ V$

总反应：$2Mg + O_2 + 2H_2O \longrightarrow 2Mg（OH）_2 \downarrow$　　$E_{overall} = 3.09 \ V$

在实际的原电池放电过程中，还伴随着镁合金自腐蚀析氢反应：

$$Mg + 2H_2O \longrightarrow Mg（OH）_2 + H_2 \uparrow$$

镁合金的自腐蚀行为会大大降低阳极的利用率，造成容量损失。开路电压也远低于理论值。

镁空气电池具有高的能量密度，在一定条件下可大功率平稳放电。其充电时间短，仅需更换镁板和电解质。镁空气电池具有易于储存、安全性高、对工作环境的适应性强和容易回收的优点，但由于其电极反应的效率低、成本高等问题，镁空气电池一直未能普及。

6.5.2　镁阳极的研究进展

6.5.2.1　镁合金

普通镁（90%～99%）中由于杂质的存在，易发生微观原电池腐蚀反应，容易形成钝化膜，阻碍 Mg^{2+} 的迁移，使电池产生滞后效应。目前主要通过合金化技术来改善镁合金阳极材料的电化学性能。将镁与合金元素制成二元、三元及多元镁合金，可以增大析氢反应的过电位，降低自腐蚀速率；使镁合金表面完整、致密的钝化膜变成疏松多孔、易脱落的腐蚀产物，促进电极的活性溶解。

作为电极添加剂的合金元素大体上可以分为两类：一类为"缓蚀"元素，如 Al、Zn、Pb、Ga、Tl、Hg、Mn、Bi 等。这些合金元素属于高析氢过电位金属，减缓了镁合金的阳极氧化反应，即降低腐蚀析氢速率。另一类是"活化"元素，如 Ga、In、Tl、Sn 等。其作用主要是破坏致密钝化层的形成，降低镁表面钝化层中离子传导的电阻。同时含有"缓蚀"和"活化"这两类合金元素的镁合金电极的性能明显优于仅含一类合金元素的镁合金电极的性能。

根据电极添加剂（合金添加元素）的"活化"和"缓蚀"作用，目前研究的作为化学电源阳极材料的镁合金主要有如下几个系列。

Mg—Mn 系列

镁锰系镁合金是一种常用的牺牲阳极材料，它具有驱动电位大，电化学活性高，环保无污染的优点。其典型代表为 DOW Chemical 公司研制的 Mg—Mn 镁阳极。但是，相比锌阳极、铝阳极，镁锰阳极的自腐蚀还是比较严重，利用率较低，消耗较快，使用成本相对较高。同时在铸造工艺中，其容易在熔炼过程中生成夹杂物及其他铸造缺陷，也会对材料电化学性能产生不利影响。

Mg—Al—Zn 系列镁合金阳极

Al 和 Zn 的添加有效地抑制了镁合金的自腐蚀，但同时表面致密的钝化膜也导致 AZ 系列合金放电时存在较严重的滞后效应，且其电极电位较正，放电活性偏低。主要应用在一些小功率、长时间使用的水下设备动力电源中或作为低电位的牺牲阳极材料。

Song 等[65]对 AZ 系列合金在中性盐（NaCl）溶液中的腐蚀行为进行了研究。这类合金的晶相结构通常是 α 相（与纯镁相同晶体结构的 Mg—Al—Zn 固溶体，α—Mg）的单相结构，如 AZ21；或 α 相与 β 相（$Mg_{17}Al_{12}$）两相结构，如，AZ31、AZ61、AZ91 等。不同晶相结构的镁合金的腐蚀速率和腐蚀电位不同，β 相更耐蚀，其对合金腐蚀的影响有两种：当 β 相的体积分数很小时，β 相充当阴极，促进 α 相的腐蚀；当 β 相的体积分数很大时，其可形成连续的网络，起到阳极的屏障作用，阻止 α 相腐蚀的扩展。合金中 Al 元素的作用是提高合金中基相的钝性，同时有利于更耐蚀的 β 相的生成。

徐宏妍[66]以 Mg—Al—Zn 系列中较常见的 AZ80 合金为研究对象，通过镁合金表面包覆一层铝（或铝合金），然后在较高温度和适当条件下进行塑性变形，这样铝包覆层与镁合金基体在结合面处就会形成一定的以金属间化合物 $Mg_{17}Al_{12}$ 为主的扩散过渡区，该化合物具有较好的耐蚀性，塑性变形可以使镁合金基体和铝包覆层的晶粒细化。通过对其腐蚀性能和镁合金强度性能进行测试，镁合金的腐蚀电位（$-1417\ mV_{SCE}$）正向上升了 192 mV，并且表面明显处于钝化状态，AZ80 镁合金在 380 ℃进行锻造塑性变形（包覆层变形程度 65%）后，抗拉强度由铸态的 180 MPa 增强到 250 MPa；另外，对 AZ80 镁合金在 380 ℃进行热挤压的塑性变形（挤压比为 50）后，轴向的抗拉强度由铸态的 250 MPa 增强到 300 MPa。

Mg—Al—Pb 和 Mg—Al—Tl 系列镁合金阳极

Mg—Al—Pb 和 Mg—Al—Tl 系列的典型代表由英国镁电子公司研制生产，二者作为电池阳极材料被广泛运用到各种型号的鱼雷中，是当今镁阳极材料的标杆。Mg—Al—Tl 系列含有剧毒物质铊，鲜见于报道。Mg—Al—Pb 和 Mg—Al—Tl 系镁合金阳极的性能均优于 Mg—Al—Zn（AZ）系列镁合金阳极。

Udhayan 等[67]对 AP65 镁合金在盐溶液中的利用和腐蚀效率进行了研究，并与 AZ 系列镁合金进行了比较，发现开路电位和腐蚀速率的下降顺序为 Mg＞AP65＞AZ61＞AZ31。并认为，AP65 中的 Pb 起到了"活化"作用，这是由于高过电位金属 Pb 的存在导致合金电极的电位更负，使得附着在电极表面的氧化膜易于脱落，降低了钝化效应。而 AZ 系列合金中低析氢过电位金属 Zn 的存在作用刚好相反，其使得合金电极的电位正移，在电极表面形成相对厚而且致密的钝化膜，因此 AZ 系列合金，特别是 AZ31 的放电活性低，腐蚀速率也低。

Mg—Hg—X 和 Mg—Ga—X 系列镁合金阳极

马正青等[68]对 Mg—Hg—X 合金的活化机理进行了研究，认为合金活化的原因在于高析氢过电位元素的溶解—沉积过程的反复进行，使镁基体表面的钝化膜结构不断被破坏，这样镁基体就能持续暴露在电解质溶液中，阳极材料的电化学反应才能继续发生下去。

李华伦[69]等在专利 200810127885.6 中公开了一种鱼雷电池阳极镁合金生产方法，其所设计的镁合金的成分为 Mg、1.2～1.4 wt％Hg、0.5～0.7 wt％Ga、0.02％Ce，其采用近终成形铸轧薄板方法和多道次冷轧方法生产，经电化学性能测试结果为：静态腐蚀析氢≤0.10 mL/（cm² · min）；腐蚀电位≤−1.850 V。

房娃等[70]在镁中添加质量百分比为 0.4％～2.5％的 Hg、1.2％～2.8％的 Ga 和 0.001％～0.1％的 Ce 形成混合材料，而后经退火、加压、热轧制等工序制备得到镁合金阳极，通过严格控制合金化元素 Hg、Ga、Ce 的配比及杂质的含量，并经过每次热轧制后进行一次中间退火，并经过去应力退火，提高了组织均匀性，晶粒尺寸细小，成泥少，放电后表面腐蚀均匀，并且电化学性能好，输出电流大，稳定工作时间长。

专利 CN104164600A[71]介绍了一种新型海水电池用镁负极材料及其制备方法，其成分为金属铅（4～6 wt％），金属锡（2～4 wt％），金属镓（1.5～3.5 wt％），稀土（0.1～1 wt％），其余为镁。该材料采用电阻熔炉并加入溶剂金属浇铸成型，最后通过复杂的热处理工艺制备得到所需合金。

专利 CN101527359A[72]介绍了一种水激活电池用镁合金阳极材料，其成分为金属铝（1～7 wt％）、金属镓（0.5～4 wt％），其余为镁。该材料通过铸造、挤压、轧制等加工工艺获得。

冯艳[73]等发现 $Mg_{21}Ga_5Hg_3$ 的含量和分布显著影响合金阳极的放电活性和自腐蚀速率。$Mg_{21}Ga_5Hg_3$ 在 $\alpha-Mg$ 基相中分布得越均匀,电极活性越高。这是因为均匀分布的 $Mg_{21}Ga_5Hg_3$ 相,可形成均匀放电的电极表面,提高活性放电面积。在最佳的 $Mg_{21}Ga_5Hg_3$ 相分布状态下,电极在 $100\ mA\cdot cm^{-2}$ 的放电电流密度下,电位为 $-1.928\ V\ vs.\ SCE$。

Mg—Li 系列镁合金阳极

由于 Li 的高放电活性和高能量密度,当将 Mg—Li 两者形成合金时,可提高 Mg 合金放电活性,减小滞后效应,提高合金电极的比能量。而且,当 Mg—Li 合金中锂含量大于 5.7% 时,Mg 的晶型发生变化,出现体心立方结构的 β 相,从而可改善 Mg 的室温塑性,使其具有良好的室温加工性能。

Lin 等[74]研究了 Mg—Li—Al 三元合金作为电池阳极材料的性能,发现 Mg—Li—Al 合金的开路电位比 AZ31 更负,其耐腐蚀性能和电流效率均优于 AZ31 合金,且随铝含量的增加合金的放电性能提高。

蒋斌等[75]研究了在镁合金中加入锂与铝对镁合金结构与性能的影响,镁合金的组成为 Li 4.0%~6.0%,Al 0.8%~1.2%,杂质≤0.3%;镁余量,其中,锂在镁中增加了镁的活性,锂也是促进生成氢化物的元素,它在镁中可能导致生成大量的氢化物而使镁合金的电极电位负于 $-1.625\ mV$(SHE),氢化物在合金中能以更多种形式存在;因此,Li 加入 Mg 中,使镁合金具有较高的活性,显示出较好的放电特性和放电容量,且表面氧化物易于脱落,铝加入到镁合金中后,可提高析氢过电位,同时使其表面膜含铝而稳定,对镁合金的耐蚀性有利,上述镁合金的铸态平均晶粒尺寸为 $386\ \mu m$,挤压态平均晶粒尺寸为 $60\ \mu m$,晶粒组织细小均匀,强度和塑性增加,后续加工性能良好。

6.5.2.2 镁阳极加工方式

变形镁合金是经过塑性变形加工而成的一种镁合金,与铸造镁合金相比,其具有更好的综合力学性能。镁属于密排六方晶体结构,塑性加工性能差,镁合金变形具有很大困难,需要合适的热处理工艺消除加工硬化,提高成型性。合理的热处理工艺还能改善加工成型后板材组织存在的很多缺陷,如晶粒、晶界、杂质、过剩相和缺陷沿表面被大幅度拉长,消除薄板中的残余应力,避免应力腐蚀和剥层腐蚀造成的阳极材料层状剥落,提高电池性能。

王日初[76]采用流动冷空气淬火、变温多次退火的方法,提高镁阳极的成型性,其中的关键在于温度的选择和控制:一是固溶温度,688 K 下合金处于 Mg 的单相区,且接近 Mg 的固相线,因此合金元素能最大限度地固溶进基体,使得板材成型性能得到很大提高,不会出现轧裂的情况。二是轧制中间退火温度,653 K 达到阳极材料的动态再结晶温度,轧制时发生的再结晶降低了晶粒、晶界、杂质、过剩相和缺陷沿表面被拉长的程度,提高了阳极材料的耐腐蚀性能。三是成品退火温度,433~488 K 退火能使适量的阴极性第二相弥散均匀地析出在晶内,阴极第二相造成 Mg 基体的溶解,从而产生点蚀，并破坏合金表面的结构，使钝化膜破裂，活化溶解开始。由此保证镁阳极板材轧制到 0.1 mm 不开裂，并且晶粒细小，组织均匀，减少了晶粒、晶界、杂质、过剩相和缺陷沿表面被拉长的程度，消除残余应力；控制轧制后的板材析出适量对电化学活性有利的第二相，使其在晶内弥散分布。

通过镁合金塑性变形加工以期望获得更好的性能是通常的做法。例如，专利200710143645.0[77]公开了一种"镁空气燃料电池阳极材料的制造方法"其步骤包括：制备洁净镁；将洁净镁进行合金化处理；添加晶粒细化剂并通过冷却速率及结晶器的结构将合金化的洁净镁制成晶粒细小的镁合金棒材；以及将板材加工成板材。专利200810127885.6[78]公开了一种鱼雷电池阳极镁合金生产方法，其所设计的镁合金的成分为"Mg、1.2～1.4 wt％Hg、0.5～0.7 wt％Ga、0.02％Ce"，其采用近终成形铸轧薄板方法和多道次冷轧方法生产。专利 CN200810127886.0[79]公开了一种鱼雷电池的含汞阳极镁合金材料的熔炼方法，其通过化合物汞合金化方法、汞蒸气硫化复合方法和低温熔炼方法制备。专利 03142626.3[80]公开了"镁电池阳极板材"，其所设计的材料中含 Al 5％～8％、Zn 0.5％～2.5％、Mn 0.1％～0.5％、0.1％～1.0％的多元微量添加剂；其通过连续铸造或连续铸轧得到；其所得板材的金相组织为由表面层向内生长的柱状晶，且组织致密的 Mg－Al－Zn－Mn 合金。

ChunMing Zhao, Ming Liu 等[81]从镁合金的组成相角度来研究了它的腐蚀。经过研究，在 AZ91 镁合金中，第二相 β 相对基体的耐蚀性能具有双重效果。晶粒尺寸、晶体缺陷（位错和孪晶）以及表面状态等因素成为 AZ31 镁合金电化学性能差异的主要原因。

Guangling Song, Amanda L. Bowles 等[82]研究了时效处理对压铸 AZ91D 镁合金的腐蚀性能影响。研究表明，随着时效时间的增加，镁合金的耐蚀性能呈现先增加后降低的趋势。

Zhao 和 Bian 等人[83]对镁合金挤压板和轧制板，以及轧制板的不同厚度对镁海水激活电池放电性能的影响进行了研究。经挤压、退火然后轧制的板材，拥有较小的晶粒尺寸。不同厚度轧板，随着变形量的增加，热轧板的晶粒越细小，组织越均匀，镁负极拥有较高的电化学活性，放电电流越大，放电时间有些许减少。这是随着阳极反应的进行，第二相粒子不断脱落的结果。随着退火时间的增加，合金的 Mg－Al 第二相部分溶解进入基体，晶界趋向一致，提高了电极的活性。

Song 和 Xu 等[84]研究了各种预处理对镁合金电化学性能的影响，包括热处理、抛光、酸洗、喷砂等，其选择了 AZ31 镁合金轧制板材。通过研究发现，抛光和酸洗有助于去除材料表面的杂质元素，而喷砂使得电极表面具有矫正的电极电位，能够加速具有较低负电位的基体的腐蚀。

马润芝[85]等对镁合金的挤压加工温度进行了研究，其中，镁合金由镁、铝、锂、锌、二氧化锰、稀土金属组成，所述镁合金各组分的重量百分比含量为：镁 80.0％～

86.0％，铝 3.1％～7.6％，锂 3.5％～9.2％，锌 0.8％～2.0％，二氧化锰 0.2％～1.5％，稀土金属 0.5％～5.0％，通过在 473～493 K 挤压固化好的镁合金，可使挤压塑性变形后的镁合金的晶格分布均匀，晶粒直径可有效控制在 5～18 μm，由此改善镁阳极放电时能够均匀腐蚀的能力，增加了镁合金组织的致密性，并有效提高制备完成的阳极的强度和韧性。

在材料加工的过程中，轧制过程也会影响镁合金的电化学性能，例如会引起镁合金微观组织各向异性特性，使得同一块轧板，在其不同的侧面具有不同的电化学耐蚀性能[86]。在含铝量较高的镁合金中，如 AZ61，轧制处理不仅使板材截面的晶粒大小悬殊，同时出现 Al 含量较低的带状组织，没有如表面和侧面的表面膜层的较强保护作用[87]，且侧面和截面具有较多的位错与缺陷，使得轧板截面拥有较表面、侧面差的耐蚀性能。这为我们提高板材的耐蚀性能，选择合适的轧制方式提供了参考。

6.6　空气电极

空气电极是金属空气电池中最重要和最基本的组成部分之一，金属空气电池的性能很大程度上取决于空气电极侧的电化学反应。在过去的 40 年中，人们为了改进金属空气电池中的空气电极性能做出了很大的努力。好的空气电极应当满足如下基本的要求：

(1) 高的比表面积，具有足以促进氧气还原反应的电化学活性；

(2) 合适的孔隙率以及气体扩散通道；

(3) 良好的电导率；

(4) 相对于电解液具有足够的化学和/或电化学稳定性；

(5) 较轻的质量从而减小整个电池的重量；

(6) 合适的、价格低廉的催化剂以催化电极上的氧化还原反应。

良好的循环操作寿命、电极结构强度以及催化活性对于好的空气电极来说也是很重要的因素，尤其是对于二次金属空气电池。

空气电极一般是由催化层、集流体、防水透气层组成，ORR 反应发生在催化层，为了保证反应顺利进行，催化层中必须存在大量的气/液/固三相反应界面，因此制备空气电极很重要的一个环节是尽可能增加三相界面的数量和面积。其中催化层由载体、催化剂和黏结材料制备，载体采用高比面积碳材料，例如活性炭，黏结材料，例如采用聚四氟乙烯。

金属空气电池的性能很大程度上受制于催化剂的性能。空气电极中氧还原和析出的过电势较大，大大降低了电池的性能。为了减小过电势，降低电极极化，使用透气性能良好的三相多孔电极来提高氧的传质速度，另一方面选择导电性能强、化学性能稳定并且催化活性高的催化剂来降低氧还原的电化学极化。目前空气电极中常用的催化剂有 Pt、Ag、金属氧化物（MnO_2、$NiO+Li_2O$、Co_2O_3），尖晶石型金属氧化物（$NiCo_2O_4$、$MnCo_2O_4$ 和 $CoAl_2O_4$）、钙钛矿型金属氧化物（$LaCoO_3$、$La_{1-x}Sr_xCoO_3$ 和 $La_{1-x}Sr_xMnO_3$）等。其中与燃料电池不同的是，催化剂 Pt 对于金属空气电池来说并不是很有效的催化剂，尤其是在充电反应中。相反，Ag 相较于 Pt 具有显著的高还原活性和良好的稳定性。在上述催化剂中，最常使用的催化剂为 MnO_2。

6.7　总结与展望

金属空气电池在低消费、高耗能的能量存储装置中具有很大的应用前景，相较于其他类型的电池，金属空气电池具有高的比容量和能量密度、低的阴极成本等优点，同时也具有最大功率限制、电解液挥发和溢流、无法避免的副反应以及容易堆积的固相放电产物等缺点。截至目前的研究表明，在各类金属空气电池中，锌空气电池和锂空气电池被认为是最有希望在实际应用中发挥作用的两种电池。锌空气电池是目前唯一广泛应用到商业产品中的金属空气电池，近年锂空气电池也吸引了很多的关注，并被认为是下一代能量存储装置中非常有竞争力的候选者。

锌空气电池是高能量密度体系的最佳候选，由于相较于市场上其他阳极具有更大的容量，锌阳极更适用于高耗能电池。对于锌二次电池来说，更好地控制锌电极的物理形态能够提高电池的循环寿命并使得其更容易商业化。基于锌空气电池的机理，锌阳极通常作为能量携带者。锌材料能够被加工或利用的多样性和多功能性使得其能够进一步被开发，并发展为非传统意义上的电化学能源。

虽然在初级锂空气电池的研究上已经取得了显著的进步，然而在二次锂空气电池能够实际应用前仍然有很多工作要做。非水电解液锂空气电池的充放电机理还需要进一步的研究和探讨，除此以外，为了降低电压滞环和提高电池的可逆性，需要更好的双功能催化剂。而且在水性电解液基质的锂空气电池中，需要对阳极表面进行更好的保护，同时要避免二氧化碳进入锂空气电池体系。对于非水电解液锂空气电池而言，如何避免水的掺杂引入是制备其该类电池的关键。尽管存在上述困难，相较于过去，现代社会越来越需要具有超高能量密度的能量存储装置。而锂空气电池是少数能够在能量密度方面超越锂离子电池的竞争者之一，如果我们想在电动车辆和大型电力供应方面实现长远的目标，则对锂空气电池的研究是有必要的。因此，二次锂空气电池作为下一代能量存储装置很有潜力超越锂离子电池。

参考文献

[1] Q. Li, N. J. Bjerrum. Aluminum as anode for energy storage and conversion：A review [J]. Power Sources, 2002, 110 (1)：1—10.

[2] S. Zaromb. The use and behavior of aluminum anodes in alkaline primary batteries

[J]. Electrochem. Soc., 1962 (109)：1125—1137.

[3] L. Trevethan, D. Bockstie, S. Zaromb. Control of Al corrosion in caustic solu-tions [J]. Electrochem. Soc., 1963, 110 (4)：267—271.

[4] 师昌绪, 李恒德, 王淀佐, 等. 加速我国金属镁工业发展的建议 [J]. 材料导报, 2001, 15 (4)：5—6.

[5] Matsushita Electric Industrial Co., Ltd., Magnesium alloy battery：美国, 6265109B1 [P]. 2001—07—24.

[6] Zhang H L, Wang W J. Review on rechargeable magnesium battery [J]. Modern Chemical Industry, 2002 (11)：13—16.

[7] Abraham K, Jiang Z. A polymer electrolyte-based rechargeable lithium/oxygen battery [J]. Electrochem. Soc., 1996 (143)：1—5.

[8] Semkow K W, Sammells A F, et al. A lithium oxygen secondary battery [J] J. Electrochem. Soc., 1987 (134)：2084—2085.

[9] Ogasawara T, Débart A, Holzapfel M, et al. J. Am. Chem. Soc. 2006, 128, 1390.

[10] 苏州迪思伏新能源科技有限公司. 一种基于嵌锂石墨的可充放锂离子氧气电池的制备方法：中国, 105024113A [P]. 2015—11—04.

[11] Walker W, et al. A rechargeable Li—O$_2$ battery using a lithium nitrate/N, N-dimethylacetamide electrolyte [J]. Journal of the American Chemical Society 2013 (135)：2076—2079.

[12] 宋洪峰. 一种锂空气电池及其制备方法：中国, 104218275A [P]. 2014—12—17.

[13] 宣良国. 锂空气电池：中国, 102948006A [P]. 2013—02—27.

[14] Read J. Characterization of the lithium/oxygen organic electrolyte battery [J]. Journal of the Electrochemical Society, 2002, 149 (9)：A1190—A1195.

[15] 张新波. 锂空气电池用砜类电解液：中国, 103208668A [P]. 2013—07—17.

[16] Kuboki T, Okuyama T, Ohsaki T, et al. Lithium-air batteries using hydrophobic room temperature ionic liquid electrolyte [J]. Journal of Power Sources, 2005 (146)：766—769.

[17] 宝马股份公司. 锂空气电池组：中国, 106463803A [P]. 2017—02—22.

[18] 丰田自动车工程及制造北美公司. 用于金属—空气电池的水增强离子液体电解质：中国, 105591177A [P]. 2016—05—18.

[19] Zhang T, Imanishi N, Hasegawa S, et al. Li/polymer electrolyte/water stable lithium-conducting glass ceramics composite for lithium-air secondary batteries with an aqueous electrolyte [J]. J. Electrochem. Soc., 2008 (155)：A965—A969.

[20] 刘方超. 一种全固态锂—空气电池及制备方法：中国, 105870548A [P]. 2016—

08—17.

[21] 董全峰. 一种锂电池用固体电解质材料及其制备方法和应用：中国，106532112A [P]. 2017—03—22.

[22] Streicher M A. The dissolution of aluminium in sodium hydroxide solutions [J]. Journal of the Electrochemical Society，1948，93（6）：285—316.

[23] Roald B，Streicher M A. Corrosion rate and etch structures of aluminum effect of heat treatment and impurities [J]. Journal of the Electrochemical Society，1950，97（9）：283—289.

[24] Doche M L，et al. Characterization of different grades of aluminum anodes for aluminum/air batteries [J]. Journal of Power Sources，1997，65（1）：197—205.

[25] Macdonald D D，Lee K H，Moccari A，et al. Evaluation of alloy anodes for aluminium-air batteries：Corrosion studies [J]. Corrosion，1988，44（9）：652—657.

[26] Tuck C D S，Hunter J A，Scamans G M. The electrochemical behavior of Al-Ga alloys in alkaline and neutral electrolytes [J]. Journal of the Electrochemical Society，1987，134（12）：2970—2981.

[27] Wilhelmsen W，Arnesen T，Hasvold，et al. The electrochemical behaviour of Al In alloys in alkaline electrolytes [J]. Electrochemical Acta，1991，36（1）：79—85.

[28] Keir D S，Pryor M J，Sperry P R. The onfluence of ternary alloying additions on the galvanic behavior of aluminum-tin alloys [J]. Journal of the Electrochemical Society，1969，116（3）：319—322.

[29] Jeffrey P W，Halliop W，Smith F N. Aluminium anode alloy：EP0209402A1 [P] .1987—01—21.

[30] 陈永秘. 四元合金铝空气电池：中国，105845919A [P]. 2016—08—10.

[31] 马景灵. 一种空气电池用铝合金阳极材料、制备方法：中国，105140596A [P]. 2015—12—09.

[32] 李晓翔. 一种新型铝空气电池用铝合金阳极材料的研究 [J]. Material Sciences（材料科学），2012，2（1）：52—57.

[33] 王勤. 铝合金电极材料、其制备方法及其应用：中国，106191571A [P]. 2016—12—07.

[34] 王日初. 一种海水动力电池用铝阳极材料：中国，101814595A [P]. 2010—08—25.

[35] 汪云华. 盐水铝空气电池用铝合金负极及其制备方法：中国，106340612A [P]. 2017—01—18.

[36] 谢刚. 一种铝—空气电池用八元铝合金阳极的制备方法：中国，104532037A [P]. 2015—04—22.

[37] A R Despic, D M Drazic, M M Pupennovic, et al. Electrochemical propertied of aluminum alloys containing indium, gallium and thallium [J]. J Applied Electrochemistry, 1976 (60): 527—542.

[38] S B Saidman, J B Bessone. Cathodic polarization characteristica and activation of aluminum in chloride solutions containing indium and zinc ions [J]. J Applied Electrochemistry, 1997 (27): 731—737.

[39] A Tamada, Y Tamura. The electrochemical characteristics of aluminum galvanic anodes in an arctic seawater [J]. Corrosion Science, 1993, 34 (2): 261.

[40] Ei Shayeb H A, Abd Ei Wahab F M, Zein Ei Abedin S. Electrochemical behaviour of Al, Al—Sn, Al—Zn, Al—Sn—Zn alloys [J]. Journal of Applied Electrochemistry, 1999, 29 (4): 473.

[41] I, Gurrappa, J A Karinik. The effect on tin—activated aluminum-alloy anodes of the addition of bismuth [J]. Corrision Prevention and Control, 1994, 41 (5): 117.

[42] A M M M Adam, N Borràs, E Pèrez. Elecreochemical corrosion of an Al—Mg—Cr—Mn alloy containing Fe and Si in inhabited alkaline solutions [J]. J Power Sources, 1996 (58): 197—203.

[43] Duracell Inc. Zinc electrode particle form: US6, 284, 410B1 [P]. 2001—09—04.

[44] Eveready Battery Company. Electrode for an electrochemical cell including ribbons: US6, 221, 527B1 [P]. 2001—04—24.

[45] Eveready Battery Company. Zinc anode for an electrochemical cell: US6, 022, 639B1 [P]. 2000—02—08.

[46] Union Carbide Corporation. Zinc fibers and needles and galvanic cell anodes made there from: US3, 853, 625 [P]. 1974—12—10.

[47] Noranda Inc. Zinc powders for use in electrochemical cells: WO2004/012886A2 [P]. 2004—02—12.

[48] Jones R L. Reaction of vanadium compounds with ceramic oxides [J]. J Electro-chem Soc, 1986, 133: 227.

[49] Stott F H, Wood G C, Stringer J. The influenceof alloying elements on the development and maintenance of protective scales [J]. Oxid Met, 1995 (44): 113.

[50] Rahmel A, Schutze M. Mechanical aspects of the rare-earth effect [J]. Oxid Met, 1992 (38): 255.

[51] 章小鸽, 等. 用于电化学电池组和电池的锌粉和纤维混合物: 中国, 102195043A [P]. 2011—09—21.

[52] Akira Miura. Matsushita Electric Industrial Co. zinc—alkaline battery: US 4,

735，876 [P]. 1988—04—05.

[53] Katsuo. Alkaline battery：JPS61，176，068A [P]. 1986—08—07.

[54] 宋焕巧，杨维谦，北京中航长力能源科技有限公司. 延长锌空气电池储存寿命的无机代汞缓蚀剂：中国，102738468A [P]. 2012—10—17.

[55] 王建明. 一种碱性锌系列电池中代汞缓蚀剂：中国，1147158A [P]. 1997—04—09.

[56] 费锡明，彭历，黄正喜，等. 无汞碱锰电池锌负极的研究（Ⅱ）[J]. 华中师范大学学报（自然科学版），2001，35（1）：57—60.

[57] 王国庆，等. 一种锌空气电池用锌电极的制备方法：中国，102509774A [P]. 2012—06—20.

[58] Lee S M，Kim Y J，Eom S W，et al. Improvement in self-discharge of Zn anode by applying surface modification for Zn-air batteries with high energy density [J]. Journal of Power Sources，2013（227）：177—184.

[59] 孟凡桂，唐有根，蒋金芝，等. 碱锰电池有机代汞缓蚀剂的研究 [J]. 电源技术，2004，28（3）：137—140.

[60] Ein-Eli Y，Auinat M，Starosvetsky D. Electrochemical and surface studies of zinc in alkaline solutions containing organic corrosion inhibitors [J]. Journal of Power Sources，2003，114（2）：330—337.

[61] 王国庆，杨维谦. 一种锌空气电池用锌电极的制备方法：中国，102509774A [P]. 2012—06—20.

[62] 周震涛，赵晶. 一种干荷电式锌空气电池：中国，1617383A [P]. 2005—05—18.

[63] Eleanor J，Rossler. Hydrogen evolution inhibitors for cells having zinc anodes：US4，195，120 [P]. 1980—03—25.

[64] 宋焕巧，杨维谦. 用于碱性电池锌电极的代汞缓蚀剂：中国，102709608A [P]. 2012—10—03.

[65] 宋光铃. 镁合金腐蚀与防护 [M]. 北京：化学工业出版社，2006，179—188.

[66] 徐宏妍，等. 铝包覆与塑性变形相结合的镁合金防腐工艺：中国，102560300A [P]. 2012—07—11.

[67] Udhayan R，Bhatt D P，On the corrosion behaviour of magnesium and its alloys using electrochemical techniques [J]. Journal of Power Sources，1996（63）：103—108.

[68] 马正青，黎文献，余琨，等. 海水介质中高活性镁合金负极的电化学性能 [J]. 材料保护，2002（35）：16—18.

[69] 李华伦. 鱼雷电池阳极镁合金板生产方法：中国，101623699A [P]. 2010—01—13.

[70] 房娃. 海水电池用镁合金负极材料的制备方法：中国，105755338A [P]. 2016—07—13.

[71] 吴寅. 一种新型海水电池用镁负极合金材料及其制备方法：中国，104164600A

[P]. 2014—11—26.

[72] 余琨. 一种水激活电池用镁合金阳极材料及其制造方法：中国，101527359A [P]. 2009—09—09.

[73] 冯艳，王日初，彭超群，等. Thermodynamic reassessment of Ga—Hg and Mg—Hg systems [J]. 中南大学学报：英文版，2009（16）：32—37.

[74] Lin M C, Tsai C Y, Uan J Y. Electrochemical behaviour and corrosion performance of Mg—Li—Al—Zn anodes with high Al composition [J]. Corrosion Science, 2009（51）：2463—2472.

[75] 蒋斌. 用作电池负极的镁合金板材及其制备方法：中国，102925772A [P]. 2013—02—13.

[76] 王日初. 镁动力电池阳极板材的热处理方法：中国，101409340A [P]. 2009—04—15.

[77] 徐河. 镁空气燃料电池阳极材料的制造方法：中国，101368241A [P]. 2009—02—18.

[78] 李华伦. 鱼雷电池阳极镁合金板生产方法：中国，101623699A [P]. 2010—01—13.

[79] 李华伦. 鱼雷电池含汞阳极镁合金熔铸方法：中国，101624661A [P]. 2010—01—13.

[80] 李华伦. 镁电池阳极板材：中国，1461067A [P]. 2003—12—10.

[81] Zhao C M, Liu M, Song G, et al. Influence of the β—phase morphology on the corrosion of the Mg alloy AZ91 [J]. Corrosion Science, 2008, 50（7）：1939—1953.

[82] Song G, Bowles A L, StJohn D H. Corrosion resistance of aged die cast magnesium alloy AZ91D [J]. Materials Science and Engineering：A, 2004, 366（1）：74—86.

[83] Zhao H, Bian P, Ju D. Electrochemical performance of magnesium alloy and its application on the sea water battery [J]. Journal of Environmental Sciences, 2009（21）：S88—S91.

[84] Song G L, Xu Z. The surface, microstructure and corrosion of magnesium alloy AZ31 sheet [J]. Electrochimica Acta, 2010, 55（13）：4148—4161.

[85] 马润芝. 一种镁合金燃料电池的阳极及其制备方法：中国，102005577A [P]. 2011—04—06.

[86] 李凌杰，等. AZ61镁合金轧制板材的腐蚀行为研究 [J]. 稀有金属材料与工程，2011，40（11）：2018—2021.

[87] 卫英慧，许并社. 镁合金腐蚀防护的理论与实践 [M]. 冶金工业出版社，2007：67—77.

第7章 液流电池

液流电池（Flow Redox Cell）或称氧化还原液流蓄电池，最早由 L. H. Thaller 于 1974 年公开发表，并在之后申请了专利 US3996064A[1]。该电池通过正、负极电解质溶液活性物质发生可逆氧化还原反应（即价态的可逆变化）实现电能和化学能的相互转化。充电时，正极发生氧化反应使活性物质价态升高，负极发生还原反应使活性物质价态降低，放电过程与之相反。与一般固态电池不同的是，液流电池的正极和（或）负极电解质溶液储存于电池外部的储罐中，通过泵和管路输送到电池内部进行反应。

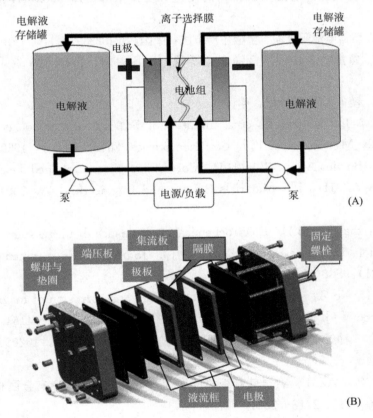

图 7-1 液流电池的原理图及电堆结构示意图

图 7-1 是液流电池的原理图及电堆结构示意图。电池的正极和负极电解液分别装在两个储罐中，利用送液泵使电解液通过电池循环。在电堆内部，正、负极电解液用

离子交换膜（或离子隔膜）分隔开，电池外接负载和电源。液流电池技术作为一种新型的大规模高效电化学储能（电）技术，通过反应活性物质的价态变化实现电能与化学能相互转换与能量存储。在液流电池中，活性物质储存于电解液中，具有流动性，可以实现电化学反应场所（电极）与储能活性物质在空间上的分离，电池功率与容量设计相对独立，适合大规模蓄电储能需求。与普通的二次电池不同，液流电池的储能活性物质与电极完全分开，功率和容量设计互相独立，易于模块组合和电池结构的放置；电解液储存于储罐中不会发生自放电；电堆只提供电化学反应的场所，自身不发生氧化还原反应；活性物质溶于电解液，电极枝晶生长刺破隔膜的危险在液流电池中大大降低；同时，流动的电解液可以把电池充电/放电过程产生的热量带走，避免由于电池发热而产生的电池结构损害甚至燃烧。

液流电池分类：自20世纪70年代以来，人们探索研究了多种液流电池。根据正、负极电解质活性物质采用的氧化还原电对的不同，液流电池可分为全钒液流电池、锌/溴液流电池、锌氯液流电池、锌铈液流电池、锌镍液流电池、多硫化钠/溴液流电池、铁/铬液流电池、钒/多卤化物液流电池。根据正、负极电解质活性物质的形态，液流电池又可细分为液－液型液流电池、沉积型液流电池和固－固型液流电池。

7.1 全钒液流电池

7.1.1 全钒液流电池概述

全钒液流电池（VRB，也常简称为钒电池）于1985年由澳大利亚新南威尔士大学的 Marria Kazacos 提出[2]。作为一种电化学系统，钒电池把能量储存在含有不同价态钒离子氧化还原电对的电解液中。具有不同氧化还原电对的电解液分别构成电池的正、负极电解液，正、负极电解液中间由离子交换膜隔开。通过外接泵把溶液从储液槽压入电池堆体内完成电化学反应，反应后溶液又回到储液槽，活性物质不断循环流动，由此完成充放电。

全钒液流电池（VFB）正极电对为 VO^{2+}/VO_2^+，负极为 V^{2+}/V^{3+}。电解质在电池中循环。全钒液流电池充电时，电极发生如下反应：

$$正极：VO^{2+}+H_2O-e \xleftrightarrow{\text{充电/放电}} VO_2^{+}+2H^+$$

$$负极：V^{3+}+e \xleftrightarrow{\text{充电/放电}} V^{2+}$$

$$总反应：VO^{2+}+H_2O+V^{3+} \xleftrightarrow{\text{充电/放电}} V^{2+}+VO_2^{+}+2H^+$$

全钒液流电池的标准电动势为1.26 V，实际使用中，由于电解液浓度、电极性能、隔膜电导率等因素的影响，开路电压可达到1.5～1.6 V。

7.1.2　全钒液流电池特点

与其他储能电池相比，全钒液流电池有以下特点：

（1）输出功率和储能容量可控。电池的输出功率取决于电堆的大小和数量，储能容量取决于电解液容量和浓度，因此它的设计非常灵活，要增加输出功率，只要增加电堆的面积和电堆的数量，要增加储能容量，只要增加电解液的体积。（2）安全性高。目前所开发的电池系统主要以水溶液为电解质，电池系统无潜在的爆炸或着火危险。（3）启动速度快，如果电堆里充满电解液可在 2 min 内启动，在运行过程中充放电状态切换只需要 0.02 s。（4）电池倍率性能好。全钒液流电池的活性物质为溶解于水溶液的不同价态的钒离子，在全钒液流电池充、放电过程中，仅离子价态发生变化，不发生相变化反应，充放电应答速度快。（5）电池寿命长。电解质金属离子只有钒离子一种，不会发生正、负电解液活性物质相互交叉污染的问题，电池使用寿命长，电解质溶液容易再生循环使用。（6）电池自放电可控。在系统处于关闭模式时，储罐中的电解液不会产生自放电现象。（7）制造和安置便利。液流电池选址自由度大，系统可全自动封闭运行，无污染，维护简单，操作成本低。（8）电池材料回收和再利用容易。液流电池部件多为廉价的炭材料、工程塑料，材料来源丰富，且在回收过程中不会产生污染，环境友好且价格低廉。此外，电池系统荷电状态（SOC）的实时监控比较容易，有利于电网进行管理、调度。

7.1.3　全钒液流电池的新进展

除所有储能电池共同遇到的系统技术外，全钒液流电池的关键技术主要是关键材料的生产技术、电池模块组装技术和电池系统组装技术。

（1）关键材料生产技术。包括作为"塑化石墨"集流板与碳毡的连续制造技术；高低价态钒硫酸盐化学物质的制备技术与电解质溶液（含高低价态硫酸钒盐离子的溶液）的配制技术；隔膜的制备技术等。

（2）电池模块组装技术。主要涉及单电池性能稳定技术、电堆的密封技术等。

（3）电池系统组装技术。主要涉及流道均匀流动与降低单电池间漏电流设计、耐腐蚀泵的选择与密封连接、储液罐的设计与连接以及系统可靠性密封等相关技术。

7.1.3.1　电极材料

电极材料在电池运行过程中，虽然不直接参与钒离子氧化还原电对的转化过程，但其表面作为电化学反应的有效场所，其物理化学性质将对电化学反应的可逆性及电池性能产生影响，全钒液流电池电极材料除需具有高电化学活性及导电性外，还需要具有优良的化学和电化学稳定性（耐腐蚀、抗强氧化性能）以及一定的力学强度。

钒电池的电极材料大致可分为如下几类：金属电极；金属氧化物—金属电极；石墨类电极（碳电极）。相应的研究工作主要包括材料筛选、性能评价、电极的活化与改性、电极反应过程及电极相关催化机制等。

近年来，国内科研院所、高校、企业对全钒液流电池的电极材料进行了广泛的研究。其中，中国科学院大连化学物理研究所有 5 篇相关专利，攀钢集团攀枝花钢铁研究院有限公司有 4 篇，中国科学院金属研究所有 3 篇，以及其他单位的少量专利。

中国科学院大连化学物理研究所公开了一种全钒液流电池用多孔碳纤维纸电极材料[3]，多孔碳纤维纸电极厚度为 $50 \sim 1\,000\ \mu m$，其由直径为 $5 \sim 20\ \mu m$ 的碳纤维组成，多孔碳纤维纸的孔隙率为 $60\% \sim 90\%$；碳纤维表面为多孔结构，碳纤维的比表面积为 $5 \sim 50\ m^2/g$，孔径为 $50 \sim 2000\ nm$。

中国科学院大连化学物理研究所公开了一种全钒液流电池用双功能负极[4]，所述双功能负极是以碳素材料作为基体，在其表面修饰有含 Bi 电催化剂，含 Bi 电催化剂为 Bi 单质、Bi_2O_3、Bi 卤化物或 Bi 金属盐中的一种或两种以上；其中 Bi 卤化物为氟化铋、氯化铋、溴化铋或碘化铋；Bi 金属盐为硫酸铋、硝酸铋、磷酸铋、甲酸铋或乙酸铋。

中国科学院大连化学物理研究所公开了一种纳米碳纤维毡及其制备和在全钒液流电池中的应用[5]，纳米碳纤维毡是以高分子聚合物作为碳源，以水溶性高分子为模板，经静电纺丝法制成，其中碳纤维的直径为 $100 \sim 1\,000\ nm$，比表面积为 $30 \sim 1\,000\ m^2 \cdot g^{-1}$，孔隙率为 $90\% \sim 95\%$。

中国科学院大连化学物理研究所公开了一种全钒液流电池用多孔碳纤维毡电极材料[6]，其由直径为 $5 \sim 20\ \mu m$ 的多孔碳纤维组成，通过在高温碳化的同时引入活化气制备而成，工艺简单，生产成本低。制备的多孔碳纤维毡具有明显提高的比表面积和含氧官能团，能够显著提高碳纤维材料对钒离子氧化还原反应的电催化活性。

中国科学院大连化学物理研究所公开了一种全钒液流电池用高活性电极材料的制备方法[7]，通过将预氧毡在含 CO_2 气氛中经程序升温后 $1\,000 \sim 1\,600\ ℃$ 高温热处理制备而成。

攀钢集团攀枝花钢铁研究院有限公司公开了一种全钒氧化还原液流电池[8]，包含电极、正极电解液、负极电解液和隔膜，其中，所述电极包括碳素材料基体以及结合在碳素材料基体表面的含三氧化钼的电催化剂，所述正极电解液为包含无机钼酸盐添加剂的钒离子与硫酸溶液的混合电解液的全钒氧化还原液流电池。

攀钢集团攀枝花钢铁研究院有限公司公开了一种制备全钒氧化还原液流电池电极材料的方法[9]，将碳素基体材料浸渍于含有钼酸根离子的酸溶液中，并进行充分分散；加热；取出碳素基体材料，并在真空或惰性气氛下干燥；将所述干燥后的碳素基体材料置于惰性气氛下恒温反应，得到表面修饰有三氧化钼的全钒氧化还原液流电池电极材料。

攀钢集团攀枝花钢铁研究院有限公司公开了一种全钒液流电池复合电极及其制备方法[10]。包括碳纤维毡基体以及结合在碳纤维毡基体表面有序排列的碳纳米管，其中，碳纳米管的平均长度为 200～600 nm，碳纳米管含量为碳纤维毡质量的 3%～8%，碳纳米管接枝有官能团。所述制备方法包括碳纤维毡的包覆处理，包覆后碳纳米管的碳化处理，碳化处理后的碳纤维毡上进行气相沉积引入碳纳米管以及引入碳纳米管的官能团化处理。

攀钢集团攀枝花钢铁研究院有限公司公开了一种全钒液流电池复合电极及其制备方法[11]。包括碳纤维毡基体以及结合在碳纤维毡基体表面的碳纳米管，所述碳纳米管为含碳氧双键和/或碳氧单键的碳纳米管。

中国科学院金属研究所公开了一种全钒液流电池用纳米石墨粉/纳米碳纤维复合电极的制备方法[12]。首先配制实验所需的纺丝液，然后将不同粒径的纳米石墨粉与纺丝液混合均匀。通过静电纺丝的方法，制备出所需要的纳米纤维膜，然后在空气中对纳米纤维膜进行预氧化，在惰性气氛管式炉中碳化，得到所需要的纳米石墨粉/纳米碳纤维复合电极。

中国科学院金属研究所公开了一种制备全钒液流电池用电极材料的方法[13]。首先配制实验所需的复合纺丝液，然后将具有电极催化性的碳纳米管、氧化石墨、过渡金属氧化物或是过渡金属的硝酸盐或卤化盐等与复合纺丝液混合均匀，通过静电纺丝的方法，制备出所需要的原电极材料，后利用真空/气氛炉对电极材料前驱体进行预氧化（温度 200～500 ℃），在惰性气氛中碳化（温度 800～1 500 ℃），得到所需要的电极材料。

中国科学院金属研究所公开了一种全钒液流电池用钨基催化剂/纳米碳纤维复合电极的制备方法[14]。首先配制实验所需的纺丝液，然后将钨盐与纺丝液混合均匀。通过静电纺丝的方法制备出纳米纤维膜，然后在空气中对纳米纤维膜进行预氧化，在惰性气氛管式炉中碳化，得到所需要的钨基催化剂/纳米碳纤维复合电极。

湖南农业大学公开了一种全钒液流电池用电极材料的修饰方法[15]，其具体为：先将碳素类电极材料在浓硫酸、浓硝酸体积比为 1∶1～10∶1 的混合溶液中氧化处理 6～18 h；再清洗上述氧化处理过的碳素类电极材料至中性，然后放入烘箱中干燥，干燥温度为 80～120 ℃，干燥时间为 8～16 h；最后在硫酸铜和硫酸亚锡的混合溶液中电沉积上述干燥的碳素类电极材料，经烘干后，即得全钒液流电池用电极材料。

湖南农业大学公开了一种全钒液流电池用电极材料的制备方法[16]。该方法的实现过程为：将碳素类材料浸入到一定浓度的含氮类原料中，经超声、干燥处理得到一种目标电极的前驱体，然后高温碳化上述前驱体，即得目标电极。

上海电气集团股份有限公司公开了一种全钒液流电池用三合一复合电极及其制备方法[17]，包括导电塑料板和两个石墨毡，所述两个石墨毡分别设于所述导电塑料板的两个相对的侧面上，所述导电塑料板由塑料板和导电材料通过热压成型，所述两个石墨毡与导电塑料板之间通过热压成型。

山东省科学院新材料研究所公开了一种全钒液流电池用复合碳电极材料及其制备

方法[18]。全钒液流电池用电极材料为碳纳米管阵列直接在碳素基体上生长，得到一种复合碳电极，其制备工艺为：（1）采用磁控溅射的方法在碳素基体上沉积生长碳纳米管的催化剂；（2）将载有催化剂的碳素基体放置于高温反应炉中，通过化学气相沉积的方法制备得到碳纳米管阵列层。

湖南省银峰新能源有限公司公开了一种全钒液流电池电极的处理方法[19]，其以石墨毡、碳毡等碳素电极材料为原料，通过在碱液中充分浸泡后干燥，在惰性气体的保护下高温活化，再经洗涤干燥后制得活化碳素电极材料。

国网电力科学研究院武汉南瑞有限责任公司公开了一种全钒液流电池用石墨毡电极磷掺杂的方法[20]，采用超声波清洗石墨毡，将经过超声波清洗干净的石墨毡烘干，按规定尺寸裁剪后放入反应室中作为基体（或基片），将反应室抽真空，反应中以一定流量通入含有磷元素的惰性气体，采用线性离子束源装置或封闭式电子回旋共振等离子体溅射装置，通过溅射在含磷气氛中对石墨毡进行处理，从而增加石墨毡表面含磷官能团数量与磷元素含量。

7.1.3.2 电解液

全钒液流电池电解液最初是将 $VOSO_4$ 直接溶解于 H_2SO_4 中制得，但由于 $VOSO_4$ 价格较高，人们开始把目光转向其他钒化合物如 V_2O_5、NH_4VO_3 等。目前制备电解液的方法主要有两种：混合加热制备法和电解法。其中混合加热法适合于制取 1 mol/L 电解液，电解法可制取 3～5 mol/L 的电解液。

近年来关于全钒液流电池电解液主要集中在添加剂和制备方法两方面。

清华大学公开了一种含锰的钒液流电池电解液[21]，其包含锰化合物类添加剂，其中锰化合物类添加剂为硫酸亚锰、二氧化锰、高锰酸钾和氯化锰中的一种或多种；锰化合物类添加剂的用量为钒物质的量浓度的 0.001%～5.0%。

攀钢集团攀枝花钢铁研究院有限公司提供了一种全钒液流电池电解液稳定剂及其制备方法[22]。所述稳定剂含有碳氧双键、酯官能团、磷酸官能团以及氨基官能团。所述稳定剂的制备方法包括将丙烯酰胺和马来酸酐加入磷酸三乙酯水溶液中，搅拌均匀后，调整溶液 pH，加入双氧水，反应至结束，得到全钒液流电池电解液用稳定剂。

中国科学院大连化学物理研究所公开了一种含磷的杂多酸全钒液流电池正极电解液及其应用[23]，于全钒液流电池正极电解液中存在含磷的杂多酸添加剂，所述含磷的杂多酸为磷钨酸、磷钼酸、磷铌酸、磷钽酸的一种或两种以上；所述含磷的杂多酸在正极电解液的水溶液中的浓度为 10^{-3} mmol/L～0.1 mol/L。

中国科学院大连化学物理研究所一种含有复合添加剂的全钒液流电池正极电解液[24]，于全钒液流电池正极电解液中添加有含有磷酸盐和钨酸盐的复合添加剂，其中磷酸盐为磷酸盐、磷酸二氢盐、磷酸氢二盐、多聚磷酸盐或焦磷酸盐中的一种或两种以上的钾、钠、铵盐中的一种或两种以上。

DWI 莱布尼茨互动材料研究所 e.V. 提供了一种氧化还原液流电池（RFB）[25]，包括通过离子传导膜隔开的两个半电池，其中一个半电池为正的且另一个为负的，所述第一半电池包括至少一个能够将水转变成氧及质子以及进行相反转变的氧电极，所述第二半电池包括两个电极，所述两个电极是固态碳系电极及半固态电极，其中使用分散有碳粒子的酸性钒系电解质来形成所述半固态电极。

四川长虹电源有限责任公司公开了一种高稳定性全钒氧化还原液流电池电解液及其制备方法[26]。高稳定性全钒氧化还原液流电池电解液的制备方法是将 V_2O_5 用硫酸加热活化后，草酸还原制备 4 价钒离子，再向电解液中加入乙二胺四乙酸－赖氨酸钠－硅酸锂复合稳定剂，制得全钒液流电池电解液。

攀钢集团攀枝花钢铁研究院有限公司公开了一种高稳定性的全钒液流电池电解液及其制备方法。[27]所述全钒液流电池电解液中含有重量百分比为 1％～5％的添加剂，所述添加剂含有碳氧双键、酯官能团、磷酸官能团以及氨基官能团。所述全钒电池电解液的制备方法包括形成 V^{4+} 与 V^{3+} 的质量比为 1：1 的电解液；向所述 V^{4+} 与 V^{3+} 的质量比为 1：1 的电解液中加入含有羧基官能团和氨基官能团的添加剂，其中，所述添加剂占按重量百分比计为 1％～5％。

中国科学院大连化学物理研究所公开了一种含硅的杂多酸添加剂的全钒液流电池正极电解液[28]，所述含硅的杂多酸添加剂为硅钨酸、硅钼酸、硅铌酸、硅钽酸一种或两种以上，所述含硅的杂多酸作为添加剂的浓度为 0.01～0.5 mol/L。

中国科学院大连化学物理研究所一种含氯全钒液流电池负极电解液[29]，于全钒液流电池负极电解液中添加有含氯添加剂，使全钒液流电池负极电解液中氯离子的浓度为 0.5～6 mol/L。

攀钢集团攀枝花钢铁研究院有限公司提供了一种全钒氧化还原液流电池[30]。所述电池包括电极、隔膜以及正极电解液和负极电解液，其中，所述正极电解液包括钒离子、硫酸、水和超强酸，所述超强酸的浓度为 0～0.15 mol/L，所述负极电解液包括钒离子、硫酸、水和含有官能团—NH_2 和/或—COOH 的添加剂，所述添加剂的浓度为所述负极电解液中钒离子浓度的 0.05％～5％。

陈曦公开一种全钒氧化还原液流电池用电解液制备方法[31]，全钒氧化还原液流电池电解液的制备方法包括如下步骤：用草酸等还原剂还原部分五氧化二钒，然后加入稳定剂，置于电解槽中恒电流电解，获得 3 价钒和 4 价钒的混合电解液，总钒浓度 1.0～5.0 mol/L的钒电池用的电解液。

湖南省银峰新能源有限公司公开了一种全钒液流电池电解液的制备方法[32]。该制备方法包括步骤为：（1）将 V_2O_5 粉末在氢气气氛中还原成 V_2O_4 粉末、V_2O_3 粉末；（2）将还原的 V_2O_4 粉末溶于浓硫酸得到硫酸氧钒 4 价钒溶液用以作为钒电池的正极电解液，将还原的 V_2O_3 粉末溶于浓硫酸得到硫酸 3 价钒溶液用以作为钒电池的负极电解液，或将还原的 V_2O_4 粉末、V_2O_3 粉末在 6～18.4 mol/L 的硫酸中蒸发结晶，得到 $VOSO_4$、$V_2(SO_4)_3$ 晶体，将 $VOSO_4$、$V_2(SO_4)_3$ 晶体溶于稀硫酸中，得到用于全钒液流电池的钒电解液。

深圳市万越新能源科技有限公司提供了一种通过电解合成法制备全钒液流电池正极电解液的方法[33]，以 V_2O_5 或偏钒酸盐（NH_4VO_3）为原料，在有隔膜的电解池负极区加入含 V_2O_5 或偏钒酸盐的 H_2SO_4 溶液，正极区加入相同浓度的 H_2SO_4 溶液，在电解池两极加上适当的直流电，V_2O_5 或偏钒酸盐粉末与负极接触后在负极表面被还原，同时电解液中生成的 V（Ⅱ）、V（Ⅲ）、V（Ⅳ）也可将 V_2O_5 或偏钒酸盐粉末还原而使其溶解。

四川大学提供一种全钒氧化还原液流电池用电解液的化学制备法[34]，其步骤如下：（1）将混合料与硫酸混合，75～95 ℃反应 10～40 min，得混合液，其中，所述混合料包括三氧化二钒和五氧化二钒，按质量比，三氧化二钒：五氧化二钒＝（2.5～4）：1；（2）在混合液中加入去离子水，保持温度 75～95 ℃反应 5～20 min，过滤，所得滤液即为钒电池用电解液。

中国科学院上海高等研究院提供一种全钒液流电池电解液的制备方法[35]，至少包括以下步骤：（1）将五氧化二钒：碳还原剂按照质量百分比为 182：6～182：12 称量并混合均匀；（2）将上述材料放入真空炉中进行加热，升温至 620～670 ℃，保温 2～4 h，然后继续升温至 900～1 100 ℃，保温 2～4 h 后冷却至室温，获得钒氧化物；（3）将预设质量的钒氧化物溶解到 3～6 mol/L 的硫酸溶液中，采用过滤器将未溶解的钒氧化物过滤去除，获得钒浓度为 1～2 mol/L 的钒电解液。

成都赢创科技有限公司公开了一种钒液流电池用固体电解液的制造方法[36]，包括先将 V_2O_5 放入隧道煅烧窑内，并以 3～20 L/min 的速度通入 H_2，并控制反应温度在 300～900 ℃，反应时间为 0.5 h～4 h，获得 V_4O_7 产品；再将 V_4O_7 产品与浓硫酸、浓磷酸按照重量比为 1：2.347：0.07～1：3.52：0.104 进行混合反应，并控制反应温度在 100～500 ℃，反应时间为 30～300 min，得到块状固体电解液；最后将块状固体电解液与纯净水按照重量比为 4：4.2～4：6.4 进行混合反应，并控制反应温度在 50～150 ℃，反应时间为 20 min，得到电解液。

7.1.3.3　双极板

成都赢创科技有限公司全钒液流电池用双极板的制备方法[37]，属于液流电池领域。包括以下步骤：按照混合搅拌 NMP、PVDF 及乙醇，配制白胶；而后混合导电炭黑与NMP 进行搅拌均匀，而后倒入白胶中形成混合物，并对混合物进行高速搅拌，形成黑胶；混合干燥的 PVDF 粉末与石墨粉末，而后进行过筛，配制得到干混料；将黑胶放置在搅拌机中，保持搅拌机中速搅拌的情况下，将干混料加入到黑胶中，继续搅拌一定时间形成浆料；将浆料倒入内表面均匀喷涂有离型剂的流延模具中，刮平浆料，完成涂布，而后对流延模具进行烘干成膜，得到双极板。

攀钢集团攀枝花钢铁研究院有限公司提供了一种全钒液流电池双极板及其制备方法[38]。所述全钒液流电池双极板以热固性树脂为基体以及以镍网为导电网络复合而成，所述镍网表面接枝有碳纳米管。所述全钒液流电池双极板的制备方法包括在镍网上沉积碳纳米管；将表面沉积碳纳米管的镍网置于模具中，缓慢加入填充用液态热固性树脂，固化成型，得到全钒液流电池双极板。

陕西五洲矿业股份有限公司全钒液流电池电堆一体化双极板结构[39]，包含底部安装结构，所述底部安装结构包含一个以上的安装槽，安装槽的槽底包含金属片，所述金属片连接着连接线，连接线伸出底部安装结构。

陕西五洲矿业股份有限公司全钒液流电池电堆一体化双极板[40]，包含极板本体，所述极板本体为石墨板，石墨板中包含一根以上的内连接线，所述内连接线在石墨板的边沿都伸出连接头，极板本体一周还包含外孔，连接线位于外孔中。

中国科学院大连化学物理研究所提供了一种全钒液流电池用双极板或单极板结构[41]，所述双极板为两侧中部均设有凹槽的平板状结构，于平板每一侧的凹槽相对边缘处分别刻有与凹槽相连通的液体分布流道结构，平板一侧相对边缘处的流道分别各自与正极进液口和正极出液口相连通，平板另一侧相对边缘处的流道分别各自与负极进液口和负极出液口相连通。

7.1.3.4　离子交换膜

离子交换膜是全钒液流电池的关键组成部分，它不但具有隔离正负极电解液的作用，同时还为正负极电解液提供质子传导通道。质子交换膜性能的好坏将直接影响钒电池的电化学性能和使用寿命，是电池性能提升的最大瓶颈。因此，离子交换膜已成为 VBR 的相关热点。

中国科学院金属研究所公开了一种全钒液流电池用阳/增强/阴两性复合膜及其制备方法[42]，解决目前使用的质子交换膜钒离子透过率高、价格昂贵等问题。将阴离子交换树脂氯甲基化，再进行季铵化改性，制备不同离子交换容量的季铵化阴离子交换树脂，分别将改性阴离子交换树脂和全氟磺酸树脂通过有机溶剂溶解，进而利用分步流延法，用基膜作为连接层，通过调整成膜温度、浓度、时间制备全氟磺酸阳/增强/阴两性复合膜。

广东电网公司电力科学研究院公开了磺化聚芳醚砜和全钒液流电池用共混膜及其制备方法[43]，所述磺化聚芳醚砜制备方法：将含式 Ⅰ 重复单元的聚芳醚砜与浓硫酸以 1：10～1：30 W/V 混合，80～90 ℃反应 5～25 h，即得含式 Ⅱ 重复单元的磺化聚芳醚砜；所述共混膜制备方法：将磺化聚芳醚砜和聚偏氟乙烯混合，加有机溶剂，至磺化聚芳醚砜、聚偏氟乙烯的质量分数分别为 10%～35%、1%～12%，搅拌溶解，过滤脱泡，涂覆玻璃板上，先后在 50～80 ℃、95～105 ℃保温，降温得共混膜。

深圳市万越新能源科技有限公司公开了一种新型全钒液流电池离子交换膜的制备方法[44]，称取一定量的 PVDF 粉末溶解于 NMP 中形成均一的溶液，涂覆成膜。将 PVDF 膜置于 0.5 mol/L 的 KOH 乙醇溶液中，在 N_2 气保护下进行碱处理后，取出并用去离子水洗涤至 pH 恒定。将洗涤过的 PVDF 膜浸入苯乙烯和四氢呋喃混合溶液中进行接枝反应，得到 PVDF－g－PS 膜，将此膜置于 1，2－二氯乙烷中溶胀 2 小时，然后浸入浓硫酸（质量分数 98%）中磺化，得到 PVDF－g－PSSA 膜，洗涤、烘干即可使用。

南通汉瑞实业有限公司公开了一种磺化聚芳醚酮离子交换膜的合成、制备和应用[45]。离子交换树脂为磺化聚芳醚酮共聚物，磺化聚芳醚酮树脂具有优异的耐热性能，溶解性优异；另外采用流延成型的方法制备的磺化聚芳醚酮离子交换膜具有良好的拉伸强度，离子交换容量高，同时化学稳定性良好。

中国科学院化学研究所公开了一种全钒液流电池隔膜及其制备方法，属于酸碱复合膜技术领域[46]，其特征在于，使用 N－甲基吡咯烷酮将酸性物质和碱性聚合物进行溶解；使用流延法流延成膜，真空干燥后形成全钒液流电池隔膜。

广东电网公司电力科学研究院公开磺化聚芳醚砜和全钒液流电池用共混膜及其制备方法[47]，所述磺化聚芳醚砜制备方法：将含重复单元的聚芳醚砜与氯磺酸以 1：1～1：2 W/V 混合，18～30 ℃反应 5～25 h，得含重复单元的磺化聚芳醚砜。所述共混膜制备方法：将磺化聚芳醚砜和聚偏氟乙烯混合，加有机溶剂，至磺化聚芳醚砜、聚偏氟乙烯的质量百分数分别为 10%～35%、1%～12%，搅拌溶解，过滤、脱泡，涂覆在玻璃板上，50～80 ℃保温，再 95～105 ℃保温，降至室温得共混膜。

7.2　锂离子液流电池

2009 年 6 月 12 日麻省理工学院 Yet-Ming Chiang 等人首次申请了关于锂离子液流电池（他们称为半固态锂可充液流电池，Semi-Solid Lithium Re-chargeable Flow Battery）的国际专利 WO2009151639A1[48]，并于 2011 年 6 月在第五届国际锂电池（电极材料）研讨会（LiBD 2011－Electrode materials）上发表了锂离子液流电池的会议报告，并在《Advanced Energy Materials》杂志上公开发表了首篇论文报道。锂离子液流电池工作原理如图 7－2 所示。

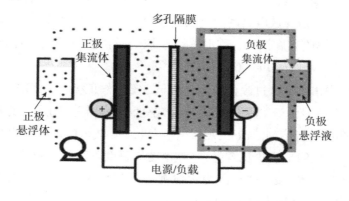

图 7－2　锂离子液流电池工作原理

锂离子液流电池主要由电池反应器、正极悬浮液存储罐、负极悬浮液存储罐、液泵及密封管道等组成。其中，正极悬浮液存储罐盛放正极活性材料颗粒、导电剂和电解液的混合物，负极悬浮液存储罐盛放负极活性材料颗粒、导电剂和电解液的混合物。电池反应器是锂离子液流电池的核心，其结构主要包括：正极集流体、正极反应腔、多孔隔膜、负极反应腔、负极集流体和外壳。锂离子液流电池工作时使用液泵对悬浮液进行循环，悬浮液在液泵或其他动力推动下通过密封管道在悬浮液存储罐和电池反应器之间连续流动或间歇流动，流速可根据悬浮液浓度和环境温度进行调节。

电池工作时，正极悬浮液由正极进液口进入电池反应器的正极反应腔，完成反应后由正极出液口通过密封管道返回正极悬浮液存储罐。与此同时，负极悬浮液由负极进液口进入电池反应器的负极反应腔，完成反应后由负极出液口通过密封管道返回负极悬浮液存储罐。正极反应腔与负极反应腔之间有电子不导电的多孔隔膜，将正极悬浮液中的正极活性材料颗粒和负极悬浮液中的负极活性材料颗粒相互隔开，避免正负极活性材料颗粒直接接触导致电池内部的短路。正极反应腔内的正极悬浮液和负极反应腔内的负极悬浮液可以通过多孔隔膜中的电解液进行锂离子交换传输。

当电池放电时，负极反应腔中的负极活性材料颗粒内部的锂离子脱嵌而出，进入电解液，并通过多孔隔膜到达正极反应腔，嵌入到正极活性材料颗粒内部；与此同时，负极反应腔中的负极活性材料颗粒内部的电子流入负极集流体，并通过负极集流体的负极极耳流入电池的外部回路，完成做功后通过正极极耳流入正极集流体，最后嵌入正极反应腔中的正极活性材料颗粒内部。电池充电的过程与之相反。

7.2.1 锂离子液流电池非专利进展

2011 年，Goodenough 研究组在水系/非水系混合电解液电池构造的基础上[49]，将其中的水系正极从固态物质拓展到基于 Fe (CN)$_3$/Fe (CN)$_4$ 电对的溶液体系，负极仍采用比容量最大的金属锂，隔膜仍为固态锂离子传导膜，所得的电池电压达到 3.40 V，容量 2.25 mA·h，库伦效率 98.6%。最初采用了基于 Fe^{3+}/Fe^{2+} 的水溶液正极体系，开路电位为 3.99 V，但充放电之间的电位差很大（1.98 V），同时 Fe^{3+} 容易发生水解，使溶液显酸性，对隔膜有腐蚀性。因此排除了该电对，改用了广为人知的具有良好氧化还原可逆性的 Fe (CN)$_3$/Fe (CN)$_4$ 电对。

Zhao 研究组提出以有机过渡金属化合物-二茂铁作正极[50]，固态锂离子传导膜作隔膜的锂-液流电池。由于二茂铁在水中的溶解度很小，正极则采用了 LiPF$_6$ 的碳酸乙烯酯/碳酸二乙酯的有机溶剂。Li/二茂铁电池在 0.2 C 放电时，电位约 3.6 V，可逆容量为 134 mA·h/g（94%理论比容量）。理论功率密度可达 155 W/kg，而实际电池功率密度只能达到 120 W/kg，这是因为固体锂离子传导膜在 2.8 V 以下会发生分解，250 次充放电循环，电池的容量可保持 90%。

Wang 研究组提出了对二茂铁进行修饰以进一步提高其在碳酸脂类有机溶剂中的溶

解度，改善电池性能[51]。通过亲核反应和离子交换成功制得 N—（甲基二茂铁）—N，N—二甲基—N—乙胺盐—双（三氟甲磺酰）亚胺（Fc1N112—TFSI），使溶解度提高了 20 倍。当 Fc1N112—TFSI 浓度为 0.1 mol/L 时，电池的库伦效率随着电流密度的减小而降低。

2013 年，Zhao 等人提出了基于 I_3/I_2 电对的锂—液流体系[52]。采用 I_2＋KI＋LiI 水溶液作正极，固态锂离子传导膜作为隔膜。电池充放电平台很稳定，比容量~207 mA·h/g（接近理论比容量 211 mA·h/g）。充放电循环 100 次，容量保持~99.6%，库伦效率在~100%。Li/I_2 电池的高能量密度和高稳定性是由于 I_3^-/I_2 电位平台比较稳定，隔膜、水溶液以及集流体在循环中均比较稳定。电池能量密度~0.35 kW·h/kg，是锂离子电池的 2 倍。

Zhao 等人进一步研究了 Li/I_2 液流电池的性能[53]，初期研究在电解液中加入了不参加反应的其他离子（如 K^+）作为支持电解质，而且仅研究了静态模式（非流动）下的电池性能。

除了提高电解液浓度，改进集流体的结构和状态也可以改善 Li/I_2 液流电池的性能。Zhao 等人用化学气相沉积的方法得到碳纳米管阵列（vertically aligned carbon nanotube，VACNT)[54]，并用 O_2 等离子体处理得到亲水性 VACNT 作为 Li/I_2 液流电池的正极集流体。以 VACNT 阵列作为集流体的 Li/I_2 电池放电容量为 206 mA·h/g，达到了理论容量的 98%。

Zhao 等人又采用与 I_2 处于同一主族的 Br_2/Br 作为正极电对[55]。Li/Br_2 电池在室温下放电最大输出功率达到 980 W/kg，放电电位~3 V。可逆容量为 290 mA·h/g（理论容量的 88%），循环 50 次，库伦效率~100%。Li/Br_2 电池具有较大的比容量和良好的稳定性，但是高浓度的溴有强烈的腐蚀性，对器件组装和测试提出了严苛的要求。

Wang 等人在 2012 年提出了长链基团修饰的蒽醌用于锂—液流电池[56]。

Wang 等人又尝试采用 2，2，6，6 -四甲基哌啶氧化物（2，2，6，6 - tetramethylpiperidine - 1 - oxyl，TEPMO）作为正极活性物质。[57]$Li/TEMPO$ 液流电池将 TEMPO 溶解于含 $LiPF_6$ 的碳酸酯类电解液中作为正极，聚乙烯多孔膜作为隔膜，锂金属作为负极。该体系具有高浓度的活性物质（2 mol/L）和高的反应电位（3.50 V vs Li^+/Li），因此其理论比容量可达 188 Wh/L。

Takechi 等人利用离子液体作为有机电对的溶剂从而提高活性物质的浓度[58]，提高电池的能量密度，4 -甲氧基- TEMPO 与双三氟甲基磺酰亚胺锂（LiTFSI）混合，降低 4 -甲氧基- TEMPO 的熔点，得到室温下稳定的离子液体。综合考虑电解液的导电性、黏度以及电池的容量，选定了离子液体和水的混合液（其中水的质量分数为 17%）作为锂—液流电池的正极，以锂离子导电玻璃陶瓷作为隔膜。

麻省理工学院 Chiang 团队于 2011 年首次报道了半固态锂可充液流电池（semi-solid lithium rechargeable flow battery）的技术概念和初步试验结果。[59]该课题组通过实验对电极悬浮液的流动性和导电性进行了分析，验证了锂离子液流电池的可行性，并在此基础上估算了部分材料体系的理论能量密度，认为锂离子液流电池具有极大的成本优势。2012 年，Chiang 等以 Newman 模型为基础，针对单通道的高能量密度半固态锂离子液流电池建立了三维模型，对于电极悬浮液的空间荷电状态分布进行了初步的计算机模拟。2014 年，Chiang 等进一步建立数学模型，分析了不同流动状态下电池的库仑效率和能量效率，验证了间歇流动方式的优势，提出流体分布的不均匀可能会导致电池库仑效率和能量效率的下降，降低流动阻力能够减少机械能量损耗。

Tarascon 带领的联合课题组于 2012 年发表了金属锂为负极的锂液流电池（Li-based redox flow batteries）论文[60]，对锂液流电池中的电池设计方法、悬浮液组成、流速等不同参数对电池性能的影响进行了实验分析。利用 $LiFePO_4$ 电极悬浮液制备静态电池，进行恒流充放电测试，证明了悬浮状态下电极活性材料实现充放电功能的可行性。为了降低电池极化内阻，需要对电池反应器结构进行设计以提高其功率密度。通过对电池结构进行设计以及对电极悬浮液配比进行优化，当 $LiFePO_4$ 体积含量达到 12.6％时，能量密度达到 50 W·h/kg（14.7 A·h/kg）。

2013 年，Tarascon 等以纳米硅粉作为负极活性材料[61]，进行了探索性实验，认为纳米硅在充放电过程中的结构和形态变化不会使悬浮液体系的性能恶化。将纳米硅粉和导电剂颗粒加入碳酸酯溶剂与六氟磷酸锂组成的电解质溶液中，当电极悬浮液的质量比容量大于 54 mA·h/g 时，能够证明悬浮液中导电网络的形成。

新加坡国立大学（National University of Singapore）等单位以 $LiFePO_4$ 为阴极活性材料[62]，$FcBr_2$ 和 Fc 为氧化还原介质制备锂离子液流电池（redox flow lithium-ion battery），与之前提到的半固态液流电池不同的是，该电池将可脱嵌锂的活性材料储存在储液罐中，活性材料并不随着电解液的流动而流动，电荷的传递不是靠电子导电颗粒而是靠溶解于电解液中的氧化还原电对的流动来实现。

美国阿贡国家实验室（Argonne National Laboratory）研究人员于 2012 年提出以有机材料为电极活性材料制备锂离子液流电池[63]，与上述半固态锂离子液流电池有所不同，循环流动的电极活性材料溶解于电解液中形成电极溶液，而非电极悬浮液。

法国南特大学（Universite de Nantes）研究人员于 2013 年发表论文[64]，针对电极悬浮液的流变性能和电化学性能进行了研究。研究认为，导电颗粒的粒径影响悬浮液的流变性能和导电性能，粒径越小悬浮液电导率越大，电子渗流临界值范围与强凝胶一致。在剪切流下进行的电气性能测试揭示了导电网络的破坏和形成机理，对导电颗粒的浓度和悬浮液流速进行了定量分析，以优化电池性能。

美国德雷塞尔大学（Drexel University）使用可流动的碳基悬浮液作为活性材料制备液流电容器[65]，测试了不同流动速率和不同反应腔尺寸对电容和导电性的影响，并发现集流体和悬浮液的界面电阻在整个体系阻抗中是最重要的，且悬浮液电导率随电解质浓度、流动速率和反应腔尺寸的不同而不同。

斯坦福大学（Stanford University）研究人员提出无隔膜锂硫液流电池技术的概念[66]，以 Li_2S_8 和乙醚溶剂制备阴极电解液，以金属锂为阳极材料制备电池。与其他锂硫电池的不同之处在于：避免了固态 Li_2S_2/Li_2S 形成过程中产生的副反应对电池循环寿命的影响；金属锂表面被溶剂中添加的 $LiNO_3$ 钝化。形成固体电解质层，避免了金属锂和多硫化物之间形成的副反应，使得阴极电解液可以与金属锂直接接触，无须使用昂贵的离子交换膜，降低了成本。

7.2.2 锂离子液流电池专利进展

锂离子液流电池方面的专利主要集中在反应器和电极悬浮液两方面。其中北京好风光储能技术有限公司申请的专利数量最多。

表 7-1 锂离子液流电池国内专利

专利权人	公开号	技术要点
北京好风光储能技术有限公司	CN105449251A	一种锂离子液流电池反应器
北京好风光储能技术有限公司	CN103117406A	一种锂液流电池反应器及电极悬浮液嵌锂合成方法
北京好风光储能技术有限公司	CN105098218A	线缆式导流锂离子液流电池反应器
北京好风光储能技术有限公司	CN104795583A	电池反应腔的大小可以根据电极悬浮液的黏度灵活设计
北京好风光储能技术有限公司	CN105489912A	给每个电池反应腔设置一组进液口和出液口以及电极悬浮液连通结构
北京好风光储能技术有限公司	CN106469821A	一种半流态锂液流电池，设有固定的、不流动的多孔集流电极层
北京好风光储能技术有限公司	CN105280942A	一种锂双液流电池，隔膜与负极电解液形成固液复合的双膜结构，通过电解液的连续或间歇冲刷
北京好风光储能技术有限公司	CN106033821A	电极悬浮液包括电极活性材料、电解液、导电剂和偏氟乙烯—六氟丙烯共聚物
北京好风光储能技术有限公司	CN102664280A	一种无泵锂离子液流电池及其电极悬浮液的配置方法

专利权人	公开号	技术要点
北京好风光储能技术有限公司 中国科学院电工研究所	CN103094599A	一种锂离子液流电池 及其反应器和电极盒
北京好风光储能技术有限公司 中国科学院电工研究所	CN103219537A	一种锂离子液流反应管， 锂离子液流电池及其反应器
北京好风光储能技术有限公司 中国科学院电工研究所	CN102931427A	一种锂离子液流电池反应器
北京好风光储能技术有限公司 中国科学院电工研究所	CN103187551A	锂离子液流电池的电极反应 腔与隔膜之间有固定电极层
北京好风光储能技术有限公司 中国科学院电工研究所	CN202259549U	一种锂离子液流电池
上海采科实业有限公司	CN103985893A	锂离子液流电池的液流泵 间歇工作自动控制器
上海电气集团股份有限公司	CN106099179A	一种流体电池正、负极 悬浮电解液及其制备方法
上海电气集团股份有限公司 复旦大学	CN105206856A	一种新型锂离子液流电池，包括 相连的功率单元和能量存储单元
中国科学院大连化学物理研究所	CN106549179A	有机体系锂醌液流电池，正极 电解液为醌类与双三氟磺酰亚 胺锂（LiTFSI）的混合溶液
中国科学院电工研究所	CN102945978A	锂离子液流电池反应器包括 惰性气体通道、正极悬浮液 通道和负极悬浮液通道
中国科学院电工研究所	CN104064797A	一种锂离子液流电池系统
中国人民解放军 63971 部队	CN104716372A	水系锂离子液流电池

7.3 锌溴液流电池

锌溴液流电池是液流电池的一种，属于能量型储能，能够大容量、长时间地充放电。锌溴液流电池目前中国已经通过自主创新成功研发出第一台锌溴液流储能系统，实现了锌溴电池的隔膜、极板、电解液等关键材料自主生产。

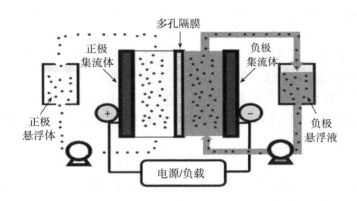

图7-3 锌溴液流电池示意图

建立在锌/溴电极对基础上的锌溴电池的概念，早在一百多年前就已经取得了专利，其基本电极反应如下[67]：

负极：$Zn^{2+} + 2e \rightleftharpoons Zn$ ⠀⠀⠀⠀ $E = 0.763\ V$（25 ℃）

正极：$2Br^- \rightleftharpoons Br_2 + 2e$ ⠀⠀⠀⠀ $E = 1.087V$（25 ℃）

总反应：$2ZnBr_2 \rightleftharpoons Zn + Br_2$ ⠀⠀⠀⠀ $E = 1.85\ V$（25 ℃）

在此基础上发展起来的锌溴液流电池的基本原理如图7-3所示，正/负极电解液同为 $ZnBr_2$ 水溶液，电解液通过泵循环流过正/负电极表面。充电时锌沉积在负极上，而在正极生成的溴会马上被电解液中的溴络合剂络合成油状物质，使水溶液相中的溴含量大幅度减少，同时该物质密度大于电解液，会在液体循环过程中逐渐沉积在储罐底部，大大降低了电解液中溴的挥发性，提高了系统安全性；在放电时，负极表面的锌溶解，同时络合溴被重新泵入循环回路中并被打散，转变成溴离子，电解液回到溴化锌的状态，反应是完全可逆的。

锌溴液流电池目前的研发主要集中于美国、澳大利亚，国内近些年也陆续有企业开始从事这方面的开发。

美国

自20世纪80年代起，美国能源部圣地亚实验室每年都会对各类储能技术的研发进展进行总结，形成文本报告，其中包含了锌溴液流电池技术。并于1999年针对锌溴液流电池技术发布了两版评价测试报告，对其制造工艺、关键材料性能、电池特性、循环寿命以及在负载平衡方面的应用进行了详尽的描述[68][69]。ZBB及Premium Power公司则围绕锌溴电池的基础研发及商业化开展了大量工作。目前ZBB和Premium Power公司有从10 kW到500 kW不同规格的产品可供选择，美国能源部及美国电力研究院近年来也对其产品展开了评测工作。

2007年，美国电力研究院（EPRI）对Premium Power公司的Power Block 150（150 kW·h）系统进行了评测，结果表明系统的平均AC—AC总体效率为63％。

2007年，ZBB与PG&E在加利福尼亚州安装了250 kW/500 kW·h的锌溴液流电池系统并进行测试[70]，该系统由10个ZESS50模块串并联组合而成。加州能源委员会对该系统的可靠性、安全性、峰值功率、容量等技术指标及不同的应用模式进行了评测。

2009 年，美国奥巴马政府宣布了包括 16 个储能示范项目在内的智能电网相关的经济复兴计划，其中 Premium Power 公司获得了 732 万美元的资助[71]，从 2010 年第三季度开始，将在 3 年内设计、制造、安装 7 套 TRANSFLOW 2000 （500 kW/6 h）锌溴液流电池储能系统，将在 5 个州陆续实施，用以验证其 Zinc-Flow 技术在光伏、微网等领域的应用能力。

日本

作为电力事业应用的锌溴电池技术的长期发展计划是日本"月光计划"的一部分，由日本国际贸易与工业部发起，开始于 20 世纪七八十年代，Meidensha 公司经过长期的研发，于 20 世纪 90 年代在日本安装了 1 MW/4 MW·h 的锌溴电池组[72]，是目前已安装的最大的锌溴液流电池系统，该系统经过 1 300 次循环后，系统能量效率为 65.9%。

澳大利亚

澳大利亚的 Redflow 公司成立于 2005 年，致力于高性能低成本的锌溴液流电池系统的商业化开发，其公司创始人于 2001 年就开始了对锌溴电池的深入研究。其初期集中于小型家用光伏发电储能的离网式应用（5 kW/10 kW·h），其小型储能系统的示范项目已在澳大利亚、新西兰、美国等地成功实施，近期正致力于大中型锌溴液流电池系统的开发，目前已在昆士兰大学安装了一台 90 kW/180 kW·h 的锌溴液流电池储能系统。

2011 年，美国能源部圣地亚实验室对 Redflow 公司提供的 5 kW/10 kW·h 的锌溴液流电池储能模块进行了第一阶段测试[73]，测试内容主要包括了物理特性、效率对充放电倍率的敏感性、效率与容量的对应关系、功率测试等，测试结果表明：该模块的实际能量密度约为 42 W·h/kg，模块效率随着充放电电流及容量的改变在 73.6%～78% 波动，模块最优效率可到达 78.9%。

中国

非循环性的锌溴电池研究自 20 世纪 90 年代以后在国内陆续开展，包括科研院所及一些企业，如瑞源通公司致力于非循环的锌溴动力电池的开发，应用于大型电动客车，质量比能量约为 40 W·h/kg；锌溴液流电池的产业化研发在中国起步相对较晚，目前国内有 3～4 家企业从事锌溴液流电池的开发，其中包括美国 ZBB 公司与安徽鑫龙电器合资成立的安徽美能储能系统有限公司，主要以美国 ZBB 公司的EnerStore™技术为基础，进行锌溴液流电池储能系统产品的总装；北京百能汇通科技股份有限公司，其核心团队具有多年锌溴液流电池技术开发经验，为国内首批从事锌溴液流电池产业化的技术人员，通过对关键材料及电堆技术的自主研发，建立了微孔隔膜及双极板的连续化生产线，填补国内该领域的空白，同时利用先进的电堆集成工艺，目前已开发出额定功率 2.5 kW 的单电堆以及 10 kW/25 kW·h 的储能模块，为具有完全自主知识产权的锌溴液流电池产业化奠定了良好的基础。此外，由中国科学院大连化学物理研究所和博融（大连）产业投资有限公司共同组建的大连融科储能技术发展有限公司依托于中国科学院大连化学物理研究所的技术开展了对锌溴液流电池的研发工作。

7.4　锌铈液流电池

锌铈液流电池是由 Clarke 在 2003 年提出来的[74]，他们声称，该储能系统的容量可达 250 000 kW·h 以上，开路电压为 3.33 V。锌铈液流电池以 Ce^{3+}/Ce^{4+} 为正极活性电对，Zn^0/Zn^{2+} 为负极活性电对。正负极电解液分别储存在两个不同的储液罐里（如图7-4所示）。在输送泵的作用下分别循环流过正、负电极并发生如下的电极反应：

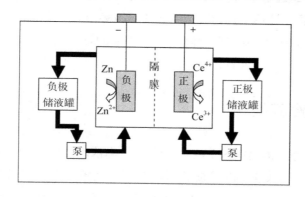

图7-4　锌铈液流电池

正极反应

$$2Ce^{4+}+2e \xrightarrow[\text{充电/放电}]{} 2Ce^{3+}，E^0=1.28-1.72 \text{ V vs. NHE}$$

负极反应

$$Zn \xrightarrow[\text{充电/放电}]{} Zn^{2+}+2e，E^0=0.762 \text{ V vs. NHE}$$

总的电池反应

$$2Ce^{4+}+Zn \xrightarrow[\text{充电/放电}]{} Zn^{2+}+2Ce^{3+}$$

7.4.1　正极半电池反应的研究

锌铈液流电池正极半电池反应的研究内容主要包括 Ce^{3+}/Ce^{4+} 电极反应动力学及电解液稳定性。影响 Ce^{3+}/Ce^{4+} 电极反应动力学的因素主要有支持介质、添加剂、电极和温度等。

7.4.2　负极半电池反应研究

氧化铟能抑制析氢反应。在电解液制备时，使用氧化铟作添加剂可以改善电池性能，能量效率可提高 11%。在 $0.01\ mol/L\ Zn（II）$的甲基磺酸溶液中锌的沉积为传质控制过程，锌离子的扩散系数为 $7.5×10^{-6}\ cm^2/S$。增大锌离子浓度，锌的溶解过程减慢，但锌离子的沉积过程加快。随着酸浓度的增加，析氢负反应和锌腐蚀速率加快，库仑效率下降。负极电解液主成分最佳组成为 $1.5\sim2\ mol/L\ Ce（CH_3SO_3）_3+0.5\ mol/L\ CH_3SO_3H$。

7.4.3 隔膜

电池隔膜的作用在于提供选择性离子导电通道。针对锌铈液流电池技术开发的隔膜材料研究至今未见详细报道。实验研究中一般使用杜邦公司生产的阳离子交换膜。但是，现阶段杜邦公司生产的系列 Nafion 膜，价格昂贵，不利于锌铈液流电池的推广应用。从理论上分析，适用于锌铈液流电池的隔膜必须能阻止 Zn^{2+}、Ce^{3+} 和 Ce^{4+} 的透过，而能选择性透过 H^+。最有可能满足这一要求的隔膜类型包括阳离子交换膜和微孔膜。

7.5 锌镍液流电池

2007 年，程杰等人提出锌镍单液流电池[75]。高浓度的锌酸盐溶解在浓碱中作为支持电解液。充电时，锌酸盐中的锌被还原，电沉积在负极上，同时 $Ni（OH）_2$ 在正极上被氧化为 $NiOOH$；放电时，发生相反的反应。电池的正负极反应为：

正极反应：$2Ni（OH）_2+2OH^-\longrightarrow2NiOOH+2H_2O+2e$　$E^0=0.490\ V$

负极反应：$Zn（OH）_4^{2-}+2e^-\longrightarrow Zn+4OH^-$　$E^0=-1.215\ V$

在锌镍单液流电池中，流动的电解液减少了锌电极表面的浓差极化，改变了锌沉积形貌，解决了充电时锌电极变形及产生锌枝晶问题，避免了放电时产生氧化锌钝化膜问题。在程杰等人提出锌镍单液流电池后，2007 年至 2013 年防化研究院对锌镍单液流电池进行了较为详尽的研究。

通过循环伏安、阴极极化测试考察了铜、镉、铅作为基底对电池的影响，结果显示在 Cu 和 Pb 基体上沉积锌过程复杂，而在 Cd 基体上沉积锌过程简单。分别在不同电流密度下，在流动及非流动电解液中考察了锌沉积形貌，结果表明在静止电解液中，当电流密度超过 $70\ mA/cm^2$ 时就会出现锌枝晶，而在流动电解液中，在所考察的电流密度范围内几乎没有出现枝晶。在小型的实验室电池中表现出较好的循环性能[76]。

在电流密度对锌镍单液流电池影响的研究中表明，电流密度增加，锌的成核速度增加，并且分布均匀，而过低的电流密度下锌沉积过电位低，成核少，导致锌电极表面成核和核的生长交替进行，引发电位波动[77]。

在 ZnO 对 $Ni（OH）_2$ 电极影响研究中发现，在没有 Zn 的电解液中充放电循环，电极的容量随着循环次数增加而减少，但在含有 ZnO 的电解液中，充放电循环 500 次，容量没有发生变化，结果表明 ZnO 能够稳定 Ni（OH）$_2$ 结构，防止 γ—Ni（OH）$_2$ 形成[78]。

文越华等通过阴极极化测试发现在电解液中加入 PbO 或四丁基溴化铵（TBAB）能够抑制海绵锌的生成[79]，且 PbO 和 TBAB 两种添加剂具有协同作用，同时加入海绵锌抑制效果更加明显。

2011 年程杰等人在之前的研究基础上，提出用镀镍冲孔钢带代替镍箔做锌镍单液流电池的负极基体。研究表明，由于镀镍冲孔钢带具有独特的孔状结构，改变了传质方式，降低了锌沉积的极化，减少了析氢副反应的产生。

2013 年，大连化物所对锌镍单液流电池产生了浓厚兴趣，对其开展了一系列研究。Yuanhui Cheng 等人通过采用泡沫镍作为负极基体[80]，提高锌镍单液流电池的电流密度至 80 mA/cm^2，在此电流密度下充放电循环超过 200 次，库仑效率为 97.3％，能量效率为 80.1％，能量密度达到了 83 W/kg；又通过改变电池的结构提高了电池的性能，能量效率提高了 10.3％。在温度对锌镍单液流电池影响的研究中发现，在 0～40 ℃范围内，电池的能量效率在 53％～79.1％范围，并发现正极对温度更敏感。

2014 年防化研究院继续对锌镍单液流电池进行研究，宋世野等考察了电解液流速、电流密度和锌沉积面容量三者关系及对锌镍单液流电池充放电性能和负极沉积形貌的影响[81]。

7.6　铅液流电池

为避免双液流电池的诸多缺点，英国的 Pletcher 教授及其研究课题小组在对传统铅酸电池进行深入认识的基础上[82]，于 2004 年提出了一种全沉积型的单液流电池体系，并针对该单液流电池体系开展了一系列深入的研究。该电池体系采用酸性甲基磺酸铅（Ⅱ）溶液作为电解液，正负极均采用惰性导电材料（碳材料）作为电极基底。充电时电解液中的 Pb^{2+} 在负极发生还原反应生成金属 Pb 并沉积在负极基底上；同时 Pb^{2+} 也在正极发生氧化反应生成 PbO$_2$ 并沉积在正极基底上。由于在一定的温度范围内，电沉积生成的活性物质 Pb 和 PbO$_2$ 均不溶于甲基磺酸溶液，因此该液流电池体系不存在正负极活性物质相互接触的问题，所以不需要使用离子交换膜，甚至连单沉积液流电池中的通透性隔膜也不需要，所以也不存在使用两套电解液循环系统的问题。这些都大大降低了液流电池的成本，使得全铅液流电池在储能电池领域有着非常光明的应用前景。这类型液流电池体系充放电时在正负极发生反应的方程式为：

$$负极：Pb^{2+}+2e^- \xrightleftharpoons[放电]{充电} Pb$$

$$正极：Pb^{2+}+2H_2O \xrightleftharpoons[放电]{充电} PbO_2+4H^++2e^-$$

$$全电池：2Pb^{2+}+2H_2O \xrightleftharpoons[放电]{充电} PbO_2+4H^++Pb$$

该液流电池体系负极电对 Pb^{2+}/Pb 的反应活性较高，可逆性较好。但是同时存在正极二氧化铅成核反应过电位较高的问题，在 PbO_2 电沉积的过程中容易发生析氧副反应，产生的少量氧气泡对已沉积的 PbO_2 有一定的冲刷作用，这导致该体系全铅液流电池的比面容量（电极单位面积上的容量）增加到一定数值后（例如现有的 $15\sim20$ mA·h/cm²），正极电沉积的 PbO_2 会出现脱落的情况，这种会造成充电能量的损失导致液流电池充放电循环过程中容量效率和能量效率降低的问题。同时，电池放电结束后负极存在有铅剩余的问题，多次循环后造成铅的累积，循环次数过多会导致电池短路的问题，这大大限制了全铅液流电池的储能能力。

7.7　铁铬液流电池

最早的液流储能电池概念于 1974 年由 Thaller 首次提出，它是利用 Cr^{3+}/Cr^{2+} 电对中 Cr^{2+} 的还原性和 Fe^{3+}/Fe^{2+} 电对中 Fe^{3+} 的氧化性，在由质子交换膜隔离开的酸性 Cr^{3+} 电解液与酸性 Fe^{2+} 电解液里进行电化学氧化还原反应。该液流电池以 Fe^{2+}/Fe^{3+} 电对作为充放电过程中正极电化学反应电对，以 Cr^{3+}/Cr^{2+} 电对作为充放电过程中负极电化学反应电对时，充放电过程中恒流泵推动电解液分别在正负极半电池和与其对应的电解液储罐之间形成的闭合回路中循环流动。充电阶段，正极电解液中的 Fe^{2+} 在正极电极表面发生氧化反应生成 Fe^{3+}，并随着电解液的流动返回正极电解液储罐中；负极电解液中的 Cr^{3+} 在负极电极表面发生还原反应生成 Cr^{2+}，也随着电解液的循环流动回到负极电解液储罐中。放电过程则与之相反，正极电解液中的 Fe^{3+} 在正极表面发生还原反应生成 Fe^{2+} 回到正极电解液储罐中，负极电解液中的 Cr^{2+} 在负极表面发生氧化反应生成 Cr^{3+} 并随电解液回到负极储罐中，这样，放电过程完成后液流电池电解液就恢复到了充电阶段之前完全一致的水平，如此循环往复，通过正负极电对活性物质的相互转换实现电能的存储与释放过程。在充放电过程中，电解液之间的导电是由两个电解液中含有的 H^+ 自由通过质子交换隔膜完成的。

然而，该液流电池中的负极活性物质 Cr^{3+} 在酸性电解液中容易形成多种不同的配离子导致电池负极活性降低，并且 Cr^{3+} 在液流电池中还原电位与析氢电位接近，充电过程中存在析氢副反应，这降低了液流电池的容量效率并且还会造成正极电解液中 Fe^{3+} 的累积，此外，溶液中正、负离子交叉污染问题很严重，这些原因最终导致 Fe^{3+}/Cr^{2+} 液流电池未能成功应用于实际生产生活中。

7.8　多硫化钠/溴液流电池

多硫化钠/溴液流电池（Sodium Polysulfide/Bromide Redox Flow Battery，PSB）最早是由美国乔治亚理工学院的 Remick 和 Ang 在 1984 年提出的[83]。但是直到 90 年

代初期 Regenesys 公司才开始重视研究开发出可实际应用的多硫化钠/溴液流电池。并且先后开发出个、十、百三个千瓦级的电池组。该液流电池体系分别用 NaBr 和 Na_2S_x 作为正负极电解液，钠离子交换膜作为隔膜组成液流电池系统。该液流电池的开路电压为 1.74 V 左右，其能量密度可达 20～30 W·h·L。多硫化钠/溴液流电池在充电过程中，正极电解液中的 Br^- 在正极电极表面发生氧化反应生成 Br_2 单质，同时负极的活性物质多硫化钠中 S 元素被还原，在整个电化学反应过程中，正极电解液中的 Na^+ 通过钠离子交换膜迁移至负极；而液流电池在放电过程中，则发生与充电过程互逆的电化学反应，与此同时，负极电解液中的 Na^+ 又通过钠离子交换膜迁移向正极。电极反应方程式如下：

$$正极：2NaBr \xrightleftharpoons[放电]{充电} Br_2 + 2Na^+ + 2e^-$$

$$负极：(1+x)Na_2S_x \xrightleftharpoons[放电]{充电} 2Na^+ + xNa_2S_{x+1} + 2e^-$$

20 世纪初期，Regenesys 公司建造了第一座大规模的多硫化钠/溴液流电池调峰储能演示基地，将其作为一个兆瓦级燃气涡轮机发电厂的配套体系使用，该多硫化钠/溴液流电池储能装置具有高达 120 MW·h 的储电容量，当其储电量达到 100％时可提供高达 15 MW 的输出功率。截至目前，国外的 PSB 储能技术已经正式进入到了的市场商业化道路，然而国内从 2000 年起才逐渐正式开始多硫化钠/溴液流电池的研究，虽然目前已经在国内科研院所和高校的研究带领下，在多方面的技术手段上均取得了一些可喜的研究进展与成果，但与 PSB 强国仍存在很大距离。

7.9 总结与展望

对于传统双液流电池来说，在逐步实现全钒液流电池等成熟技术商业化的同时，开发具有溶解度大、化学性质稳定、电极反应可逆性高、无析氧/析氢副反应、电对平衡电位差大等特点的新电对以及非水体系是一项很有意义且充满前景的工作。

与双液流电池相比，沉积型单液流电池具有结构简化、比能量高、成本低等特点，但是单液流电池的容量受固体电极所限，寿命有待提高。沉积型金属电极的均匀性和稳定性以及兼顾正负电极性能的电解液等问题也有待进一步解决。

新型液流电池技术，如钒/空气液流电池、(Fe^{3+}/Fe^{2+}) 液流/甲醇燃料电池或半固体锂离子液流电池，目前正处于研究的起步阶段，无论性能还是可靠性和循环寿命，都不能满足实际应用的需求，因此这些新技术要成为成熟的商业化技术还有很长的路要走。

大规模、高效率、低成本、长寿命是未来液流储能电池技术的发展方向和目标。因此，需要加强液流储能电池关键材料（如电解液、离子交换膜、电极材料等）及电池结构的研究，提高电池可靠性和耐久性。同时，应进行关键材料的规模化生产技术开发，实现电池关键材料的国产化以显著降低成本，并且积极开展应用示范，为液流储能电池的产业化和大规模应用奠定基础。

参考文献

[1] The United States of America as represented by the administrator of the National Aeronautics and space administration. Electrically rechargeable REDOX flow cell：美国，US3996064A [P]. 1976—12—07.

[2] Unisearch Limited. All-vanadium redox battery：美国，US4786567A [P]. 1988—11—22.

[3] 中国科学院大连化学物理研究所. 全钒液流电池用多孔碳纤维纸电极材料及其制备和应用：中国，CN106560944A [P]. 2017—4—12.

[4] 中国科学院大连化学物理研究所. 一种双功能负极及其作为全钒液流电池负极的应用：中国，CN104518221A [P]. 2015—4—15.

[5] 中国科学院大连化学物理研究所. 一种纳米碳纤维毡及其制备和在全钒液流电池中的应用：中国，CN105734831A [P]. 2016—7—6.

[6] 中国科学院大连化学物理研究所. 全钒液流电池用多孔碳纤维毡电极材料及其制备和应用：中国，CN105762369A [P]. 2016—7—13.

[7] 中国科学院大连化学物理研究所. 一种全钒液流电池用高活性电极材料的制备方法：中国，CN104716349A [P]. 2015—6—17.

[8] 攀钢集团攀枝花钢铁研究院有限公司. 一种全钒氧化还原液流电池：中国，CN106450400A [P]. 2017—2—22.

[9] 攀钢集团攀枝花钢铁研究院有限公司. 一种全钒氧化还原液流电池电极材料及其制备方法：中国，CN106410219A [P]. 2017—2—15.

[10] 攀钢集团攀枝花钢铁研究院有限公司. 全钒液流电池复合电极及其制备方法：中国，CN106450351A [P]. 2017—2—22.

[11] 攀钢集团攀枝花钢铁研究院有限公司. 全钒液流电池复合电极及其制备方法：中国，CN106384831A [P]. 2017—2—8.

[12] 中国科学院金属研究所. 全钒液流电池用纳米石墨粉/纳米碳纤维复合电极的制备方法：中国，CN104319405A [P]. 2015—1—28.

[13] 中国科学院金属研究所. 一种制备全钒液流电池用电极材料的方法：中国，CN102522568A [P]. 2012—6—27.

[14] 中国科学院金属研究所. 全钒液流电池用钨基催化剂/纳米碳纤维复合电极的制备方法：中国，CN104332638A [P]. 2015—2—4.

[15] 湖南农业大学. 全钒液流电池用电极材料的修饰方法：中国，CN105609796A [P]. 2016—5—25.

[16] 湖南农业大学. 全钒液流电池用电极材料的制备方法：中国，CN105742658A [P]. 2016—7—6.

[17] 上海电气集团股份有限公司. 一种全钒液流电池用三合一复合电极及其制备方法：中国，CN105140527A [P]. 2015—12—9.

[18] 山东省科学院新材料研究所. 一种全钒液流电池用复合碳电极及其制备方法：中国，CN103682384A [P]. 2014—3—26.

[19] 湖南省银峰新能源有限公司. 全钒液流电池电极的处理方法：中国，CN105529471A [P]. 2016—4—27.

[20] 国网电力科学研究院武汉南瑞有限责任公司. 一种全钒液流电池用石墨毡电极磷掺杂的方法：中国，CN102956899A [P]. 2013—3—6.

[21] 清华大学. 一种含锰的钒液流电池电解液：中国，CN102881932A [P]. 2013—1—16.

[22] 攀钢集团攀枝花钢铁研究院有限公司. 全钒液流电池电解液稳定剂及其制备方法：中国，CN106384835A [P]. 2017—2—8.

[23] 中国科学院大连化学物理研究所. 一种含磷的杂多酸全钒液流电池正极电解液及其应用：中国，CN105322207A [P]. 2016—2—10.

[24] 中国科学院大连化学物理研究所. 一种含有复合添加剂的全钒液流电池正极电解液及其应用：中国，CN105762395A [P]. 2016—7—13.

[25] DWI 莱布尼茨互动材料研究所 e. V. 具有分散有碳粒子的钒电解质的钒氧化还原液流电池：中国，CN106463750A [P]. 2017—2—22.

[26] 四川长虹电源有限责任公司. 复合稳定剂优化的全钒氧化还原液流电池电解液的制备方法：中国，CN104269572A [P]. 2015—1—7.

[27] 攀钢集团攀枝花钢铁研究院有限公司. 一种高稳定性的全钒液流电池电解液及其制备方法：中国，CN106299435A [P]. 2017—1—4.

[28] 中国科学院大连化学物理研究所. 一种含硅的杂多酸的全钒液流电池正极电解液：中国，CN106505234A [P]. 2017—3—15.

[29] 中国科学院大连化学物理研究所. 一种含氯全钒液流电池负极电解液：中国，CN104518233A [P]. 2015—4—15.

[30] 攀钢集团攀枝花钢铁研究院有限公司. 一种全钒氧化还原液流电池：中国，CN106328976A [P]. 2017—1—11.

[31] 陈曦. 一种全钒氧化还原液流电池用电解液制备方法：中国，CN105006585A [P]. 2015—10—28.

[32] 湖南省银峰新能源有限公司. 一种全钒液流电池电解液的制备方法：中国，CN103401010A [P]. 2013—11—20.

[33] 深圳市万越新能源科技有限公司. 一种通过电解合成法制备全钒液流电池正极电解液的方法：中国，CN104852074A [P]. 2015—8—19.

[34] 四川大学. 全钒氧化还原液流电池用电解液的制备方法：中国，CN103904343A [P]. 2014—7—2.

[35] 中国科学院上海高等研究院. 一种全钒液流电池电解液的制备方法：中国，CN104124464A [P]. 2014—10—29.

[36] 成都赢创科技有限公司. 一种钒液流电池用固体电解液的制造方法：中国，CN103280591A [P]. 2013—9—4.

[37] 成都赢创科技有限公司. 全钒液流电池用双极板的制备方法：中国，CN104269564A [P]. 2015—1—7.

[38] 攀钢集团攀枝花钢铁研究院有限公司全钒液流电池双极板及其制备方法：中国，CN106299389A [P]. 2017—1—4.

[39] 陕西五洲矿业股份有限公司. 全钒液流电池电堆一体化双极板结构：中国，CN206076396U. 2017—4—5.

[40] 陕西五洲矿业股份有限公司. 全钒液流电池电堆一体化双极板：中国，CN206076385U. 2017—4—5.

[41] 中国科学院大连化学物理研究所. 一种液流电池用双极板或单极板结构及全钒液流电池：中国，CN104518222A [P]. 2015—4—15.

[42] 中国科学院金属研究所. 全钒液流电池用阳/增强/阴两性复合膜及其制备方法：中国，CN104282923A [P]. 2015—1—14.

[43] 广东电网公司电力科学研究院. 磺化聚芳醚砜和全钒液流电池用共混膜及其制备方法：中国，CN103601888A [P]. 2014—2—26.

[44] 深圳市万越新能源科技有限公司. 一种新型全钒液流电池离子交换膜的制备方法：中国，CN104752737A [P]. 2015—7—1.

[45] 南通汉瑞实业有限公司. 一种全钒氧化还原液流电池用离子交换膜的合成及制备方法：中国，CN103515634A [P]. 2014—1—15.

[46] 中国科学院化学研究所. 一种全钒液流电池隔膜及其制备方法：中国，CN104425789A [P]. 2015—3—18.

[47] 广东电网公司电力科学研究院. 一种磺化聚芳醚砜和全钒液流电池用共混膜及其制备方法：中国，CN103613762A [P]. 2014—3—5.

[48] Massachusetts institute of technology. High energy density redox flow device：WO2009151639A1 [P]. 2009—12—17.

[49] Lu Y, et al. Aqueous cathode for next-generation alkali-ion batteries [J]. Journal

of the American Chemical Society, 2011, 133 (15): 5756−9.

[50] Zhao Y, et al. Sustainable electrical energy storage through the ferrocene/ferrocenium redox reaction in aprotic electrolyte [J]. Angewandte Chemie, 2014, 53 (41): 11036−40.

[51] Wei X, et al. Towards high-performance nonaqueous redox flow electrolyte via ionic modification of active species [J]. Advanced Energy Materials, 2015, 5 (1).

[52] Zhao Y, et al. High-performance rechargeable lithium-iodine batteries using triiodide/iodide redox couples in an aqueous cathode [J]. Nature Communications, 2013, 4 (5): 1896.

[53] Zhao Y, et al. High-Performance Lithium-Iodine Flow Battery [J]. Advanced Energy Materials, 2013, 3 (12): 1630−1635.

[54] Zhao Y, et al. A 3.5 V lithium-iodine hybrid redox battery with vertically aligned carbon nanotube current collector [J]. Nano Letters, 2014, 14 (2): 1085.

[55] Zhao Y, et al. A reversible Br_2/Br^- redox couple in the aqueous phase as a high-performance catholyte for alkali-ion batteries [J]. Energy & Environmental Science, 2014, 7 (6): 1990−1995.

[56] Wang W, et al. Anthraquinone with tailored structure for a nonaqueous metal-organic redox flow battery [J]. Chemical Communications, 2012, 48 (53): 6669.

[57] Wei X, et al. TEMPO-based catholyte for high-energy density nonaqueous redox flow batteries [J]. Advanced Materials, 2014, 26 (45): 7649−7653.

[58] Takechi K, et al. Catholytes: A highly concentrated catholyte based on a solvate ionic liquid for rechargeable flow batteries (Adv. Mater. 15/2015) [J]. Advanced Materials, 2015, 27 (15): 2501.

[59] Duduta M, et al. Semi-Solid lithium rechargeable flow battery [J]. Advanced Energy Materials, 2011, 1 (4): 511−516.

[60] Hamelet S, et al. Non-aqueous Li-based redox flow batteries [J]. Journal of the Electrochemical Society, 2012, 159 (8): A1360−A1367.

[61] Hamelet S, et al. Silicon-Based Non Aqueous Anolyte for Li Redox-Flow Batteries [J]. Journal of the Electrochemical Society, 2013, 160 (3): A516−A520.

[62] Huang Q, et al. Reversible chemical delithiation/lithiation of $LiFePO_4$: Towards a redox flow lithium-ion battery [J]. Physical Chemistry Chemical Physics Pccp, 2013, 15 (6): 1793.

[63] Brushett F R, et al. An all-organic non-aqueous lithium-ion redox flow battery

[J]. Advanced Energy Materials, 2012, 2 (11): 1390—1396.

[64] Youssry M, et al. Non-aqueous carbon black suspensions for lithium-based redox flow batteries: Rheology and simultaneous rheo-electrical behavior [J]. Physical Chemistry Chemical Physics Pccp, 2013, 15 (34): 14476—14486.

[65] Presser V, et al. Electrochemical flow cells: The electrochemical flow capacitor: A new concept for rapid energy storage and recovery (Adv. Energy Mater. 7/2012) [J]. Advanced Energy Materials, 2012, 2 (7): 895—902.

[66] Yang Y, et al. A membrane-free lithium/polysulfide semi-liquid battery for large-scale energy storage [J]. Energy & Environmental Science, 2013, 6 (5): 1552—1558.

[67] 全国工商联新能源商会储能专业委员会. 储能产业研究白皮书 2011 [R]. 北京: 2011.

[68] Eidler P. Development of zinc/bromine batteries for load-leveling applications: Phase 1 final report [J]. Office of Scientific & Technical Information Technical Reports, 1999.

[69] Nanch Clark, et al. Development of zinc/bromine batteries for load-leveling applications: Phase 2 final report [R]. California: Sandia Nation Laboratory, 1999.

[70] Peter J L. Demonstrations of ZBB energy storage systems [R]. California: California Energy Commission, 2012.

[71] SG_Demo_Project list11—24—09 [EB/OL]. [2011—09—24]. http: //www. sandia. gov/ess/docs/events_news/FOA36_storagedemos_11—24—09. pdf.

[72] Toshinobu Fujii, Igarashi M. 4 MW zinc/bromine battery for electric power for electric power storage [C] //The 24th Intersociety Energy Conversion Engineering Conference, 1989 (3): 1319—1323.

[73] David M Rose, et al. Initial test results from the Red Flow 5 kW, 10 kW • h zinc-bromide module, Phase I [R]. California: Sandia Nation Laboratory, 2012.

[74] Eda, Inc. Lanthanide batteries: WO2003017408 A1 [P]. 2003—2—27

[75] Cheng J, et al. Preliminary study of single flow zinc-nickel battery [J]. Electrochemistry, 2007, 9 (11): 2639—2642.

[76] Zhang L, et al. Study of zinc electrodes for single flow zinc/nickel battery application [J]. Journal of Power Sources, 2008, 179 (1): 381—387.

[77] 张立, 等. 单液流锌镍电池锌负极性能及电池性能初步研究 [J]. 电化学, 2008 (3): 248—252.

[78] Cheng J, et al. Influence of zinc ions in electrolytes on the stability of nickel

oxide electrodes for single flow zinc-nickel batteries [J]. Journal of Power Sources, 2011, 196 (3): 1589—1592.

[79] Wen Y, et al. Lead ion and tetrabutylammonium bromide as inhibitors of the growth of spongy zinc in single flow zinc/nickel batteries [J]. Advanced Materials Research, 2012, 59 (4): 64—68.

[80] Cheng Y, Zhang H, Lai Q, et al. A high power density single flow zinc-nickel battery with three-dimensional porous negative electrode [J]. Journal of Power Sources, 2013, 241 (11): 196—202.

[81] 宋世野, 等. 电解液流速对锌镍单液流电池性能的影响 [J]. 高等学校化学学报, 2014, 35 (1): 134—139.

[82] Hazza A, et al. A novel flow battery—A lead acid battery based on an electrolyte with soluble lead (II). Part IV: The influence of additives [J]. Physical Chemistry Chemical Physics, 2004, 6 (8): 1779—1785.

[83] Institute of Gas Technology. Electrically rechargeable anionically active reduction-oxidation electrical storage-supply system: 美国, US4485154A [P]. 1984—11—27.

第8章 燃料电池新技术

燃料电池（Fuel Cell，简称 FC）是一种将燃料（如氢、天然气、甲醇等）和氧化剂（如空气、氧气等）的化学能，通过电化学反应将其直接、连续地转变为电能的电化学反应器，是继水力发电、火力发电和核能发电之后的第四种发电技术。

8.1 燃料电池概述

燃料电池既与一般的原电池（即一次电池）不同，而且也不同于一般的蓄电池（即二次电池），作为电化学反应器，这三种电池具有如下不同的电化学反应工程特点[1]，如表 8-1 所示。

表 8-1 三种电池的电化学反应工程特点

电池的类别	反应器的工作方式	反应物供给	电化学反应器的结构特征	反应器特有的性能指标
原电池	间歇式电化学反应器	反应物在电池内部	单体电池，可以单独使用，也可以组合使用	电池放分（定电阻放电的时间）
蓄电池	能反向工作的间歇式电化学反应器	反应物置于电池内部，但可通过电化学方式（充电）再生	单体电池，通常不单独使用，而组合为电池组应用	循环寿命（即充放电次数）
燃料电池	连续工作式电化学反应器	反应物在电池外部，工作时由外部不断输入	由单体电池、电堆（Stack）和实现物流（燃料和氧化剂）处理、供给和控制的软硬件构成的系统方能工作	连续运行的时间

燃料电池等温地依据电化学反应的方式将化学能直接转变成电能，由于不经过热机过程，因此不受卡诺循环的限制，能量转化效率高（高达 40%～60%）；环境友好，几乎不排放污染物如氮氧化物和硫氧化物；CO_2 的排放量通常比常规发电厂的排放量减少 40% 以上。鉴于燃料电池具有上述突出的优点，其研究和开发受到各国政府及企

业的高度重视，被誉为 21 世纪首选的洁净而高效的发电技术[2]。面对雾霾天气频发，我国的环境保护形势异常严峻，发展燃料电池等绿色新能源也就被提上日程。

8.1.1　原理

燃料电池将燃料和氧化剂中的化学能直接转变成电能，以最简单的 H_2/O_2 燃料电池为例，氧化还原反应如下所示：

$$负极（阳极）反应：H_2 \longrightarrow 2H^+ + 2e^-$$
$$正极（阴极）反应：1/2O_2 + 2H^+ + 2e^- \longrightarrow H_2O$$
$$电池总反应：H_2 + 1/2O_2 \longrightarrow H_2O$$

H_2 作为燃料在阳极发生氧化反应，生成质子（H）和电子（e^-），质子穿过燃料电池的隔膜（例如质子交换膜）在燃料电池的内部迁移至阴极，电子则通过外电路迁移至阴极，氧气作为氧化剂与质子、电子发生反应生成 H_2O。氧气发生还原反应的电极被称为阴极，对外电路按照原电池则定义为正极。氢气发生氧化反应的电极被称为阳极，对外电路按照原电池则定义为负极。电子在外电路中由负极迁移至正极，电流的方向正好与电子的移动方向相反，即从正极流向负极。

8.1.2　分类

燃料电池具有诸多不同的分类方法，但目前最普遍采用的方法即为按照所采用的电解质来进行分类。

根据燃料电池所采用电解质的类型，燃料电池主要分为如下几类：碱性燃料电池（Alkaline Fuel Cell，缩写为 AFC）、磷酸燃料电池（Phosphoric Acid Fuel Cell，PAFC）、熔融碳酸盐燃料电池（Molten Carbonate Fuel Cell，MCFC）、固体氧化物燃料电池（Solid Oxide Fuel Cell，SOFC）以及质子交换膜燃料电池（Proton Exchange Membrane Fuel Cell，PEMFC）。其中质子交换膜燃料电池亦可称为聚合物电解质膜燃料电池（Polymer Electrolyte Membrane Fuel Cell，PEMFC），其中比较常见的直接以甲醇为燃料的质子交换膜燃料电池称为直接甲醇燃料电池（Direct Methanol Fuel Cell，DMFC）。

表 8-2 是这几种燃料电池的特征比较[3]。

表 8-2　不同燃料电池的特征比较

类型	AFC	PAFC	MCFC	SOFC	PEMFC	DMFC
电解质	KOH	H_3PO_4	$(Li、K)_2CO_3$	Y_2O_3 稳定的 ZrO_2	全氟磺酸膜	全氟磺酸膜
导电离子	OH^-	H^+	CO_3^{2-}	O^{2-}	H^+	H^+
阳极催化剂	Pt/Ni	Pt/C	Ni/Cr	Ni/ZrO_2	Pt/C	PtRu/C

类型	AFC	PAFC	MCFC	SOFC	PEMFC	DMFC
阴极催化剂	Pt/Ag	Pt/C	Li/NiO	Sr/LaMnO$_3$	Pt/C 或 PtM/C	Pt/C 或 PtM/C
腐蚀性	强	强	强	弱	无	甲醇有毒
工作温度（℃）	50～200	100～200	650～700	900～1000	室温～100	室温～100
燃料	纯氢	重整气	天然气、净化煤气、重整气	天然气、净化煤气	氢气、重整氢	甲醇
氧化剂	纯氧	空气	空气	空气	纯氧、空气	纯氧、空气
启动时间	几分钟	几分钟	>10 分钟	>10 分钟	<5 秒	<5 秒

8.1.3　应用

以 KOH 为电解质的 AFC 已成功运用到载人航天飞行中，作为 Apollo 登月飞船和航天飞机的主电源；作为分散电站，PAFC 至今已有近百台 PC25（200 kW）在世界各地运行；MCFC 可采用净化煤气、天然气或重整气作燃料，比较适于作为区域性分散电站的电源；SOFC 可与煤的气化构成联合循环，特别适宜建造大型或中型电站用于发电；PEMFC 可在室温下快速启动，并可按照负载的要求快速改变输出功率的大小，因此是电动汽车、不依赖空气推进的潜艇动力源以及各种可移动电源的最优选择；DMFC 则适于应用到单兵电源、笔记本电脑等小型便携式电源[2]。

8.2　膜电极

8.2.1　概述

PEMFC 除具有燃料电池的一般优点（如环境友好、能量转换效率等）外，还具有比能量和比功率高、可于室温下快速启动、工作温度低以及寿命长等突出优点，是比较理想的便携式电源和移动电源，成为极具发展前途的一种燃料电池。

质子交换膜燃料电池体系的构成，具有三个不同的层面，最小的层面为单体电池，其次为电堆，最大的是系统。其中单体电池是 PEMFC 的基本单元，其由膜电极（Membrane Electrode Assembly，MEA）、流场板和密封元件等组成。

膜电极是单体电池最主要的组成部件，被称为质子交换膜燃料电池单体电池的心脏，是决定整个燃料电池系统性能的关键因素之一，它是子交换膜燃料电池进行电化学反应的场所，通常包括质子交换膜、电催化层和气体扩散层三个部分[4]。

在膜电极正常运行时，电极内同时进行着质子、电子、气体和水等的传递过程[5]。质子在催化层中的传递主要依靠质子导体（如美国杜邦公司的 Nafion 系列产品），并在质子交换膜中由阳极传递至阴极；电子在催化层中的传递主要依靠具有导电性的电催化剂（如 Pt/C），并通过气体扩散层到达外电路；气体穿过多孔性的气体扩散层到达催化层，并在催化层的孔隙中得以扩散；水的传递通常伴随着气体的流动而进行，而憎水剂（如 PTFE）的使用也有助于水的及时排出。

8.2.2 自增湿

膜电极中水的传递与反应物的传质、质子的传递、电池的内阻等多种物理化学性能息息相关，是影响燃料电池电化学性能的一个重要因素。目前，质子交换膜燃料电池的增湿方法主要包括以下三种：外增湿、内增湿和自增湿。三种增湿方式的特点[3]见表 8-3。

表 8-3 三种增湿方式的特点

增湿种类	结构特点	优点	缺点
外增湿	增湿器在电堆之外	电堆和增湿器可独立进行优化设计与运行	结构较庞大
内增湿	电堆内增设加湿器段	结构较紧凑	电堆和加湿器不可分，不能各自独立地优化
自增湿	不需单独的加湿器	电堆结构最为简单	膜电极需特殊处理，易损坏，运行需悉心维护

为了提高质子交换膜燃料电池系统的体积比功率和质量比功率，利用电池反应生成水和水在质子交换膜内的传递特性，实现膜电极的自增湿，确保燃料电池的长期稳定高效运行，成为膜电极的发展目标和研究热点。

由于 MEA 通常包括质子交换膜、电催化层和气体扩散层，因而 MEA 的自增湿技术主要集中在以下三方面[6]。

8.2.2.1 自增湿复合膜

PEMFC 在运行过程中，水分子在质子交换膜内主要存在两种运动：①在外电场的作用下，水分子伴随着质子从阳极迁移到阴极；②在浓度梯度的作用下，水分子从阴极反扩散至阳极。当反扩散的 H_2O 不能及时补充电迁移的 H_2O 时，质子交换膜两侧的净水传递是由阳极侧流向阴极侧，膜的阳极侧将处于干涸状态，而阴极容易发生水淹，从而造成质子的传导率大幅度下降。自增湿复合膜是最直接且有效的自增湿方式，通过在质子交换膜中掺杂 Pt 颗粒或保水性的物质，催化剂 Pt 颗粒可以有效地促进扩散至膜内的 H_2 和 O_2 在 Pt 催化剂上发生化学反应而生成水来润湿质子交换膜，保水性的物质加强膜内水的反扩散作用，从而润湿膜；也可制备复合结构的自增湿复合膜，增大膜两侧的水浓度梯度，该复合膜能够有效地化合扩散至质子交换膜内的 H_2 和 O_2 来生成水以直接润湿膜，防止短路电流的产生，同时可以加速水向阳极扩散并润湿膜和阳极催化层。

Watanabe Masahiro 等人首次在专利文献 JP 特开平 6-111827A[7] 中报道了膜电极的自增湿技术，该专利申请于 1992 年 9 月 25 日提出，于 1994 年 4 月 22 日公开。该专利技术中首次提出将 SiO_2 置于聚合物电解质膜中，离子传导率得到提高，同时燃料电池的内阻得以降低。此后不到一年的时间，他们继续进行研究，在专利文献 EP0631337A2[8] 中报道了将 Pt 等催化剂和 SiO_2、TiO_2 等金属氧化物加入到固体聚合物电解质膜中，该膜自身具有产生和保持水的能力，离子传导率高和抑制穿越的性能优异，燃料电池的性能得到明显提高。

对于自增湿复合膜的研究主要包括以下两个方面。

添加剂

将 Pt 等催化剂和保水性物质共同加入至质子交换膜中以构筑自增湿复合膜是一种有效的方法，其中 Pt 可以催化扩散至膜内的 H_2 和 O_2 以化合生成水，保水性物质增加了电解质与电极间的水管理效率，使复合膜具有优良的保水和稳定性能，表现出与未添加的膜相比更优的低湿度性能和稳定性能。专利文献 CN1610145A[9] 报道了一种具有自增湿功能的纳米复合质子交换膜的制备方法，在聚四氟乙烯多孔膜中先浸渍质子传导树脂与二氧化硅或二氧化钛纳米粒子的混合物从而形成保水性的质子传导层，再浸渍质子传导树脂与纳米铂或钯颗粒的混合物以形成自增湿质子传导层。该复合膜作为质子交换膜燃料电池的质子传导膜具有良好的自增湿和保水能力。

由于铂属于贵金属，价格昂贵，为了降低 PEMFC 的成本，不添加 Pt 等贵金属催化剂至质子交换膜成为一个研究方向。专利文献 CN1455469A[10] 报道了一种自增湿固体电解质复合膜，以磺化树脂为基底掺杂结晶水合物并采用高温、高压溶解，用流延法成膜。该复合膜不含贵金属，能进行质子与水的传递，不能进行电子与气体的传递，制造成本低廉；可使 PEMFC 无需增湿器就能实现自增湿发电，提高了 PEMFC 的比功率；并且该复合膜的质子传导能力很强，电导率可超过 0.08 S/cm，它组装的燃料电池功率密度可超过 2.0 W/cm^2；电池放电性能稳定，寿命高达上万小时。

多层结构

在膜中添加 Pt 颗粒会由于分散不均匀而形成电子通道，从而使电池失效。为了避免或减少短路电流的产生，可以采用多层结构的自增湿复合膜来提高质子交换膜的自增湿性能。专利文献 CN1862857A[11] 报道了一种燃料电池用多酸自增湿复合质子交换膜，将多金属氧酸盐和固体聚合物电解质溶液喷涂或浇注至质子交换膜的一侧或两侧，从而制得自增湿复合膜。所制备的多金属氧酸盐复合膜不仅具有很强的自增湿效果，而且制备工艺简单，材料成本低，可以应用于以氢气和甲醇为燃料的自增湿质子交换膜燃料电池。专利文献 CN1881667A[12] 报道了一种自增湿燃料电池用多层复合质子交换膜，在致密的基底膜的一侧或两侧加设由担载型催化剂和高分子固体电解质组成的功能膜。上述自增湿复合膜具有机械强度高、致密性好、成本低的优点。专利文献 CN102738482A[13] 报道了一种自增湿膜，先制备多孔基底，然后涂布沸石基材料于多孔基底的孔壁和表面，再采用质子导电材料填充具有沸石基材料涂层的多孔基底中的孔，从而制得一种复合膜材料，并将其用作质子导电电解质膜去构建自增湿膜。该自增湿膜可以利用沸石基材料吸附电极反应生成的水和/或通过电催化以促使水的形成来调节水量的大小，而且还可以通过质子传导材料在具有沸石基材料构成的涂层的多孔基底中的限制区域来抑制由温度改变和热效应导致的材料收缩和膨胀，进而改善质子交换膜在高温条件下的机械及尺寸上的稳定性。

对于膜的自增湿，新的结构和技术不断出现。专利文献 CN1620734A[14] 报道了一种燃料电池的新的自增湿结构，该燃料电池具有直接加湿作为离子传导体的高分子电解质膜的加湿单元。作为加湿单元，使用在与高分子电解质膜接触的位置上具有由具有吸水性的材料构成的保水部，利用毛细管现象直接加湿高分子电解质膜的直接加湿单元；为了更快且均匀地加湿高分子电解质膜，还使用在高分子电解质膜中具有与保水部连接、由具有亲水性的材料构成的加湿水流路的单元。利用这样的结构能够提供直接加湿离子传导体的燃料电池。

8.2.2.2 自增湿催化层

PEMFC 在运行时，阴极生成的水会向阳极扩散而阳极的水分子会随着质子迁移到阴极，但是膜两侧的净水传递却是由阳极流向阴极，结果导致阳极催化层容易干涸，阴极容易被水淹。自增湿催化层的设计就是力促阴极侧生成的水向阳极侧进行反扩散，加强膜电极的保水能力，从而防止质子交换膜与阳极发生干涸。

对于催化层的自增湿技术，主要包括以下几种：

添加亲水物质

燃料电池在无外增湿的情形下，膜电极的阳极侧往往处于干涸的状态，严重影响到燃料电池的电化学性能，在催化层中添加一些亲水性的物质（如 SiO_2、Al_2O_3、ZnO、TiO_2 等）可以提高燃料电池在低湿度下的电池性能。

Hojung U 等[15] 报道了直接将 SiO_2 添加到催化层中以制备自增湿催化层，研究考察了添加不同量的 SiO_2 对燃料电池性能的影响。研究发现，当在阴极催化层中添加 SiO_2 时，电极会发生水淹，从而降低了燃料电池的性能；而在阳极催化层中添加 40% 的二氧化硅时，燃料电池在低湿度下能获得良好的性能和自增湿效果。

Chao W K 等[16] 报道了将 $\gamma-Al_2O_3$ 颗粒直接添加至催化层中来提高燃料电池在低湿度下的湿度和性能，其考察了电池温度为 65 ℃、常压下添加不同量 $\gamma-Al_2O_3$ 的燃料电池的自增湿效果。研究发现，当在阴极催化层中添加 $\gamma-Al_2O_3$ 时，容易发生水淹进而降低燃料电池的性能，而在阳极催化层中添加 10％ 的 $\gamma-Al_2O_3$ 且电池温度为 65 ℃ 时，电池在不同相对湿度下可获得最好的性能，实验结果表明，$\gamma-Al_2O_3$ 表面的 Lewis 酸点可以吸引水分子上的羟基从而使阳极催化层在低湿度条件下维持润湿状态，但在阳极催化层中添加过量的 $\gamma-Al_2O_3$ 时会增加电池的内阻，且吸收过量的水分时会使阳极催化层发生水淹现象。

除了上述氧化物可作为催化层中的亲水性物质外，部分高分子聚合物也可使用。Liang H 等[17]报道了通过在阳极催化层中添加亲水性的有机聚合物如聚乙烯醇（PVA）或 PVA 和 SiO_2 来制备自增湿膜电极。实验结果表明，该自增湿膜电极在高温低湿度条件下表现出较稳定的燃料电池性能和较小的内阻，且同时添加 PVA 和 SiO_2 的燃料电池可以获得更高和更稳定的性能，在 0.6 V 时电流密度高达 1 100 mA/cm^2，功率密度高达 780 mW/cm^2。在电池温度为 60 ℃、15％ 相对湿度的条件下，经过 30 小时的长时间放电，燃料电池性能仍能保持在 900 mA/cm^2。PVA 具有很强的吸附能力，它既可以作为吸湿剂又可作为黏结剂，在低湿度条件下 PVA 可锁住催化层里的水分并且吸收从阴极反扩散到阳极的水，添加适量的聚乙烯醇还可以和 Nafion 同时作为黏结剂。

对于亲水性的物质，其不同的形貌和处理方法对其性能也会产生影响。Senthil Velan V 等[18]考察了将不同形貌的 SiO_2 添加至催化层中对燃料电池性能的影响。研究发现，在电池温度为 60 ℃、低湿度条件下，在催化层中添加低比表面积并用硫酸处理的 SiO_2 粉末的燃料电池表现出最好的性能。这是因为，高比表面积的 SiO_2 粉末会吸收更多的水分从而导致水淹，而用硫酸处理可以提高 SiO_2 的亲水性和质子化性能。

构筑多层结构

为了达到膜电极自增湿的目的，在膜电极中构筑包括增湿层在内的多层结构是一种有效的方法。

专利文献 CN105789634A[19]报道了一种自增湿质子交换膜燃料电池的膜电极，该膜电极由阳极催化层、阴极催化层、质子交换膜和两个气体扩散层组成，阳极催化层是由以下方法制得的：无机氧化物水解前驱体、有机溶剂和水混合，用酸溶液水解得到酸溶胶；催化剂、全氟磺酸树脂溶液和有机溶剂混合均匀得到催化剂浆料；催化剂浆料和酸溶胶进行混合，并加入碱溶液，原位生成亲水性无机氧化物获得无机氧化物悬浊液，无机氧化物悬浊液喷涂于质子交换膜一侧或气体扩散层形成阳极催化层。该膜电极制备简单，保持水分能力明显提升，保证在无增湿的条件下燃料电池的正常运行。

专利文献 CN101702439A[20]报道了一种具有自增湿功能的燃料电池膜电极，质子交换膜两侧的催化剂层具有内外两层催化剂层，与质子交换膜靠近的催化剂层为内催化层，内催化层中自增湿剂和质子交换膜树脂的含量相对比较高；与气体扩散层靠近的催化层为外催化层，外催化层中自增湿剂和质子交换树脂的含量相对较低，内、外催化层中的 Pt 负载量相等。其优点是：在电极浆料中加入自增湿剂，增强了电极的保水能力，使膜电极可以在不增湿的燃料和氧化剂环境中具有稳定的电输出。

自增湿催化剂

在燃料电池运行过程中，稳定性是自增湿催化层需要关注和考虑的问题，鉴于亲水性颗粒只是简单加入，在 MEA 工作时容易发生流失或团聚，这就降低了燃料电池的长时间运行的性能。另外，简单添加这些不导质子又不导电子的氧化物颗粒，也会降低整个电极的导电性能，减小催化层与质子交换膜之间的接触界面，且 Pt/C 电催化剂中的碳载体在燃料电池的长时间运行过程中容易团聚或腐蚀，从而导致 Pt 颗粒的流失或长大。

为了提高自增湿催化层的性能，对催化层中的催化剂本身进行改进不失为一种良策。Su H 等[21]报道了一种稳定且具有自增湿能力的 $Pt/SiO_2/C$ 催化剂，通过在阳极使用该自增湿催化剂，制备了一种新型的自增湿膜电极。研究结果表明：在燃料电池温度为 50 ℃、28％的相对湿度条件下，在阳极催化层中添加 10％的 SiO_2 的燃料电池表现出最好的性能，电池经过 120 小时的长时间测试后电流密度仍能稳定在 650 mA/cm^2。这是由于通过原位水解正硅酸乙酯（TEOS）得到的无定形二氧化硅结合至碳的表面，为催化层提供了一个良好的湿润环境，从而提高了质子交换膜燃料电池在低湿度条件下的电池性能。Chao W K 等[22]报道了用 TiO_2 代替碳载体浸渍合成了 Pt/TiO_2 自增湿催化剂，研究结果表明，当阳极催化层的含水量较高时，添加 Pt/TiO_2 颗粒后提高了催化层的润湿度从而提高了离子导电率；当阳极催化层的含水率较低时，添加 Pt/TiO_2 颗粒会增加催化层的电阻从而降低燃料电池的性能。

Dai W 等[23]认为简单地添加亲水性物质（例如 $\gamma-Al_2O_3$、SiO_2）会由于增大内阻从而限制了其在催化层中的应用。为了减少团聚现象的发生，同时保证添加适量的亲水性氧化物质。Huang R-H 等[24]报道了将吸湿性的 ZnO 纳米颗粒溅射沉积在 Pt/C 电催化剂上制备阳极自增湿催化剂。在燃料电池温度为 60 ℃、不同阳极湿度条件下，考察了在阳极催化层中添加不同量的 ZnO 的燃料电池性能。研究结果表明：当阳极温度为 45 ℃和 65 ℃时，添加 0.45％的 ZnO 表现出最好的电化学性能。他们认为添加适量的 ZnO 纳米颗粒可以提高阳极在脱水条件下的水合作用，进而提高燃料电池的性能。专利文献 CN102306810A[25]报道了一种自增湿燃料电池复合催化剂，该复合催化剂是将保水性物质和金属氧化物共同沉积在碳载体上制成复合载体，再在复合载体上以高压有机溶胶法或微波辅助的高压有机溶胶法担载贵金属制备而成。保水物质为 SiO_2、TiO_2 或 WO_3，金属氧化物为氧化铱或氧化钌，贵金属为铂、铂钌或铂钯。金属氧化物的添加可有效提高催化剂的性能，直接采用这种催化剂，用喷涂法制备膜电极，即可获得保湿性良好的膜电极，比使用不含金属氧化物的催化剂制得的膜电极的性能提高

20％以上；其制备方法简单，不需要特别的仪器设备，能够实现催化剂的大规模生产。

特殊处理

专利文献 CN104716351A[26] 报道了一种质子交换膜燃料电池自增湿膜电极，将铂碳催化剂、无机亲水型金属氧化物纳米粒子、全氟磺酸聚合物、低沸点溶剂混合作为阳极催化层，涂于 Nafion 膜的一侧，将铂碳催化剂、全氟磺酸聚合物、低沸点溶剂混合物作为阴极催化层，涂在 Nafion 膜的另一侧，制备成催化剂涂层膜（CCM）。将 CCM 的阳极催化剂层置于紫外光灯下进行紫外光照处理后，再与气体扩散层热压制得膜电极。其亲水性增强效果比增加无机亲水氧化物明显，可以在不增加无机亲水氧化物纳米粒子含量的同时增加其亲水性，提高了燃料电池在低湿度情况下的性能，解决了加入过多的亲水物质后引起的电阻增加和催化剂电化学活性面积降低的问题。

其他结构

除了上述结构和处理方法外，新的自增湿催化层结构亦有报道。专利文献 CN101071877A[27] 报道了一种带水扩散区的自增湿 PEMFC 的膜电极，解决了现有阴极生成的水得不到及时的调度，易使阴极出现水淹的问题。该膜电极中，水扩散区设在催化层的外沿，水扩散区与催化层位于一个平面上，水扩散区与 Nafion 膜接触。该膜电极设有水扩散区结构，有利于阴极生成的部分水扩散到阴极催化层外围区域，顺利迁移到阳极，实现阴极水向阳极的调度，使得质子交换膜燃料电池水分布更加均匀；在不增加催化剂载量的情况下，通过对电极内部水的有效调度，提高了燃料电池的性能。

8.2.2.3 自增湿气体扩散层

通过构筑自增湿气体扩散层，在气体扩散层上添加一个保湿层来保持电池的润湿状态同时促进水的传递。

有研究人员提出在气体扩散层上增加一个保湿层能够平衡不同相对湿度下燃料电池的水管理问题，从而提高 MEA 的自增湿性能。如 Cindrella L 等[28] 报道了在气体扩散层上添加一薄层亲水性氧化物（如 SiO_2、TiO_2、Al_2O_3 等）。在气体扩散层上添加一层氧化物薄层为气体的扩散提供了特殊的通道，同时能够平衡不同相对湿度条件下燃料电池的水管理问题，在不同相对湿度条件下水分子通过氢键吸附在氧化物层附近，在高相对湿度条件下，过剩的水从氧化物层上的三维孔道中排出，防止了水淹现象的发生。该结构有利于气体的传输，氧化物的保水能力使燃料电池在低湿度条件下能够获得较高的燃料电池性能。随后研究考察了用不同的酸源修饰聚苯胺时对燃料电池在低湿度条件下性能的影响。他们分别采用 HCl、樟脑磺酸（PTSA）、甲苯磺酸（CSA）来修饰聚苯胺。研究结果表明，由于聚苯胺（PANI）具有良好的导电性和平衡水的能力，因此在较低的相对湿度条件下，添加聚苯胺层对燃料电池的性能都有提高，且 PANI－CSA 的保水能力最强，添加 PANI－CSA 的燃料电池在不同相对湿度条件下都表现出最佳的性能[29]。Kitahara T 等[30]报道了制备双层微孔层来提高燃料电池在低湿度和高湿度条件下的电池性能。在疏水微孔层上的亲水微孔层添加亲水性物质 PVA 或 TiO_2 可以有效地保持膜电极的水合状态，疏水层可以防止水从亲水层流失。他们还研究了双层微孔层的孔径、厚度和疏水性对燃料电池性能的影响。Huang Y F 等[31]分别研究了在电催化层中添加聚苯胺、在电催化层与质子交换膜或气体扩散层之间添加一层聚苯胺的燃料电池电化学性能，研究结果表明，在气体扩散层与催化层间添加一层聚苯胺纳米纤维的燃料电池表现出最好的性能。

专利文献 CN101145614A[32]也报道了一种自增湿 PEMFC 膜电极的制备方法，其制备过程包括：(1) 将扩散层一面形成恒湿层；(2) 在恒湿层的表面或质子交换膜的两面形成电催化剂层；(3) 质子交换膜两面对称为催化剂层、恒湿层、扩散层，热压取出后即为自增湿 PEMFC 膜电极。由于恒湿层中亲水性纤维具有较好的保水作用，可以防止燃料电池正常工作过程中 MEA 内的水分散失过快，引起质子交换膜和催化剂层内的质子导电率下降，将电极催化剂中过多的水排出，使膜电极内部维持水的平衡，而不妨碍气体扩散，并使得组装后的燃料电池比功率和效率高、催化活性高、内阻小、反应气扩散阻力小、寿命长。

自增湿膜电极已成为质子交换膜燃料电池研究领域的一大热点，它可去除庞大和复杂的外部辅助增湿设备、简化燃料电池系统、降低其制造成本，因此自增湿技术将具有更加广阔的前景。构筑自增湿复合膜、构筑自增湿催化层和构筑自增湿气体扩散层都可以在一定程度上实现燃料电池的自增湿。然而，自增湿复合膜的稳定性需要进一步加强，在膜电极中简单地添加亲水性物质容易发生流失或团聚的现象，对燃料电池的长期稳定运行不利。因此，在今后的自增湿膜电极的研究中，开发性能更加稳定的自增湿复合膜和自增湿催化层将是制备自增湿膜电极的一个主要的发展方向。随着对自增湿膜电极技术的进一步研究与开发，自增湿膜电极技术将极大地推动燃料电池技术的发展和产业化进程。

8.2.3　有序化

早在 20 世纪 60 年代，美国通用电气公司采用纯铂黑作为质子交换膜燃料电池的电催化剂，当时膜电极中 Pt 载量大于 4 mg/cm²；到 20 世纪 90 年代初，美国 Las-Alamos国家实验室采用碳载铂（Pt/C）代替铂黑后，使得 MEA 的 Pt 负载量大幅度降低；2000 年之后，低温、全固态的膜电极技术逐渐成熟，使得质子交换膜燃料电池进入面向示范应用的阶段。伴随着 PEMFC 几十年的发展，MEA 技术经历了几代变革，大致可分为热压法、CCM（catalyst coating membrane）法、梯度化和有序化几种类型，见表 8-4[33]。

表 8-4　膜电极技术变革

代	名称	特征	Pt 总载量（mg/cm²）
1	热压法膜电极（PTFE）	Pt/C 电催化剂与 PTFE 乳液混合均匀，于气体扩散层上形成催化层，烧结并浸渍 Nafion 溶液、再烧结，与膜热压	4
1.5	热压法膜电极（Nafion）	采用 Nafion 溶液代替上面的 PTFE 乳液	0.4～4
2	CCM 三合一膜电极	将电催化剂直接制备于膜表面上，方法包括喷涂、转印、化学沉积、电化学沉积、物理溅射、干粉喷射、打印等	0.4
2.5	梯度化膜电极	通过对 Nafion 含量、Pt 载量、孔隙度等参数进行梯度化设计以实现 Pt 的最大利用率	0.118～0.4
3	有序化膜电极	通过有序化三相传输通道，实现超低 Pt 负载量与高功率密度	0.118

　　在膜电极的技术变革中，第一代技术是将电催化剂如 Pt/C、憎水剂如 PTFE 乳液或质子导体如 Nafion 溶液与醇类溶剂混合的催化剂浆料采用丝网印刷、涂覆、喷涂和流延等方法制备到气体扩散层上，经过烧结、浸渍质子导体如 Nafion 溶液，干燥后形成电极，然后将质子交换膜夹在阴阳极之间进行热压，从而制成膜电极，即热压法制备膜电极，该方法的优点在于制备方法简单，但缺点在于催化层较厚，电催化剂层与质子交换膜之间的结合不佳，而且电催化剂颗粒如 Pt/C 容易进入到气体扩散层的孔隙中，膜电极中贵金属铂的利用率较低，截至目前，膜电极的上述制备方法逐步被淘汰；第二代膜电极制备技术是通过转印或直接涂覆将催化层直接制备到质子交换膜的两面上，形成催化剂负载膜（CCM）三合一膜电极，该制备方法的优点在于简单易行，电催化剂层与质子交换膜之间的结合较佳，不容易剥离，催化层较薄（一般在 10 μm 以下），催化剂 Pt 的利用率较高，膜电极的寿命较长，是当今主流的商业化制备方法。由于氢/铂的交换电流密度大约为 10^{-3} A/cm²，是氧/铂的交换电流密度（10^{-9} A/cm²）的约 10^6 倍，并且电化学反应过程也存在区别，膜电极中阴极与阳极通常为不对称设计，如阴极的贵金属 Pt 载量通常为阳极贵金属 Pt 载量的若干倍，同时 Nafion 含量、孔隙尺寸、附加功能层在阴极和阳极上有所不同，以期促进氧还原反应（ORR）、防止水淹与干涸现象发生，减少浓差极化，增加燃料电池的耐久性能，提高燃料电池的功率密度，从而降低 Pt 的用量。

　　理论仿真与实验测量研究表明，质子交换膜燃料电池内的多种物理量如电压、电流、温度、氧气的浓度、氢气的浓度、水分的含量等均在空间的多个维度上本身具有不均匀性。针对该不均匀性，诸多研究人员探索出在膜电极的结构设计中采用非均匀即梯度化设计。该梯度化设计是一个在多个维度、多个方向且需要结合具体工作条件进行的结构优化设计，合理适宜的梯度化设计在一定程度上实现了膜电极在低 Pt 载量、低加湿及高电流密度条件下的稳定工作。在将来的研究工作中，需要剥离出各个梯度化设计因素对质子交换膜燃料电池物理化学性能的影响，找出其中的主要影响因素及各因素的最佳梯度化水平，根据影响程度的大小有选择性地、针对性地对膜电极各个部件同时进行梯度化设计。传统意义上的膜电极的电催化层是一种多孔复合电极，电催化层中材料与孔隙的分布都呈无序的状态，电催化层的物质传递过电位占燃料电池总传质过电位的 20%～50%，这是梯度化也无法解决的技术难题。伴随着纳米线材料的出现，研究人员试图将其引入至膜电极的电催化剂层中，上述纳米线材料主要包括纳米管、催化剂纳米线及高质子传导性纳米纤维。纳米线材料的出现和引入，促成了有序化膜电极的概念。有序化膜电极可以兼具超薄电极和结构控制的优点，具有很大的单位体积反应活性面积以及孔隙结构相互贯通的新奇特性，其突出优点包括：(1) 高效的三相传输；(2) 高 Pt 利用率；(3) 耐久稳定性得以提高。最近几年来，有序化膜电极得到飞速发展，成为质子交换膜燃料电池的研究热点之一。

　　Middelman E 等[34]于 2002 年首次采用可控自组装的方法制得有序化膜电极，他们在由碳颗粒组成的长链状定向结构表面均匀地包覆分散的 Pt 颗粒，其后在其表面上制得一薄层质子导体。与此同时，数学计算模型表明，当上述薄层质子导体的厚度小于 10 纳米时，对气体扩散至三相界面和排出产物水是有利的。有序化膜电极结构中 Pt 的利用率接近 100%，令业内研究人员为之振奋。

　　按照膜电极中有序化的对象的不同，有序化膜电极分为以下几类[35]。

8.2.3.1　载体有序化

　　在 PEMFC 中，理想的催化剂载体材料应具备如下性质：(1) 高比表面积；(2) 高电子传导性；(3) 与催化剂金属有非常好的结合力；(4) 耐高电位腐蚀；(5) 介孔结构，能够最大程度地保证物质的传输界面。作为质子交换膜燃料电池的电催化剂载体而言，碳纳米管（CNT）作为一种特殊的一维量子材料，如果考虑上述五个性质，无疑它均优于目前常用的其他碳材料，因而成为目前碳材料中的最优选择。碳纳米管的应用，大大提高了碳载体材料的有序性，因而进一步提高了燃料电池催化剂的利用效率和耐久稳定性。

　　以碳纳米管为核心的有序化载体的膜电极结构最早是由丰田中央研发研究室 Hatanka T 等[36]在非专利文献中报道的。他们在硅基板的表面上生长 CNT，在其表面上喷涂 Pt 的硝酸盐后再还原制备电极，阳极 Pt 的载量为 0.09 mg/cm^2，阴极 Pt 的载量为 0.26～0.52 mg/cm^2。将 Pt/CNT 在 Nafion 的乙醇溶液中包覆并干燥，其表面得到一层 Nafion 树脂，然后于 150 ℃下热压到膜电极上。$I-V$ 曲线和电化学阻抗谱数据证实了这种有序化的膜电极结构具有很好的物质传输性能。之后 Tian Z Q 等[37]报道了有商业化潜力的类似制备方法。该方法在铝箔基板上采用化学气相沉积（CVD）和等离子体增强化学气相沉积（PECVD）的方法制得垂直排列的碳纳米管（vertically aligned carbon nanotubes，简称 VACNTs）（直径在 10 nm 以下，长度大约为 1.3 μm），采用物理溅射的方法将 Pt 纳米颗粒溅射到 VACNTs 的薄膜表面上，再采用热压的方法将有序化电极从铝箔转移至 Nafion 膜上，最后装配成燃料电池。这种 Pt/VACNTs 制成的膜电极具有低 Pt 载量（Pt 载量为 35 μg/cm^2，而商业化的膜电极的 Pt 载量为 400 μg/cm^2）、高性能（1.03 W/cm^2）的特点，而且采用铝箔作为基板，比通常采用的 Si 和玻璃等基板价格更低廉。

丰田汽车公司的 Murata S 等[38]还报道了另一种设计。他们在不锈钢基体上利用氧化物作催化剂生长出垂直碳纳米管，采用浸渍还原法在垂直碳纳米管的表面制备出 2～2.5 nm 的 Pt 颗粒，然后采用全氟磺酸高分子聚合物溶液填充形成三相传输界面。将其作为阴极侧电催化层，Pt 的负载量为 0.1 mg/cm^2。阳极喷涂 30％的 Pt/C 催化剂，Pt 载量为 0.05 mg/cm^2，离子聚合物与碳的比为 1。装配成单电池时测试结果表明，在 0.6 V 下的电流密度可以达到 2.6 A/cm^2。其中，虽然垂直排列的碳纳米管在膜电极的制备过程中有利于实现连续的孔洞和更好的离子聚合物的负载状态，但在受到压力之后垂直排列的碳纳米管已被破坏垂直生长的特征，对其物理化学性能影响不大。

Yang J 等[39]在碳纳米管的表面上制备出一种三维膜电极结构，该结构为省略双极板的气体流场和气体扩散层提供了一种全新的思路。第一步是在传统化学气相沉积方法制得的碳纳米管的表面旋涂全氟磺酸溶液，之后于真空下进行干燥，在碳纳米管的表面得到一层离子交换聚合物薄膜。将得到的碳纳米管与 Nafion112 薄膜进行热压，Nafion112 膜被两片离子交换聚合物/碳纳米管夹住，旋涂离子交换聚合物的一面使其面朝 Nafion112 膜。在 180～205 ℃，7×10^4～1.5×10^5 N·m^2 的条件下热压 5 分钟。在石英板表面采用光刻法对按照最佳的气体流场结构设计的表面复杂图案进行刻蚀，接着在其表面上生长出碳纳米管，从而利用热压的方法制得一种自带气体流场的膜电极。

对于垂直排列的碳纳米管构成的纳米电极中电荷和物质传递的机理，Rao S M 等[40]采用数学模型进行了计算，公式中引入了多元和努森扩散。研究发现阴极孔中的氧传输，当电极的密度较高时，气体的传质相对比较容易，但是密度较高的电极会增加贵金属 Pt 的负载量，因此存在一个纳米电极密度、Pt 的载量和性能的函数。优化方法中以长 10 μm、厚 1 μm 的 Nafion 膜电极作为研究对象，基于极限电流密度的角度考虑，在电极间隔为 400 纳米时，性能更佳。此外，研究结果还表明，较薄的电催化剂层厚度可以降低扩散的阻力，但过薄会导致碳纳米管上的 Pt 负载量太少，也会降低其性能。

专利文献 CN103413947A[41]报道了一种燃料电池有序化多孔纳米纤维的单电极、MEA 及其制备方法，采用静电纺丝技术将聚合物纳米纤维沉积至气体扩散层的一侧，再采用磁控溅射和真空蒸镀的方法，将具有催化活性的金属纳米粒子沉积在聚合物纳米纤维表面，或直接将催化剂浆料喷涂在纳米纤维薄膜一侧形成多孔单电极，再将两个单电极以及一层质子交换膜层叠构成膜电极。静电纺丝制备的高孔隙率与高比表面积的纳米纤维层替代了传统的微孔层，可增大催化活性面积，有利于三相反应界面和传质；采用磁控溅射和真空蒸镀的方法制得的活性金属催化层的附着性较好，镀层均匀并且厚度可控，不但减少了活性金属催化剂的用量，还提高了催化剂的利用率。同济大学在专利文献 CN101515648A[42] 中报道了在碳基体的表面上生长纳米碳材料，中科院等离子体物理研究所随后也在专利文献 CN102157741A[43] 中报道了在碳纳米管的表面上溅射 Pt 或 PtRu 催化剂，专利文献 CN102881925A[44] 中报道了 Nafion 掺杂的导电聚合物的纳米线阵列结构的表面上自组装铂颗粒，这些新的催化剂载体方法能够得到催化剂的负载量低、催化剂 Pt 的利用率高、催化层中传质性能优异以及阻止燃料渗透性能好的新型膜电极。

8.2.3.2 催化剂有序化

纳米线具有特殊的晶面和较少的表面缺陷，将其作为催化层时，相比于传统 Pt/C 电催化剂具有更高的氧还原比活性（比活性是传统 Pt/C 电催化剂的 1.5 倍）。Yao X 等[45] 报道了在碳载体上原位生长出 Pt 纳米线（长 10～20 nm，直径 4 nm），在 Pt 载量为 0.3 mg/cm^2 时，燃料电池表现出最大的功率密度 0.47 W/cm^2。Liang H 等[46] 报道了采用纵横比较高的 Te 纳米线模板制备出独立的铂纳米线（Pt nanowire，简称 PtNW），利用电化学测试方法对该膜和商业化的 40%（英国 JM 公司）的 Pt/C 电催化剂和 Pt 黑进行对比，发现该铂纳米线膜表现出更佳的质量活性和耐久稳定性。这种催化剂纳米线因其具有特殊的形状特性（10 nm 以上的线状结构），虽然比商业化的铂纳米颗粒的电化学比表面积（ECSA）低，但在电位循环老化测试中，ECSA 的减少远远小于普通的 Pt/C 电催化剂，具有更佳的稳定性。Shimizu W 等[47] 采用溅射干燥和氢气还原的方法在硅纳米颗粒（直径大约 5 nm）上制备出 Pt 纳米线网络（直径大约 4 nm），该纳米线网络结构提供了更大的 ECSA（31.3 m^2/g Pt）。由于硅的化学稳定性和在铂纳米线网络边缘含有较少的低配位数 Pt，因此，该网络结构具有比普通 Pt/C 电催化剂更高的化学稳定性。

加利福尼亚大学在专利文献 US2009220835A1[48] 中提出，采用铂纳米管催化剂和铂钯纳米管催化剂，显示出了更佳的比活性。三星 SDI 株式会社[49] 和纳米系统股份有限公司[50] 在专利技术中都报道了将金属纳米线引入到 PEMFC 中作为电催化剂。

催化剂有序化的典型代表是 3M 公司的产品。3M 公司[51] 以单层定向有机染料晶须作为催化剂的载体，在晶须上采用物理气相沉积的方法溅射铂作为电催化层。其与传统的 Pt/C 电催化剂有 4 个主要的区别：（1）载体的性质：板条状晶须形貌的有机分子，体心立方结构；（2）催化剂的性质：晶须为一层膜，而非单个粒子，这种结构可以达到普通 2～3 nm 颗粒的 5～10 倍的氧还原性能，活性面积不会随着时间减少，也不会在高电位下发生周期性的氧化还原反应而造成铂的溶解，在启动停止、反极等极限条件下也不会受到影响；（3）薄膜基体：3M 公司的特殊基体（microstructured catalyst transfer substrate，MCTS），利用一种常见的颜料 PR－149 粉在 MCTS 的表面上进行升华，经过退火转变为定向晶须，然后溅射催化剂，制备工艺只需一步连续的操作；（4）电极性质：比普通 Pt/C 电催化层薄 20～30 倍，主要原因是与传统催化层结构相比，减少了电子导体－炭黑和质子导体－离子交换聚合物，在适当的加湿条件下，Pt 表面即可实现质子的传导。这种晶须能消除高电位下载体的腐蚀，该催化层薄膜比普通碳载体要薄，该结构有利于在高电流密度条件下较高的物质传输能力和较低的 Pt 载量，并可以在低温下使用时较好地除去水。该 MEA 是目前唯一实现商业化的第三代膜电极。

Du 等[52]采用原位生长的方法制备出铂纳米线，将长有 Pt 纳米线碳布的气体扩散电极作为阴极，Nafion NRE－212 膜作为质子交换膜，E－TEK ELAT GDE LT120EW 作为阳极，热压后装配到单体电池进行电化学性能的测试。阴极和阳极的 Pt 载量分别为 0.4 和 0.5 mg·cm^{-2}，Nafion 的含量为 0.6 mg·cm^{-2}，极化曲线和电化学阻抗谱测试结果表明，Pt 纳米线气体扩散电极比普通的气体扩散电极电荷传质的阻力小，催化活性更高；不同 Nafion 含量的气体扩散电极比商业化的气体扩散电极需要更多的离子交换聚合物。这是由铂纳米线的表面特殊结构导致的，而且耐久性测试结果表明，这种纳米线与离子聚合物的接触没有商业化的碳布好，该缺点可能需要从控制电催化剂的生长和改善离子交换聚合物的喷涂方式入手。此外，随着 Pt 载量的提高，催化层的厚度会有轻微的增加，导致电催化层变得更稠密和引起更长的铂纳米线，从而影响气体的传输，导致膜电极性能的下降。

除了贵金属催化剂可以形成有序结构外，非贵金属催化剂同样可以形成有序结构。专利文献 CN106229522A[53]报道了一种用于燃料电池阴极的氧还原电催化剂及其有序化电极的制备方法，采用 SiO$_2$ 微球作为硬模板，加入碳源，通过在惰性气氛或氨气气氛中高温处理后刻蚀模板得到三维互联的中空碳球；通过进一步引入铁源、氮源，得到高氧还原活性的铁－氮－炭复合材料。该方法制备的铁－氮－炭复合材料具有层次多孔、催化活性位分布均匀、比表面积高、酸碱体系中氧还原性能好等特点。在碳纸上均匀沉积二氧化硅模板后，以所述铁－氮－炭复合材料制备方法原位构筑一体化电极，该电极中的铁－氮－炭中空互联结构规则排列，具有良好的电子、质子、电解液和气体等多项物质传输通道，大大提高了催化活性位的利用率进而提升电极的氧还原性能，该电极较传统喷涂方法制备的电极具有更好的氧化还原反应电催化活性。

对于形成有序催化层结构的方法，专利文献 CN102769140A[54]报道了一种 PEMFC 有序催化层的制备新方法，包括催化剂浆料制备、催化剂浆料涂覆和烘干，其中催化剂浆料涂覆是在外加磁场条件下的涂覆，即将催化剂浆料涂覆在放置在磁铁上的扩散层或电解质膜上，室温晾干后，再将磁铁撤离涂覆了催化剂浆料的扩散层或电解质膜。

其有益效果是：有序催化层中的催化剂的利用率几乎为100%，而且质子、电子和气体的传递几乎以最短的距离进行，大大提升了电催化层的性能；有序纳米结构催化层的垂直孔道将提高氧气传递速度；铂粒子坐落在电子导体和质子导体界面处，可最有效地利用铂催化剂；有序纳米结构催化层可以形成超级憎水，促进更多的水从催化层移出，进而提高了传质速度。专利文献CN106410228A[55]报道了一种有序催化层的制备方法，在不锈钢表面担载Fe、Co、Ni或者其合金，然后通过CVD的方法制备碳层于不锈钢表面，再通过电化学聚合的方法在碳层表面原位聚合有序PPy（纳米线）阵列，该PPy阵列具有近似垂直于碳层表面生长的特点。在阵列上首先担载一种或者两种金属，然后将包覆着催化剂的PPy阵列转印至膜，构建有序薄层催化层。该有序的催化层结构能够降低传质阻力，增加了三相反应面积，提高了Pt的利用率。此外，有序薄层的催化层使得质子的传导路径减短，在阴极和阳极催化层中未使用质子导体如Nafion的情况下，电池能够正常运行且电池性能良好。

8.2.3.3 质子导体有序化

为了提高膜电极中质子的传输效率，高质子传导性能的纳米纤维也被探索引入到膜电极中。例如采用静电纺丝技术可制得质子交换聚合物的纳米纤维膜，其质子传导性能均优于普通的质子交换膜。其制备工艺包括以下4步：（1）采用静电纺丝技术制备出缠绕在一起的纳米纤维垫；（2）压缩纳米纤维垫以增加纤维体的密度从而制得膜；（3）于聚合物纤维的交叉处形成熔接点从而形成一个三维网络；（4）用惰性聚合物填充纤维的空白区域。Yamamoto等[56]报道了制备出三维有序聚酰亚胺基体和质子传导凝聚聚合物，在温度为60 ℃和相对湿度90%的情况下，质子传导率可达到$1.7 \times 10^{-1} \, S/cm$。

在质子交换膜燃料电池中，质子是依赖阳离子交换聚合物完成传导的，因而质子导体的有序化关键在于制备上述聚合物的纳米线。专利文献CN102723500A[57]报道了一种三维阵列式金属-质子导体聚合物同轴纳米线单电极和有序化膜电极，质子导体聚合物具有三维结构，由质子交换膜及一侧定向生长着的质子导体高聚物纳米线组成，纳米金属薄膜层包覆在有序化质子导体聚合物纳米线的表面上形成单电极，膜电极由两个单电极的质子交换膜一侧相向黏结而成。有序化并且导质子的聚合物纳米线作为活性金属单质或合金的载体，可以提高电催化剂的抗腐蚀能力和延长其使用寿命；催化剂贵金属均匀地包覆在质子导体高聚物纳米线表面，可提高催化剂性能和催化剂的利用率；质子导体高聚物是质子导体，且具有有序的三维结构，合成的催化剂层也具有较强的导质子功能；实现了膜电极的有序化，有利于水的输运与传质。

电子和质子传输有序化的阵列材料不仅仅对电子和质子的传输通道进行了优化，还有助于气体和水的传质。鉴于载体有序化膜电极和催化剂有序化膜电极（包括商业化的3M公司的有序化膜电极）于制备过程中均为先制得纳米阵列的催化层，再热压或转印至质子交换膜上，该方法不仅会使得有序阵列的形貌遭受破坏，而且使其与膜的接触阻抗增大。相对而言，质子导体有序化膜电极通常是在质子交换膜的表面上原位生长而成，而有序化质子导体的阵列限定了催化层中的三相传质通道。上述一体式有序化膜电极能够有效保持有序结构的形貌，并且具有较低的界面接触阻抗，因而性能提升潜力很大。

专利文献 CN1983684A[58] 报道了一种膜电极，其中的关键组分——质子导体形成的团簇沿同一个方向排列，通过在质子交换膜的两侧涂覆一层聚合物电解质，改变了聚合物电解质膜与电极界面的微观结构。电极的制备过程中通过采用负压、外加电场和热处理等技术手段，使得电极中的关键组分可以沿同一个方向作定向排列，上述有序化膜电极有助于质子、电子、反应物以及产物的传质和迁移，扩大三相反应界面，提高催化剂的利用率，从而提高燃料电池的性能。

除了上述三种有序化膜电极结构外，其他研究和尝试也有报道。例如专利文献 CN103199268A[59] 报道了一种基于纳米压印技术而制备有序化纳米结构的膜、有序化纳米结构的膜电极的方法，在外界温度和压力的作用下，采用表面具有有序纳米结构图案的硬模板对高分子膜进行压印，在高分子膜上形成与硬模板上的图案互补的有序纳米结构，脱模，获得所述有序纳米结构膜；在所述有序纳米结构膜上涂覆催化剂层，获得有序纳米结构膜电极。采用该方法对有序纳米结构膜电极进行制备，不仅能够降低电催化剂的 Pt 负载量，提高电催化剂的 Pt 利用率，达到降低膜电极和燃料电池成本的目的，还能提高燃料电池的电化学性能，具有巨大的开发价值和市场潜力。

有序化膜电极使得电子、质子和气体的传质通畅高效，对提高膜电极的发电性能和降低 Pt 等贵金属的载量提供了新的思路。商业化的有序化 MEA 除了 3M 公司开发的纳米薄膜催化剂之外，目前还均停留于实验室的研究。在日后有序化膜电极的研发中，可以认为未来有序化膜电极的发展方向应基于以下三个方面的考虑：（1）研发质子和电子共同传导的有序化复合结构的纳米材料，扩展膜电极电化学三相反应区，提升电荷运输能力和大电流放电性能；（2）新的有序化结构的膜电极不仅需要关注性能的提升，而且还应审视尽量减少燃料电池系统的辅机，例如自增湿、高温操作、无须外接辅助冷启动等功能；（3）努力寻找工艺更简单、成本更低廉的有序化膜电极的制备工艺，推动有序化膜电极的商业化。伴随着新型有序化膜电极制造技术的不断更新，燃料电池的综合发电性能将会得到大幅提高，同时其成本将进一步大幅减少，质子交换膜燃料电池的产业化进程也将得以加快。

8.3 电催化剂

8.3.1 概述

质子交换膜燃料电池膜电极中的电催化剂是制约燃料电池实现商业化的关键因素之一，因此，对电催化剂的研发成为质子交换膜燃料电池研发的主要内容之一。

电催化（Electrocatalysis）这一技术术语最早可能源自 20 世纪 30 年代苏联的 Kobosev 等人，后于 20 世纪 60 年代经 Bockris 和 Grubb 等人的突出贡献而备受关注和重视。电催化是指在电极/电解质的界面上进行电荷转移反应时发生的非均相催化过程，由于电催化反应是在电场的作用下进行的，因而它与普通非均相催化过程相比显得更为复杂。电催化剂是指在上述过程中能够产生电催化作用的物质，在电催化剂的催化作用下，电极反应的速度可以加快，在某些特殊情况下，也可使电极反应减速。

截至目前，Pt 等贵金属催化剂仍然是质子交换膜燃料电池普遍应用的电催化剂。然而，贵金属资源有限、价格昂贵，成为燃料电池实现产业化和商业化的主要障碍。最近几年来，探索和研发低铂或者非铂电催化剂成为质子交换膜燃料电池催化剂的焦点和热点。

8.3.2　低铂核壳结构催化剂

自 20 世纪 90 年代以来，核壳结构的纳米粒子的设计已成为纳米科学领域的一个研发热点。核壳结构的纳米粒子是由至少两种不同物质构成的复合颗粒，其中一种物质形成其中的核，而另一种物质则形成其外壳，一般标记为"核@壳"。

由于电催化反应为表面过程，因此，只有分布在纳米粒子表面的活性组分才能得到利用，而体相中的活性组分是无法参与反应过程的，因此，由贵金属 Pt 所组成的纳米粒子催化剂的利用率必然较低。将活性组分如 Pt 分散在非 Pt 纳米粒子的表面上，从而形成 M@Pt 核壳结构的电催化剂，可有效提高贵金属铂的利用率，使得低铂催化剂的研究和开发成为现实。

另外，由于在结构上具有一定的特殊性，因而核壳结构的催化剂还具有一些特殊的性质，如壳的加入可调变纳米粒子所带的电荷；通过表面上的官能化，进行表面反应后可提升胶体粒子的稳定性和分散性；核壳结构的纳米粒子的进一步组装还可以产生新奇的性质。因此，在纳米尺度上对金属催化剂颗粒的纳米结构进行设计、化学裁剪可以显著改善金属电催化剂的物理化学性质，从而获得更好的催化性能。

核壳结构的 M@Pt 电催化剂能够有效提高贵金属 Pt 的利用率并降低 Pt 的用量；同时，由于核壳结构的纳米金属粒子具有某些特殊的表面电子结构以及核—壳之间具有特殊的相互作用，在电催化领域可显现出更高的活性和稳定性。

8.3.2.1　种类

按照核的组成及结构，可将核壳结构低铂催化剂分为以下几类[60]。

单金属为核：以单金属为核，铂或其合金为壳

采用单金属为核的核壳结构的电催化剂是该研究领域的主流，用作核的金属主要包括 Pd、Au、Ni、Cu、Ru、Ag、Co 等，诸多研究人员选用钯和金的纳米粒子作为核，主要是由于这些金属具有较低的成本、良好的化学及电化学稳定性。专利文献 CN106537670A[61] 报道了一种核壳结构的催化剂，该催化剂颗粒具有含有 Pd 单质的核部和含有 Pt 单质的壳部。

专利文献 CN102784641A[62]报道了一种高活性钯铂核壳结构催化剂，利用化学氧化、巯基化在碳纳米管的表面上引入羟基、羧基和巯基等官能团，通过化学还原方法将钯负载在碳纳米管表面，作为核；在含铂离子的水溶液中，利用 Pt 与 Pd 的电势差及表面官能团的弱还原能力在 Pd 表面形成铂单原子层，作为壳。通过选择区域 ALD 技术在氧化铝基板上将铂沉积在钯核上，得到平均 Pt 壳层小于 0.8 nm，粒子总直径小于 5 nm 的 Pd@Pt 核壳结构粒子，通过调整 ALD 的程序参数可调控粒子的大小和组成。研究结果表明，在 HAADF－STEM 图像中可清晰辨别出铂壳和钯核的差异，表明铂可以在钯核上进行选择性的生长。Koenigsmann 等[63]报道了一种以欠电位法制得的高活性的 Pd@Pt/C 催化剂，研究了臭氧和冰乙酸处理对钯纳米晶体和最终的电催化剂性能的影响，通过电子显微镜观察和循环伏安法测试发现，经臭氧处理的 Pd/C 催化剂的活性比表面积是商业化的 Pd/C 催化剂的 2 倍多，制得的 Pd@Pt/C 催化剂的活性比表面积和质量活性比分别为 0.77 mA/cm^2 和 1.83 A/mg Pt，均高于商业化的 Pt/C 电催化剂。Naohara 等[64]报道了在水溶剂中采用全氟磺酸（PFSA）为诱导剂，在氢气气氛下合成了具有纳米网状结构的 Pd@Pt 核壳结构的电催化剂。其电化学活性比表面积为 58.4 m^2/g Pt，大于 Pt/PFSA 催化剂的电化学活性比表面积 31.2 m^2/g Pt，表明核壳结构催化剂的几何效应大大提高了铂的利用率。

专利文献 CN102088091A[65]报道了一种碳载核壳型铜－铂催化剂，其中铜为核，铂为壳层。专利文献 CN101455970A[66]报道了一种用于 DMFC 催化剂的碳载核壳 Ni－Pt 粒子，该催化剂具有 Ni 核 Pt 壳的结构，且 Pt 担载量低、催化活性高。专利文献 CN102723504A[67]报道了一种多壁碳纳米管载核壳型银－铂阴极催化剂，该催化剂以多壁碳纳米管为载体，活性金属组分以银为核心、铂为壳层的核壳结构生长在多壁碳纳米管载体的表面。专利文献 CN103537299A[68]报道了一种碳载 Co 核 Pt 壳纳米粒子催化剂，该催化剂高度分散，粒径在 3～6.5 nm，在室温下催化氧还原反应的质量比活性（0.5V vs. SCE）最高可达 158.5 mA/mg Pt，优于商业 Pt/C 催化剂（JM－3000）。

Dhavale 等[69]研究认为，由于碳表面活性位点对不同金属离子的选择性吸附使得金属粒子在碳载体的表面上直接还原得到的并非以核壳结构的形式分散，而是金属粒子各自独立分散于载体表面上。因而，他们采用抗坏血酸连续还原 CuCl$_2$ 和氯铂酸先得到 Cu@Pt 粒子，然后将其与功能化的碳载体相连。该方法可将核壳结构的粒子均匀地分散于载体碳上并能确保核壳粒子的结构免于破坏。

在控制纳米粒子大小方面，Yancey 等[70]做了有意义的尝试，他们先利用一种树形聚合物将金原子包覆起来形成纳米粒子，其中平均每个纳米粒子中含有 147 个金原子，后将其固定在玻碳电极上，使用欠电位沉积法得到 Pt 壳层。该方法可以得到直径小于 2 nm 的核壳纳米粒子。

此外，对催化剂的形状和晶面分布的研究也取得了一定的成效。专利文献

CN103748719A[71]报道了一种形状受控的核壳型催化剂，该催化剂包括钯纳米颗粒核心及位于钯纳米颗粒核心的外表面上的铂壳，与立方八面体相比，其具有更大的{100}或{111}表面的表面积，以面积计，钯纳米颗粒核心含有至少30％的{100}表面，钯纳米颗粒核心含有至少50％的{111}表面，减少了铂载量，并且改善了氧还原反应的活性。

除了以单一金属为壳外，亦有采用合金为壳的相关研究。专利文献CN102039124A[72]报道了一种铂诱导的金核/钯铂岛状合金壳结构的纳米棒，该纳米棒由圆柱状的Au纳米棒内核和包覆于该内核外表面的岛状多孔钯铂合金壳构成，其具有对甲酸电催化氧化有较强的催化能力、较高的催化效率、较强的抗CO中毒能力和较低成本等优点。专利文献CN104368357A[73]报道了一种Pd@PtNi/C纳米催化剂，其核心是平均粒径为26 nm的八面体形Pd纳米晶体，壳层是4个原子层厚度的PtNi合金层，且PtNi合金层表面为平整的{111}晶面，该催化剂降低了贵金属Pt的用量，提高了Pt原子的利用率。Mazumder等[74]报道了在75 ℃下，采用油酰胺和叔丁胺硼烷还原乙酰丙酮钯制得了粒径为5纳米的钯纳米粒子作为核，然后在其上合成了1～3纳米厚度可调的铁铂的壳层。对于壳层厚度与其氧还原活性之间的关系，研究发现，壳层厚度小于等于1纳米时的电催化剂的氧还原反应的活性和稳定性均较好，壳层厚度为1纳米的Pd@FePt电催化剂在半波电位为0.7伏时的电流密度是商业化电催化剂的12倍，并在长时间循环伏安测试中显示出优异的稳定性。

合金为核：以两种或以上的金属合金为核，铂或其合金为壳

在对核壳结构电催化剂的研究中发现，作为核的纳米粒子往往与壳层原子之间存在着某种相互作用，由于该作用，使得核壳结构催化剂的活性得到了提升。因而，关于核的结构及其组成对核壳结构催化剂的物理化学性能影响的研究引起了人们的关注和重视，与此同时，相关的研究和报道也日渐增多。在以合金为核的催化剂中，多选择钯与其他金属作为合金，因为在酸性介质中Pd的惰性表面有利于Pt的还原沉积，其他金属的加入能够改变钯的电子特性或引入价格更低的金属从而降低其成本。由于氧还原反应受到了在铂上吸附和解吸的限制，而且根据密度泛函的计算结果，电催化剂表面上的—OH键的弱化和Pt—OH物质覆盖度的降低，是提升氧还原反应活性的根本原因。而当合金作为核时，铂壳层和核金属之间的晶格收缩和错配减弱了O键的强度，因而在一定程度上提高了氧还原反应的活性。

专利文献CN102664275A[75]报道了一种碳载核壳型铜钯—铂催化剂，以导电炭黑作为载体，活性组分采用具有核壳型结构的铜钯铂合金，其中铜钯作为核，铂作为壳，其质量百分比组成为导电炭黑：70％～91％，铜：2％～10％，钯：2％～10％，铂：5％～10％。

Zhou等[76]报道了通过欠电位沉积法得到Pt壳层厚度为0.6纳米的以钯钴合金为核的$Pd_2Co@Pt$电催化剂。该催化剂在循环伏安法（CV）测试中的铂质量比活性为

0.72 A/mg Pt（0.9 V vs. RHE），单位面积上的电催化剂的电流密度高达 0.5 mA/cm²，与商业化的催化剂相比，分别高出 3.5 和 2.5 倍。此外，采用 Pd_3Fe（111）单晶合金为核的 Pd_3Fe@Pt 电催化剂，测试结果表明，Pd_3Fe@Pt 的氧还原反应的活性比 Pd@Pt 高得多，表明受到合金纳米粒子中 Fe 的影响，Pd 的电子特性发生了改变[77]。

Li 等[78]报道了以铜纳米线为模板，采用二甲基亚砜作为溶剂，在 189 ℃ 的温度下制备 PtCu 和 PtPdCu 合金纳米管，采用循环伏安脱合金腐蚀法，从 PtCu 以及 PtPdCu 合金纳米管表面溶解部分的铜原子以形成 Pt－Pd 和富铂的壳层。其中 Cu 原子的加入使得混合壳层和 PtPdCu 核之间的晶格参数发生了可持续的增加，即 Cu 的加入对表面张力产生了作用；而 Pd 可以通过改变电子结构以增强氧还原性能。电化学性能的测试结果表明，PtPdCu 合金壳层纳米管表现出优异的氧还原性能，在 0.9 V（vs. RHE）时其铂的质量比活性高到 0.532 mA/g Pt，是 PtPd 合金为壳的 1.8 倍，是 Pt/C 催化剂的 5.3 倍。

Kang 等[79]报道了采用两步法先在有机相中采用苄基三乙基氯化铵作为还原剂制得粒径为 3.7 纳米的 Pt_3Pb 粒子，然后以 Pt_3Pb 为种子分别高温快速和低温缓慢还原分别制得粒径为 4.9 纳米的 Pt_3Pb@Pt 和 4.0 纳米的 Pt_3Pb@Pt 核壳结构的催化剂。电镜测试结果表明，前者中 Pt 层多是呈岛屿状而不是薄层，后者可以得到晶膜层。将上述两种粒子负载于碳载体 Vulcan XC－72 上，粒径为 4.0 纳米的 Pt_3Pb@Pt/C 催化剂在 0.3 V 下的甲酸氧化的质量比活性高达 0.63 mA/g Pt，是商业化的 Pt/C 电催化剂的 25 倍。

专利文献 CN102806093A[80]报道了一种直接甲醇燃料电池用催化剂，先利用脉冲电沉积的方法在钛基底上沉积一层纳米尺度的、具有较强抗腐蚀能力且对甲醇氧化具有一定辅助催化作用的 Ni－P 非晶态合金，作为核/壳结构催化剂的核；然后，采用化学置换反应，在 Ni－P 非晶态合金的表面上形成完全置换的 Pt 单原子层，从而制得对甲醇氧化具有协同催化效应的类核/壳结构的低铂电催化剂。

多层核壳结构：在核与壳之间形成一种或多种金属为夹层的核－夹层－壳结构的电催化剂

为了提高燃料电池电催化剂的导电性、化学和电化学稳定性，并进一步降低其成本，研究人员制得了一类具有多层结构的核壳结构的电催化剂：较多选用价格较低廉的金属（Au、Ag、Ir 等）或者合金为核，夹层选用具有良好的化学稳定性的金属如 Pd 或 Au，而壳层为铂的具有多层结构的核壳结构催化剂。

Fang 等[81]报道了采用介质种子生长法（seed mediated growth）制备了以 Au 为核，核外包裹两层钯原子层，在钯原子层的半个表面上生长铂原子簇的 Au@Pd@Pt 结构的电催化剂，该催化剂具有良好的甲酸氧化性能，并采用价格更低廉的 Ag 代替 Au 核，得到具有类似结构、相同性能的催化剂。专利文献 CN102881916A[82]报道了一种双壳层核壳催化剂，该催化剂是以碳载 Pd 合金催化剂为核，以位于表面的 Pt 为外壳，以介于铂壳和合金内核之间的金为内壳的双壳型核壳结构的催化剂。Wang 等[83] 报道了采用抗坏血酸作为还原剂，采用普朗尼克（Pluronic F127）作为铂生长结构的导向剂，通过金属前驱体水溶剂中间歇沉积而自然地形成了金核、钯夹层和多孔纳米铂树枝状外层的 Au@Pd@Pt 三层结构的核壳结构的粒子，这种特殊结构使得其比表面积达到了 31 m^2/g Pt。研究发现，通过改变 Pt 前驱体的量即可调节 Pt 层形貌和厚度，以改变催化剂性能。这种具有多层结构的核壳型催化剂虽然在某种程度上降低了铂的用量，但是有较高的制备工艺要求，所以只能局限于实验室的研究阶段。

氧化物为核：在核中含有金属氧化物

由于过渡金属氧化物中的金属阳离子内层价轨道保留了原子轨道的某些特性，当其与外来轨道相遇时可重新劈裂从而形成新的轨道，在能级分裂过程中产生的晶体场稳定化能可以对化学吸附作用作出一定的贡献，从而影响催化反应的进行，诸多研究人员对此进行了大胆的探究。

专利文献 CN102969514A[84] 报道了一种金属包覆氧化物纳米核壳结构催化剂，其外壳包覆金属，而内核为氧化物纳米颗粒，该金属包括 Pt、Pd、Ru 等，氧化物包括 Al_2O_3、TiO_2、Ga_2O_3、SiO_2、ZrO_2 和 GeO_2 等。Dhavale 等[85] 报道了采用连续锁定还原的方法制备了 Fe_2O_3@Pt/C 核壳结构的电催化剂。该方法得到的催化剂可同时满足电极对催化剂的结构、大小、分散和活性组分的全部要求，即在核壳粒子形成的同时又使其功能化，保证其核壳结构不被破坏的同时使其分散均匀。通过氧还原性能测试和单电池性能测试发现，Fe_2O_3@Pt/C 壳层的厚度会影响其催化性能，壳层厚度达到临界值时 Fe_2O_3@Pt/C 性能明显比商业 Pt/C 好。该催化剂的单电池性能测试结果达到 900 mW/cm^2（Pt 载量 0.05 mg/cm^2）；经过 10 h 的稳定性测试，其电池性能基本保持不变。专利文献 CN104037427A[86] 报道了一种核壳结构催化剂，以 SnO/SnO_2 为核，以 PtRu 合金为壳，其中 PtRu 合金的合金度高、催化效率高，该催化剂具有较高的活性、稳定性和抗 CO 中毒的性能。Liu Z 等[87] 报道了采用两步法制得 MoOx@Pt 核壳结构催化剂，TEM 结果显示 MoOx@Pt 催化剂的粒径约为 3.5 纳米；通过单晶 EDX 分析发现含 40% 的铂和 60% 的钼；在长时间循环伏安测试中亦显示出优异的性能，其 H_2 的氧化起始电位上升并稳定至 -0.1 V，优于 PtMo 及 PtRu 合金电催化剂。由于金属氧化物的导电性较差，使得该催化剂在电催化方面的应用具有很大的壁垒，尚有很大的改进空间。

其他材料为核

专利文献 CN103506144A[88] 报道了一种核壳结构的碳化钨/铂催化剂，该催化剂以碳化钨为核，铂包覆生长于碳化钨表面，该催化剂的颗粒直径在 50～150 nm，在甲醇燃料电池中的应用结果表明，其可明显提高催化转化效率和催化剂使用寿命。

8.3.2.2 制备方法

影响燃料电池电催化剂活性的因素很多，例如电催化剂的表面微观形貌、状态、特定化学条件下的稳定性、反应物和产物在电催化剂中的传质特性等。其中，催化剂的表面微观形貌和状态（例如电催化剂的颗粒尺寸、均匀度、分散度、表面形貌等）与催化剂的制备方法有关，采用不同的制备方法，催化剂的形貌与状态有很大的不同，从而对催化剂的活性产生很大的影响。诸多单金属和双金属合金纳米粒子的制备工艺能够用于制备核壳结构的纳米粒子催化剂中。制备核壳结构电催化剂的总体思路可分为两步：核的制备和包覆层的形成。目前制备核壳结构催化剂的方法主要包括以下几种[89]。

胶体法

胶体法是一种目前广泛应用的制备核壳结构催化剂的方法。该方法的制备过程主要包括：先在液相中制得非铂金属胶体粒子，然后以其作为成核和生长中心，在粒子表面上沉积壳层物质如 Pt，通过控制合成条件可得到组成和结构可变的纳米核壳结构的双金属粒子。Alayoulu S 等[90]报道了采用 $Ru(acac)_3$ 作为前驱体，在乙二醇中制得 Ru 的纳米粒子，再还原 $PtCl_2$ 制备粒径为 4 nm 的 Ru@Pt 纳米粒子。使用类似方法也可以连续还原制备一系列的 Rh@Pt 纳米粒子。以 NH_2OH 作为还原剂将 Pt 沉积于金溶胶粒子的表面上，从而制得 Au@Pt 的核壳结构催化剂，研究表明铂在金核上的沉积受到动力学过程的控制，壳层的生长速度直接受前驱体浓度的控制，其可为调控壳层的厚度提供参考。

利用胶体法制备核壳结构催化剂具有以下优点：实验设备简单，制得的纳米粒子粒径小而且可以调控，颗粒的分散性好，纳米粒子的组成也可控，反应条件温和。该方法的缺点在于反应后难于有效地除去稳定剂和降低过滤洗涤中贵金属的流失。

热分解法

热分解法通常采用沸点较高的有机物例如十六胺、油酸和十八胺等作为溶剂，采用容易分解的金属配合物例如 $Co_2(CO)_8$、$Fe(CO)_5$、$Pt(acac)_2$ 和 $Pd(acac)_2$ 等作为前驱体，在惰性气氛例如 N_2 或 Ar 的保护下，在较高的温度下，金属配合物发生热分解，形成具有一定粒径的超细纳米粒子。根据不同前驱体具有不同的分解速率，通过控制分解条件可以制得多种核壳结构的电催化剂。以 $Pt(acac)_2$ 和 $Co_2(CO)_8$ 为前驱体，在由 1，2－十六烷二醇、油酸和油胺构成的混合溶剂体系中，在氮气氛下，通过热分解法可以制得具有核壳结构的 Pt@Co 纳米粒子。其中 Co 壳的厚度可由 $Co_2(CO)_8$ 的浓度来进行相应的调控。此外，通过改变 $Pt(acac)_2$ 和 $Co_2(CO)_8$ 的加入顺序，还可制备出 Co@Pt 核壳结构的催化剂。Lee 等[91]报道了通过热分解－还原法制备了 $Co_{rich}@Pt_{rich}/C$ 电催化剂，他们还考察了酸处理的时间对电催化剂稳定性的影响。研究表明，当酸处理时间为 0～4 小时时，$Co_{rich}@Pt_{rich}/C$ 催化剂（二者的摩尔比为0.92：1）纳米粒子粒径从 3～8 纳米降至 1～6 纳米，氧还原反应的电极电位从 0.995 V 上升至 1.015 5 V，在 0.1 V 的过电位的条件下，电流密度、质量比活性、比表面活性分别从 0.619 mA·cm^{-2}、6.184 A·g^{-1}、18.614 $\mu A \cdot cm^{-2}$ 增加到 0.912

$mA \cdot cm^{-2}$、$15.544 A \cdot g^{-1}$、$23.413 \mu A \cdot cm^{-2}$；进一步的定量研究结果表明：$O_2$ 在该催化剂上是按照四电子路径进行还原的。

热分解法具有工艺方法简单、可以一步合成的优点，但该方法前驱体类型有限，合成的成本较高，并且适用体系相对有限。

置换法

置换法是指在含有氧化性较强的金属盐溶液中，金属离子如铂、金等离子与还原性较强的金属如铁、银等纳米粒子的表面原子发生置换反应，从而形成包覆层的方法。专利文献 CN101227000A[92] 报道了一种核壳结构气体多孔电极催化剂的制备方法，首先在全氟磺酸树脂粘接的气体多孔电极上选择性沉积均匀分散的非铂族过渡金属 M 核，然后通过所沉积的非铂族过渡金属 M 核与铂盐溶液之间的化学置换反应制得 M@Pt 核壳型催化剂，该方法制备的 M@Pt 核壳型催化剂能够有效降低贵金属铂的负载量、提高催化剂 Pt 的利用率，有望替代现有的商业用碳载铂电催化剂。采用银作为中间还原剂可以合成 Au@Pt/C 电催化剂，首先采用柠檬酸钠作为稳定剂，硼氢化钠作为还原剂分别还原硝酸银和铝铂酸钾得到 Ag@Pt 核壳结构的纳米粒子，然后在 $HAuCl_4$ 溶液中，利用置换反应将银核转化为金核后负载于碳载体上形成 Au@Pt/C 电催化剂；该催化剂在甲醇氧化过程中表现出较佳的电催化活性和抗 CO 中毒的能力，其中，Au@Pt/C 电催化剂中核与壳之间存在电子转移的情况，因而增加了铂表面的氧化物种，提高了电催化剂的抗 CO 中毒的能力。使得 $PtCl_4^{2-}$ 与预先制备得到的 PdFe 合金粒子发生置换反应也可以制得抗甲醇氧化的氧还原 PdFe@PdPt/C 电催化剂。Schimizu 等[93] 报道了直接利用未纯化的单壁碳纳米管 SWNT 本身含有的铁与氯铂酸钾发生置换反应得到 Fe@Pt/SWNT 电催化剂，研究结果表明，该方法制备的电催化剂与商用电催化剂相比，铂的利用率明显得到提高，其比表面积高达 $150 m^2/g Pt$，氧还原反应的质量比活性大约提高了 4 倍，此外，Fe@ Pt/SWNT 也具有良好的抗 CO 中毒的能力。Wei 等[94] 报道了通过欠电位沉积的方法将铜沉积于多孔碳电极的表面，然后采用氯铂酸置换铜得到 Cu@Pt 纳米颗粒。

置换法具有制备工艺简单、反应速度较快、制备成本较低等优点，是一种理想的制备核壳结构双金属催化剂的方法，但是该方法制备双金属催化剂的种类相对较少，通常仅限于具有强氧化性的金属包覆具有强还原性的金属材料。

电化学法

电化学法是指在电镀液中，通过控制沉积条件在金属纳米粒子的表面上沉积其他金属而形成包覆层的方法。由于欠电位沉积法（UPD）能够在电极的表面上形成单原子层如铜，因此在核壳结构催化剂的合成中受到了广泛的重视。与此同时，结合置换法可将该方法扩展至多数催化剂的制备中。

Adzic 等报道了将欠电位沉积和置换法结合，系统研究了以 Pd 或 Pd 合金为核的 Pd－M （M＝Pb、Fe、Co、Ni）@Pt－M （M＝Au、Pd、Ir、Ru、Rh、Re、Os）/C

电催化剂[95]，研究发现 Pd 的存在会减少氧还原反应过程中的中间产物（如 Pt—OH）的生成，从而促进氧还原反应的动力学；另外，由于核壳之间存在电子相互作用，Pt基电催化剂的稳定性也得到了显著改善。专利文献 CN103638925A[96]报道了一种核壳结构催化剂的制备方法，通过高压有机溶胶法等方法将作为核的金属或合金的纳米粒子负载在经预处理的碳载体上得到高分散碳载核金属（M/C）；以壳层金属盐溶液为电沉积前驱体，采用恒电流脉冲电沉积方法，将壳层金属沉积在 M/C 上，得到平均粒径在 5 nm 左右的催化剂，该方法缩短了实验耗时，可有效提高铂利用率，降低其使用量，提高了沉积时的电流效率，催化剂对于甲醇阳极氧化反应等均具有非常好的催化性能，具有良好的稳定性，催化活性好。采用欠电位沉积的方法可以在 Au 粒子表面镀覆单原子层 Cu 从而制备 Au@Cu 粒子，然后采用置换法可以进一步制备 Au@Pt 电催化剂。

专利文献 CN104907068A[97]报道了一种阶梯状 Pt—Au 核壳结构催化剂的制备方法，通过两步欠电位沉积法和两步非一致性化学原位置换制备，其具体步骤包括 Au/C薄膜电极活化、第一步欠电位沉积、第一步化学原位置换、第二步欠电位沉积、第二步化学原位置换。与 PtAu 合金结构的催化剂相比，单层 Pt 可有效提高 Pt 的利用率；与普通的 Pt 单层核壳结构催化剂相比，这种阶梯状的表面结构不仅使得每个 Pt 原子都与 Au 原子相邻，Au 可以起到电子效应；且 Pt 位点均被 Au 原子阻隔，Au 同时可以起到整体效应；与普通的亚单层 Pt 单层核壳结构催化剂相比，这种完整的 Pt 层表面结构，使得催化剂的稳定性得到提升。该方法不仅实现了 Pt 壳层原子的高利用率，而且减少了有毒中间产物的产生，使催化反应朝向最有利的路径进行。

以上的研究工作中，电化学沉积采用的电极表面积均较小（电极直径为几毫米），催化剂的产量很小，只能满足实验室的基础性研究工作。Sasaki 等[98]对此方法进行了改进，设计了采用大表面积 Ti 电极（直径 14 cm）的电化学电池装置，成功制备了大批量 Pd@Pt/C 电催化剂，与小量制备的电催化剂相比，该催化剂对氧还原反应具有基本相同的催化活性。

膜板法

采用膜板法可制得空心核壳结构的催化剂。专利文献 CN104646026A[99]报道了一种空心核壳 PtNi/石墨烯三维复合催化剂的制备方法，该方法以石墨烯为载体，以聚合物纳米球为膜板，采用电化学沉积法将空心核壳结构的 PtNi 纳米合金均匀地负载在石墨烯表面。测试结果表明，复合催化剂均匀地沉积在石墨烯片层中间，有效地防止了石墨烯纳米片间的堆积，并提高了催化剂的分散度，增大了催化活性表面积。

共还原法

由于金属盐还原反应过程中存在动力学上的差异，据此可在液相还原反应过程中通过一步法形成核壳结构。当体系中同时存在多种金属盐的前驱体时，还原过程中先沉积成核的是沉积电势相对较高的金属离子，而电势相对较低的金属离子后还原从而在核的表面上形成壳层，从而制得核壳结构。例如 Harpeness 等[100]报道了在液相中同时还原两种金属离子 Au^{3+} 和 Pd^{2+}，从而成功地制得了 Au@Pd 核壳结构的纳米催化剂。

微乳液法

专利文献 CN104218249A[101]报道了一种核壳结构催化剂的制备方法，先制备核的合金纳米粒子，包括内核反应物微乳液配制、还原剂反相微乳液配制和合金纳米粒子制备；然后进行核壳结构催化剂制备，包括壳层反应物微乳液配制和壳结构催化剂制备。采用该方法能有效控制粒子大小，得到尺寸均一的粒子，且以非贵金属作为内核元素，在显著降低贵金属的同时，提高了催化氧化活性，实现了金属纳米粒子表面形貌可控，操作简便，具有可重复性，成本低，易实现规模化生产。

化学腐蚀法

首先制备出双金属合金纳米粒子，通过（电）化学浸蚀法溶解除去表面贱金属元素，从而得到核壳结构的电催化剂。通过将 Pt、Cu 浸渍在碳载体上，形成 PtCu 合金，使用硫酸对其进行化学脱除合金处理，从而制备 Pt@Cu 催化剂。

自组装法

专利文献 CN101890368A[102]报道了一种碳载金核铂壳结构纳米催化剂的制备方法，采用自组装的方法，利用改性化学试剂的 π—π 键修饰多孔炭从而得到巯基功能化的炭黑载体，再将金核铂壳结构的纳米粒子沉积至经过巯基功能化的炭黑的表面上，制得具有金核铂壳结构的碳载纳米催化剂，该电催化剂的活性较高，金纳米颗粒的尺寸分布均匀且可控制，金纳米颗粒通过含有导电苯环的化学键与多孔炭进行连接，从而加强了金纳米粒子与炭的相互作用。

磁控溅射法

在高真空环境下，将 Pt 作为溅射源，在电场的作用下将其溅射至导电纳米粒子上，可制得核壳结构的催化剂。Wang 等[103]报道了采用该方法将铂组装在钯纳米线的表面上从而制得了 Pd@Pt 催化剂。

激光法

采用激光加热熔融的方法将金属铺设于另一种金属粒子的表面，从而制得核壳结构的粒子。Ah 等[104]报道了利用激光照射 Au@Pt 的纳米粒子，使金表面的纳米铂熔化铺展形成光滑的铂层，鉴于金的熔点比铂低，进一步的激光照射会导致金核的熔化而溢出，反包覆在铂的表面形成 Pt@Au 双金属纳米粒子催化剂。

微波法

专利文献 CN102151565A[105]报道了一种采用微波法一步合成 PdPt/石墨烯纳米电催化剂的方法，选择微波加热的方法，在氧化石墨烯及 Pd^{II} 盐和 Pt^{II} 盐共同存在的条件下，加入还原剂将其共同还原，得到 PdPt/石墨烯纳米电催化剂，该催化剂具有以 Pd 立方体为核，Pt 纳米颗粒为壳的核壳结构，制备的催化剂具有良好的电催化性能和稳定性。

紫外光法

专利文献 CN102836707A[106]报道了一种 Pd 核 Pt 壳纳米催化剂的光化学制备方法，用紫外光照射 $PdCl_2$ 水溶液、聚乙二醇、丙酮水溶液的混合溶液，与 H_2PtCl_6 水溶液、聚乙二醇、丙酮水溶液的混合溶液混合，紫外光照射，将碳载体浸入，抽滤并用去离子水洗涤至无氯，该方法易于控制粒子的大小，并且单分散性好。

8.3.3　非铂催化剂

截至目前，质子交换膜燃料电池所采用的催化剂依然是贵金属铂基催化剂。根据 2010 年美国能源部的年度报告，若以现有技术进行燃料电池汽车的商业化，每年车用燃料电池对铂资源的需求就高达 1160 吨，远远超过全球 Pt 的年产量（约 200 吨）。基于降低成本和铂资源有限的角度考虑，研发高活性的非贵金属电催化剂势在必行。空气电极是燃料电池的正极，相对于负极氢电极，正极空气电极上的氧还原反应更为困难。在电流密度高达 $2\ A\cdot cm^{-2}$ 的条件下，氢电极的过电位也不超过 50 mV。而针对空气电极，在如此大的电流密度下，即使采用铂作为电催化剂，其过电位也高达 700～800 mV。因此，燃料电池的电压损失主要来自空气电极。对于氢电极，$0.1\ mg\cdot cm^{-2}$ 或更少的 Pt，即能满足燃料电池工作的需要，燃料电池膜电极上铂的用量主要消耗于空气电极。近年来，诸多研究致力于提高 Pt 基阴极氧还原催化剂的稳定性、利用率、改进电极结构以降低贵金属 Pt 的负载量，进而降低燃料电池的成本。但最终根本的出路应该还是采用可完全替代 Pt 的、低成本的、资源丰富的非铂氧还原催化剂。

8.3.3.1　钯基催化剂

金属钯与铂相比，具有储量更丰富、价格更便宜等优点，被视为 Pt 的最理想的替代金属。然而，钯基催化剂的催化活性远不如铂基催化剂，无法满足其商业化上使用的需求。研究表明，通过调节钯基催化剂的表面电子结构可使其获得与铂基催化剂基本相当的电催化活性。通过与过渡金属如 Fe、Ni、Au 等形成 Pd 合金是一种有效调节 Pd 电子结构的方法。合金的种类以及合金的程度均显著影响 Pd 的电子结构，产生两种作用不同的效应：晶格收缩效应以及表面配位效应。其中，晶格收缩效应可降低钯的 d 带中心并减弱氧的吸附，被认为是活性提高的主要原因。近年来，人们制得了多种不同活性组分的高分散钯基合金电催化剂，这些催化剂在催化氧还原反应的过程中显示出可与铂基催化剂相比拟的效果[107]。

Shao M H 等[108]制备出 Pd_3Fe/C 电催化剂，其氧还原半波电位比商业化 Pt/C 电催化剂正大约 20 mV。专利文献 CN102903939A[109]报道了一种非铂核壳结构燃料电池催化剂，载体为活性炭，活性组分为 FePd，以纳米晶铁为核，薄层纳米晶钯为壳，活性组分 FePd 的纳米晶铁与钯的摩尔比为 5∶1，活性组分 FePd 占催化剂总质量的 40%～50%，该催化剂的电催化活性是传统 Pd/C 催化剂的 10.63 倍，是商业 Pt/C 催化剂的 23.05 倍。Xu 等[110] 报道了采用纳米多孔 Cu 作为模板和还原剂制得了纳米管状的 PdCu 合金电催化剂，与商业化的 Pt/C 和 Pd/C 电催化剂相比，PdCu 合金电催化剂在酸性条件中表现出更好的氧还原反应活性和抗甲醇的性能。专利文献 CN102916209A[111] 报道了一种多壁碳纳米管负载的 PdNi 纳米催化剂 (PdNi/MWCNT)。Ferna Ândez 等[112] 报道了 Pd—Co—Au/C 以及 Pd—Ti/C 作为阴极氧还原催化剂在质子交换膜燃料电池中的表现。研究结果表明，在相同负载量的情形下，Pd—Co—Au/C 以及 Pd—Ti/C 的初始性能表现可与商业化的 Pt/C 电催化剂相比拟；在 200 mA·cm^{-2} 电流密度下持续 12 h 后，Pd—Co—Au/C 的性能明显衰减，而 Pd—Ti/C 性能基本没有变化。专利文献 CN104953138A[113] 报道了一种 Pd—CoSi$_2$/石墨烯复合电催化剂，该催化剂以 CoSi$_2$/石墨烯为活性助催化材料，来高度分散小粒径的活性组分 Pd，利用硅化钴表面和 Pd 的相互协同作用来增加催化活性和稳定性。Liu Y 等[114] 报道了通过脱除 PdTiAl 合金中的铝而制得具有相互交联的网状结构的纳米多孔 PdTi 合金电催化剂。该催化剂不仅表现出比 Pt/C 电催化剂更高的氧还原反应活性和抗甲醇的性能，而且在 5000 次循环伏安测试中表现出比 Pt/C 电催化剂更佳的稳定性。

对于钯的存在形式，研究人员进行了大胆的尝试。专利文献 CN101246965A[115] 报道了一种钯基金属簇催化剂，该催化剂具有金属簇和担载金属簇的导电性载体，金属簇是含有不同价数的金属的团簇，金属簇可以含有价数为 0 价的金属和价数在 2 价以上的金属，相对于铂基催化剂，该催化剂性能相当但价格降低。

充分利用载体和纳米金属颗粒之间的电子耦合效应亦为优化纳米金属颗粒电子结构的一种行之有效的方法。纳米金属颗粒在载体表面上可暴露出多种复合位点，包括不同的晶面、边缘、棱角和缺陷等。这些复合位点会与载体产生较强的相互作用，从而对金属纳米颗粒的电子结构产生较大的影响。Schalow 等[116] 研究发现，在金属钯颗粒开始氧化时，在钯与载体四氧化三铁的接触界面上形成了一层钯的氧化物，并在载体的作用下能够稳定存在。上述界面氧化物能够导致钯的电子状态或费米能级的上升或下降，进而改变钯的电子结构。

8.3.3.2 金属大环化合物

过渡金属大环化合物一般由酞菁（Pc）、三烯丙基胺（TAA）、四甲氧基苯基卟啉（TMPP）、四苯基卟啉（TPP）等具有多齿配位作用的大环结构与过渡金属离子 M（如 Fe、Co、Mn 和 Ni 等）螯合形成，可作为氧还原催化剂应用至酸性、中性和碱性各种条件下，并已广泛应用到燃料电池中。人们在过渡金属大环化合物方面进行了大量的研究，研究发现该类化合物对氧还原反应均具有一定的催化活性。早在 1965 年，Jasinski[117] 就发现酞菁钴对氧还原反应有催化活性，但水解作用和过氧化物导致的大环分解使其在酸性条件下的稳定性较差。后来研究人员发现，卟啉和 CoTAA 等过渡金属的大环化合物对氧还原反应也具有一定的催化活性，并且在惰性气体保护下于

600～1 000 ℃高温热处理 N_4－金属大环化合物的方式可提高催化活性和化学稳定性。

聚合型酞菁配合物作为燃料电池的电催化剂，其合成原料廉价易得，与电子导体的结合比较牢固，使用寿命长；大环化合物修饰石墨烯的氧还原电催化剂，由石墨烯负载大环化合物如卟啉、酞菁等复合而成，可以高效地还原溶液中的氧，从而实现直接的四电子过程，催化活性较好。对于单核酞菁配合物稳定性较差的问题，专利文献CN101069857A[118]报道了一种卤素取代双核酞菁铁配合物。该配合物催化活性高，可实现高效氧还原的 4e 过程。

研究人员试图寻找价格更低廉的其他贵金属催化剂的替代物。由过渡金属三乙烯四胺螯合物和炭黑载体构成的氧还原电催化剂，其中过渡金属三乙烯四胺螯合物由过渡金属盐与三乙烯四胺反应制得。该催化剂采用价格较低的三乙烯四胺，成本低、环境友好、催化活性较好且稳定性较高[119]。

专利文献 CN1472211A[120]报道了一种桥联面面结构双卟啉金属配位化合物。该金属配位化合物是模拟生物酶催化剂而设计制备的，它具有两个可同时吸附分子氧两端的催化活性中心的含氮大环金属配合物，能够催化分子氧发生直接四电子还原过程，可用于直接甲醇燃料电池的阴极电催化反应。

鉴于目前普遍采用的铂催化剂价格昂贵，研究开发非铂催化剂如钯基催化剂和大环化合物等，对于解决铂资源短缺、降低燃料电池的成本进而推进燃料电池的商业化进程具有重要的意义。

8.4 总结与展望

燃料电池是一种高效而洁净的将化学能转变为电能的方式，对于解决全球的能源问题和环境污染问题起到了举足轻重的作用。PEMFC 是目前应用最广泛的一种燃料电池，它具有比功率和比能量高、工作温度低、能够在室温下快速启动和长寿命等突出优点，具有广阔的发展前景，可应用到电动汽车和便携式电源等领域中。

膜电极作为 PEMFC 的心脏，其结构和性能对燃料电池的整体性能具有决定性作用。自增湿膜电极能够省略庞大而复杂的外部辅助增湿系统和设备，简化了燃料电池系统的结构和降低了燃料电池的成本，是膜电极增湿技术的主要发展方向和目标。通过构筑自增湿复合膜、自增湿催化层和自增湿气体扩散层均可在一定程度上实现自增湿，但自增湿膜电极的稳定性和寿命是不容忽视的重要问题，需要重点进行考察，研究和开发结构简单、成本低、性能稳定和寿命较长的自增湿膜电极成为未来自增湿膜电极发展的主要目标。

对于膜电极的内部结构，人们的研究视野已从宏观结构转到微观结构上，膜电极的有序化是这一转变的有力印证。通过 MEA 的有序化，使得膜电极内的电化学反应和各种传质过程遵循某种预定的轨迹和规律进行，使得质子、电子、气体和水的传递更加通畅和高效，对提高膜电极的各种物理化学性能和降低 Pt 等贵金属的含量提供了新的思路。未来的有序化 MEA 的研究和开发，可以从以下方面着手：研发质子、电子共同传导的有序化复合纳米材料，扩展膜电极的电化学三相反应区域，提升膜电极电荷运输和大电流放电能力；寻找工艺更简单、成本更低廉的有序化膜电极的制备方法，为膜电极的商业化做准备；运用多种微观测试手段，研究膜电极的运行过程中微观结构的变化，尝试探索出延长膜电极寿命的行之有效的新技术。

燃料电池的电催化剂是膜电极中的一个重要组成部分，其对 PEMFC 内的电化学反应起到了至关重要的作用。燃料电池迟迟未能商业化，其中一个重要原因在于其使用了价格昂贵的铂基催化剂。研究开发低 Pt 和非 Pt 催化剂成为目前 PEMFC 的发展重点，其中低铂核壳结构催化剂由于其具有特殊的核壳结构，铂的利用率得到大幅提升，成为降低铂的用量进而降低成本的一个重要研究方向。低 Pt 核壳结构的催化剂不仅可以降低壳层贵金属 Pt 的含量，还可调变催化剂的电子和几何结构，从而降低了反应的活化能，加快催化反应速率并增强催化剂的结构稳定性。在低铂核壳结构催化剂的研发中，人们对核和壳层的材料均进行了大量尝试和探索，并取得了一定的成效，未来的研发可以从以下方面考虑：研究核和壳层材料之间的相互作用和协同作用，从二者的作用机理入手，优化组合性能更好的核壳材料；寻找和优化工艺简单、成本低廉和结构稳定的核壳结构催化剂的制备工艺。

在非 Pt 催化剂中，钯基催化剂和金属大环有机化合物电催化剂彻底实现了非 Pt，对于推进燃料电池的商业化进程具有重要意义。由于金属钯具有与铂相比拟的催化活性，而金属钯则相对于金属铂具有储量丰富、价格便宜等优点，因而成为最有希望代替铂的金属催化剂。然而，在 PEMFC 膜电极工作的酸性条件下，钯基催化剂的活性和稳定性难于与铂基催化剂相比。此外，由于需求/价格波动的关系，采用钯基催化剂完全取代铂基催化剂不能从根本上摆脱对贵金属资源的依赖。金属大环有机化合物摆脱了对贵金属的依赖，并且经过多年的理论探索和实验研究，其催化活性已得到很大的提高，然而其稳定性与铂基催化剂仍然存在很大的差距，不能满足商业化的要求。研究非铂催化剂的活性与其组成、电子构型和表面形貌的构效关系，结合量子理论计算在分子和原子的水平上确定催化剂的活性位点，开发提高非 Pt 电催化活性位点密度的技术，构建高效的新型非 Pt 电催化剂的结构，提高非 Pt 催化剂的稳定性和寿命，是未来非 Pt 催化剂的主要研发方向。

参考文献

[1] 陈延禧. 聚合物燃料电池的研究与开发 [J]. 电池，1999，29（6）：243—248.

[2] 衣宝廉. 燃料电池——原理·技术·应用 [M]. 北京：化学工业出版社，2003.

[3] 朱科. 质子交换膜燃料电池 Pt/C 电催化剂和膜电极的研究 [D]. 天津：天津大学，2005.

[4] Ahn S Y, Lee Y C, Ha H Y, et al. Effect of the ionomers in the electrode on the performance of PEMFC under non-humidifying conditions [J]. Electrochim. Acta, 2004 (50): 673—676.

[5] Litster S, Mclean G. PEM fuel cell electrodes [J]. J. Power Sources, 2004 (130): 61—76.

[6] 侯三英，熊子昂，廖世军. 燃料电池自增湿膜电极的研究进展 [J]. 化工进展，2015，34 (1)：80—87.

[7] Tanaka Kikinzoku Kogyo KK, Stonehart Assoc Inc, Watanabe M, et al. Solid electrolyte type fuel battery-has catalyst layers for anodes with fibrous silica：日本，JP 特开平 6-111827A [P]. 1994—04—22.

[8] Tanaka Kikinzoku Kogyo KK, Watanabe M. Solid polymer electrolyte for fuel cell-comprises cation of anion exchange resin and serious metal catalyst：EP0631337A2 [P]. 1994—12—28.

[9] 武汉理工大学. 具有自增湿功能的多层纳米复合质子交换膜的制备方法：中国，CN1610145A [P]. 2005—04—27.

[10] 清华大学. 自增湿固体电解质复合膜及其制备工艺：中国，CN1455469A [P]. 2003—11—12.

[11] 中国科学院大连化学物理研究所. 一种燃料电池用多酸自增湿复合质子交换膜及其制备方法：中国，CN1862857A [P]. 2006—11—15.

[12] 中国科学院大连化学物理研究所. 一种自增湿燃料电池用多层复合质子交换膜及合成方法：中国，CN1881667A [P]. 2006—12—20.

[13] 香港科技大学. 自增湿膜和自增湿燃料电池及其制备方法：中国，CN102738482A [P]. 2012—10—17.

[14] 佳能株式会社. 燃料电池和电气设备：中国，CN1620734A [P]. 2005—05—25.

[15] Hojung U, Ukjeong S, Taepark K, et al. Improvement of water management in air-breathing and air-blowing PEMFC at low temperature using hydrophilic silica nano-particles [J]. International Journal of Hydrogen Energy, 2007, 32 (17): 4459—4465.

[16] Chao W K, Lee C M, Tsai D C, et al. Improvement of the proton exchange membrane fuel cell (PEMFC) performance at low-humidity conditions by adding hygroscopic $\gamma - Al_2O_3$ particles into the catalyst layer [J]. Journal of Power Sources, 2008, 185 (1): 136—142.

[17] Liang H, Zheng L, Liao S. Self-humidifying membrane electrode assembly

prepared by adding PVA as hygroscopic agent in anode catalyst layer [J]. International Journal of Hydrogen Energy, 2012, 37 (17): 12860—12867.

[18] Senthil Velan V, Velayutham G, Hebalkar N, et al. Effect of SiO$_2$ additives on the PEM fuel cell electrode performance [J]. International Journal of Hydrogen Energy, 2011, 36 (22): 14815—14822.

[19] 宜兴市四通家电配件有限公司. 一种自增湿质子交换膜燃料电池膜电极及其制备方法：中国，CN105789634A [P]. 2016—07—20.

[20] 新源动力股份有限公司. 具有自增湿功能的燃料电池催化剂涂层膜电极及制备方法：中国，CN101702439A [P]. 2010—05—05.

[21] Su H, Xu L, Zhu H, et al. Self-humidification of a PEM fuel cell using a novel Pt/SiO$_2$/C anode catalyst [J]. International Journal of Hydrogen Energy, 2010, 35 (15): 7874—7880.

[22] Chao W K, Huang R H, Huang C J, et al. Effect of hygroscopic platinum/titanium dioxide particles in the anode catalyst layer on the pemfc performance [J]. Journal of The Electrochemical Society, 2010, 157 (7): B1012.

[23] Dai W, Wang H, Yuan XZ, et al. A review on water balance in the membrane electrode assembly of proton exchange membrane fuel cells [J]. International Journal of Hydrogen Energy, 2009, 34 (23): 9461—9478.

[24] Huang RH, Chiu TW, Lin TJ, et al. Improvement of proton exchange membrane fuel cells performance by coating hygroscopic zinc oxide on the anodic catalyst layer [J]. Journal of Power Sources, 2013, 227 (1): 229—236.

[25] 华南理工大学. 自增湿燃料电池复合催化剂及其制备方法与应用：中国，CN102306810A [P]. 2012—01—04.

[26] 中国科学院大连化学物理研究所. 一种质子交换膜燃料电池自增湿膜电极及其制备方法：中国，CN104716351A [P]. 2015—06—17.

[27] 哈尔滨工业大学. 带水扩散区的自增湿质子交换膜燃料电池膜电极及其制备：中国，CN101071877A [P]. 2007—11—14.

[28] Cindrella L, Kannan A M, Ahmad R, et al. Surface modification of gas diffusion layers by inorganic nanomaterials for performance enhancement of proton exchange membrane fuel cells at low RH conditions [J]. International Journal of Hydrogen Energy, 2009, 34 (15): 6377—6383.

[29] Cindrella L, Kannan A M. Membrane electrode assembly with doped polyaniline interlayer for proton exchange membrane fuel cells under low relative humidity

conditions [J]. Journal of Power Sources，2009，193（2）：447—453.

[30] Kitahara T，Nakajima H，Mori K. Hydrophilic and hydrophobic double micro-porous layer coated gas diffusion layer for enhancing performance of polymer electrolyte fuel cells under no-humidification at the cathode [J]. Journal of Power Sources，2012，199（1）：29—36.

[31] Huang Y F，Kannan A M，Chang C S，et al. Development of gas diffusion electrodes for low relative humidity proton exchange membrane fuel cells [J]. International Journal of Hydrogen Energy，2011，36（3）：2213—2220.

[32] 中国电子科技集团公司第十八研究所. 一种自增湿质子交换膜燃料电池膜电极的制备方法：中国，CN101145614A [P]. 2008—03—19.

[33] 王诚，赵波，张剑波. 质子交换膜燃料电池膜电极的关键技术 [J]. 科技导报，2016，34（6）：62—68.

[34] Middelman E. Improved PEM fuel cell electrodes by controlled self-assembly [J]. Fuel Cells Bulletin，2002，2（11）：9—12.

[35] 刘锋，王诚，张剑波，等. 质子交换膜燃料电池有序化膜电极 [J]. 化学进展，2014，26（11）：1763—1771.

[36] Hatanka T，Nakanishi H，Matsumoto S，et al. PEFC electrodes based on vertically oriented carbon nanotubes [J]. ECS Transactions，2006，3（1）：277.

[37] Tian Z Q，Lim S H，Poh C K，et al. A highly order-structured membrane electrode assembly with vertically aligned carbon nanotubes for ultra-low Pt loading PEM fuel cells [J]. Advanced Energy Materials，2011，1（6）：1205—1214.

[38] Murata S，Imanishi M，Hasegawa S，et al. Vertically aligned carbon nanotube electrodes for high current density operating proton exchange membrane fuel cells [J]. Journal of Power Sources，2014，253（5）：104—113.

[39] Yang J，Liu D. Three-dimensionally structured electrode assembly for proton-exchange membrane fuel cell based on patterned and aligned carbon nanotubes [J]. Carbon，2007，45（14）：2845—2848.

[40] Rao S M，Xing Y. Simulation of nanostructured electrodes for polymer electrolyte membrane fuel cells [J]. Journal of Power Sources，2008，185（2）：1094—1100.

[41] 武汉理工大学. 燃料电池有序化多孔纳米纤维单电极、膜电极及制备方法：中国，CN103413947A [P]. 2013—11—27.

[42] 同济大学. 一种可用于燃料电池的新型膜电极组件，制备方法及其应用：中国，

CN101515648A [P]. 2009—08—26.

[43] 中国科学院等离子体物理研究所. 一种新型超薄质子交换膜燃料电池膜电极的制备方法：中国，CN102157741A [P]. 2011—08—17.

[44] 孙公权. 一种新型有序化膜电极及其制备方法和应用：中国，CN102881925A [P]. 2013—01—16.

[45] Yao X，Su K，Sui S，et al. A novel catalyst layer with carbon matrix for Pt nanowire growth in proton exchange membrane fuel cells (PEMFCs) [J]. International Journal of Hydrogen Energy，2013，38（28）：12374—12378.

[46] Liang H，Cao X，Zhou F，et al. A free-standing Pt-nanowire membrane as a highly stable electrocatalyst for the oxygen reduction reaction [J]. Advanced Materials，2011，23（12）：1467—1471.

[47] Shimizu W，Okada K，Fujita Y，et al. Platinum nanowire network with silica nanoparticle spacers for use as an oxygen reduction catalyst [J]. Journal of Power Sources，2012，205（2）：24—31.

[48] Yan Y，Chen Z，Wisan Y，et al. Platinum and platinum based alloy nanotubes as electrocatalysts for fuel cells：美国，US2009220835A1 [P]. 2009—09—03.

[49] Alexandrovichserov A，Kwak C，Lee S，et al. Cathode catalyst for fuel cell，membrane—electrode assembly for fuel cell including same，and fuel cell system including same：美国，US2007212592A1 [P]. 2007—09—13.

[50] Niu C，Bock L A，Chow C Y H，et al. Nanowire-based membrane electrode assemblies for fuel cells：美国，US2006188774A1 [P]. 2006—08—24.

[51] Debe M K，Hendricks S M，Vernstrom G D，et al. Initial performance and durability of ultra-low loaded NSTF electrodes for PEM electrolyzers nanostructured materials，carbon nanotubes，and fullerenes [J]. Journal of the Electrochemical Society，2012，159（6）：K165—K176.

[52] Du S. A facile route for polymer electrolyte membrane fuel cell electrodes with in situ grown Pt nanowires [J]. Journal of Power Sources，2010，195（1）：289—292.

[53] 中山大学. 用于燃料电池阴极的氧还原催化剂及其有序电极的制备方法：中国，CN106229522A [P]. 2016—12—14.

[54] 大连交通大学. 一种质子交换膜燃料电池电极有序催化层制备方法：中国，CN102769140A [P]. 2012—11—07.

[55] 中国科学院大连化学物理研究所. 一种有序催化层及其制备和应用：中国，

CN106410228A [P]. 2017—02—15.

[56] Yamamoto D, Munakata H, Kanamura K. Synthesis and characterization of composite membrane with three-dimensionally ordered macroporous polyimide matrix for DMFC [J]. Journal of the Electrochemical Society, 2008, 155 (3): B303—B308.

[57] 武汉理工大学. 3维阵列式金属—质子导体高聚物同轴纳米线单电极及有序化膜电极与制备：中国, CN102723500A [P]. 2012—10—10.

[58] 中国科学院大连化学物理研究所. 一种质子交换膜燃料电池有序化膜电极及其制备和应用：中国, CN1983684A [P]. 2007—06—20.

[59] 上海中科高等研究院. 基于纳米压印技术的有序纳米结构膜、有序纳米结构膜电极的制备及应用：中国, CN103199268A [P]. 2013—07—10.

[60] 陈丹, 舒婷, 廖世军. 核壳结构低铂催化剂：设计、制备及核的组成及结构的影响 [J]. 化工进展, 2013, 32 (5): 1053—1059.

[61] 恩亿凯嘉股份有限公司. 电极用催化剂、气体扩散电极形成用组合物、气体扩散电极、膜电极组件、燃料电池堆、电极用催化剂的制造方法及复合颗粒：中国, CN106537670A [P]. 2017—03—22.

[62] 重庆大学. 一种高活性钯铂核壳结构催化剂的制备方法：中国, CN102784641A [P]. 2012—11—21.

[63] Koenigsmann C, Santulli A C, Gong K, et al. Enhanced electrocatalytic performance of processed, ultrathin, supported Pd-Pt core-shell nanowire catalysts for the oxygen reduction reaction [J]. Journal of the American Chemical Society, 2011 (133): 9783—9795.

[64] Naohara H, Okamoto Y, Toshima N. Preparation and electrocatalytic activity of palladium-platinum core-shell nanoalloys protected by a perfluorinated sulfonic acid ionomer [J]. Journal of Power Sources, 2011 (196): 7510—7513.

[65] 北京化工大学. 一种燃料电池用碳载核壳型铜—铂催化剂及其制备方法：中国, CN102088091A [P]. 2011—06—08.

[66] 南京航空航天大学. 用于直接甲醇燃料电池催化剂的碳载核壳型 Ni—Pt 粒子的制备方法：中国, CN101455970A [P]. 2009—06—17.

[67] 北京化工大学. 一种多壁碳纳米管载核壳型银—铂阴极催化剂及制备方法：中国, CN102723504A [P]. 2012—10—10.

[68] 常州大学. 一种碳载 Co 核—Pt 壳纳米粒子催化剂及其制备方法：中国, CN103537299A [P]. 2014—01—29.

［69］ Dhavale V M, Unni S M, Kagalwala H N, et al. Ex-situ dispersion of core-shell nanoparticles of Cu-Pt on an in situ modified carbon surface and their enhanced electrocatalytic activities ［J］. Chemical Communications, 2011 (47): 3951－3953.

［70］ Yancey D F, Carino E V, Crooks R M. Electrochemical synthesis and electrocatalytic properties of Au@Pt dendrimer-encapsulated nanoparticles ［J］. Journal of the American Chemical Society, 2010 (132): 10988－10989.

［71］ 联合工艺公司. 形状受控的核壳型催化剂：中国，CN103748719A ［P］. 2014－04－23.

［72］ 国家纳米科学中心. 铂诱导的金核/钯铂岛状合金壳结构纳米棒溶液及制法：中国，CN102039124A ［P］. 2011－05－04.

［73］ 中国科学技术大学. 一种 PdPtNi/C 金属纳米催化剂及其制备方法和用途：中国，CN104368357A ［P］. 2015－02－25.

［74］ Mazumder V, Chi M, More K L, et al. Core/shell Pd/FePt nanoparticles as an active and durable catalyst for the oxygen reduction reaction ［J］. Journal of the American Chemical Society, 2010 (132): 7848－7849.

［75］ 北京化工大学. 一种燃料电池用碳载核壳型铜钯－铂催化剂及其制备方法：中国，CN102664275A ［P］. 2012－09－12.

［76］ Zhou W P, Sasaki K, Su D, et al. Gram-scale-synthesized Pd_2Co-supported Pt monolayer electrocatalysts for oxygen reduction reaction ［J］. The Journal of Physical Chemistry C, 2010 (114): 8950－8957.

［77］ Zhou W P, Yang X, Vukmirovic M B, et al. Improving electrocatalysts for O_2 reduction by fine-tuning the Pt-support interaction: Pt monolayer on the surfaces of a Pd_3Fe (111) single-crystal alloy ［J］. Journal of the American Chemical Society, 2009 (131): 12755－12762.

［78］ Li H H, Cui C H, Zhao S, et al. Mixed-PtPd-shell PtPdCu nanoparticle nanotubes templated from copper nanowires as efficient and highly durable electrocatalysts ［J］. Advanced Energy Materials, 2012, 2 (10): 1182－1187.

［79］ Kang Yijin Liang Q, Meng Li, et al. Highly active Pt_3Pb and core-shell Pt_3Pb-Pt electrocatalysts for formic acid oxidation ［J］. ACS NANO, 2012 (6): 2818－2825.

［80］ 重庆大学. 一种高效低铂直接甲醇燃料电池催化剂的制备方法：中国，CN102806093A ［P］. 2012－12－05.

［81］ Fang P P, Duan S, Lin X D, et al. Tailoring Au-core Pd-shell Pt-cluster nanoparticles for enhanced electrocatalytic activity [J]. Chemical Science，2011 (2)：531—539.

[82] 孙公权. 载有双壳层核壳催化剂的气体扩散电极及其制备和应用：中国，CN102881916A [P]. 2013—01—16.

[83] Wang L，Yamauchi Y. Autoprogrammed synthesis of triple-layered Au@Pd@Pt core-shell nanoparticles consisting of a Au@Pd bimetallic core and nanoporous Pt shell [J]. Journal of the American Chemical Society，2010 (132)：13636—13638.

[84] 哈尔滨工业大学. 一种金属包覆氧化物纳米核壳结构催化剂及其制备方法：中国，CN102969514A [P]. 2013—03—13.

[85] Dhavale V M，Kurungot S. Tuning the performance of low-Pt polymer electrolyte membrane fuel cell electrodes derived from Fe_2O_3@Pt/C core-shell catalyst prepared by an in situ anchoring strategy [J]. The Journal of Physical Chemistry C，2012 (116)：7318—7326.

[86] 大连交通大学. 一种高活性核壳结构催化剂的制备方法及其应用：中国，CN104037427A [P]. 2014—09—10.

[87] Liu Z，Hu J E，Wang Q，et al. PtMo alloy and MoOx@Pt core-shell nanoparticles as highly CO-tolerant electrocatalysts [J]. Journal of the American Chemical Society，2009 (131)：6924—6925.

[88] 浙江工业大学. 核壳结构的碳化钨/铂复合材料及其制备和应用：中国，CN103506144A [P]. 2014—01—15.

[89] 刘宾，廖世军，梁振兴. 核壳结构：燃料电池中实现低铂电催化剂的最佳途径 [J]. 化学进展，2011，23 (5)：852—859.

[90] Alayoglu S，Nilekar A U，Mavrikakis M，et al. Ru｜[ndash]｜Pt core｜[ndash]｜shell nanoparticles for preferential oxidation of carbon monoxide in hydrogen [J]. Nature Materials，2008，7 (4)：333—338.

[91] Lee M H，Do J S. Kinetics of oxygen reduction reaction on Co rich core-Pt rich shell/C electrocatalysts [J]. Journal of Power Sources，2009 (188)：353—358.

[92] 重庆大学. 核/壳结构气体多孔电极催化剂的制备方法：中国，CN101227000A [P]. 2008—07—23.

[93] Schimizu K，Cheng I F，Wai C M. Aqueous treatment of single-walled carbon nanotubes for preparation of Pt-Fe core-shell alloy using galvanic exchange reaction：Selective catalytic activity towards oxygen reduction over methanol oxidation [J]. Electrochemistry Communications，2009，11 (3)：691—694.

［94］ Wei Z D，Feng Y C，Li L，et al. Electrochemically synthesized Cu/Pt core-shell catalysts on a porous carbon electrode for polymer electrolyte membrane fuel cells ［J］. Journal of Power Sources，2008，180（1）：84—91.

［95］ Vukmirovic M B，Zhang J，Sasaki K，et al. Platinum monolayer electrocatalysts for oxygen reduction ［J］. Electrochimica Acta，2007，52（6）：2257—2263.

［96］ 华南理工大学. 一种燃料电池用核壳结构催化剂及其脉冲电沉积制备方法：中国，CN103638925A ［P］. 2014—03—19.

［97］ 哈尔滨工业大学. 一种阶梯状 Pt－Au 核壳结构催化剂的制备方法：中国，CN104907068A ［P］. 2015—09—16.

［98］ Sasaki K，Wang J X，Naohara H，et al. Recent advances in platinum monolayer electrocatalysts for oxygen reduction reaction：Scale-up synthesis，structure and activity of Pt shells on Pd cores ［J］. Electrochimica Acta，2010，55（8）：2645—2652.

［99］ 青岛大学. 一种空心核壳 PtNi/石墨烯三维复合催化剂及制备方法：中国，CN104646026A ［P］. 2015—05—27.

［100］ Harpeness R，Gedanken A. Microwave synthesis of core-shell gold/palladium bimetallic nanoparticles ［J］. Langmuir，2004（20）：3431—3434.

［101］ 太原理工大学. 用于直接硼氢化物燃料电池阳极核壳结构催化剂的制备方法：中国，CN104218249A ［P］. 2014—12—17.

［102］ 昆明理工大学. 碳载高活性金或金－铂合金或金核铂壳结构纳米催化剂的制备方法：中国，CN101890368A ［P］. 2010—11—24.

［103］ Wang H，Xu C W，Cheng F L，et al. Pd/Pt core-shell nanouire arrays as highly offeotive electrocatalysts for methanol electrooxidation in direat methanol fuel ceus ［J］. Electrochemistry Communications，2008，10（10）：1575—1578.

［104］ Ah C S，Kim S J，Jang D J. Laser-induced mutual transposition of the core and the shell of a Au@Pt nanosphere ［J］. Journal of Physical Chemistry B，2006，110（11）：5486—5489.

［105］ 南京师范大学. 微波法一步合成 PdPt/石墨烯纳米电催化剂的方法：中国，CN102151565A ［P］. 2011—08—17.

［106］ 沈阳工程学院. 一种 Pd 核 Pt 壳纳米催化剂的光化学制备方法：中国，CN102836707A ［P］. 2012—12—26.

［107］ 聂瑶，丁炜，魏子栋. 质子交换膜燃料电池非铂电催化剂研究进展 ［J］. 化工

学报，2015，66（9）：3305—3318.

[108] Shao M H, Sasaki K, Adzic R R. Pd—Fe nanoparticles as electrocatalysts for oxygen reduction [J]. J. Am. Chem. Soc., 2006, 128 (11): 3526—3527.

[109] 厦门大学. 一种非铂核—壳结构燃料电池催化剂及其制备方法：中国，CN102903939A [P]. 2013—01—30.

[110] Xu C, Zhang Y, Wang L, et al. Nanotubular mesoporous PdCu bimetallic electrocatalysts toward oxygen reduction reaction [J]. Chem. Mater., 2009, 21 (14): 3110—3116.

[111] 湖南科技大学. 一种无膜的直接醇燃料电池及其制造方法：中国，CN102916209A [P]. 2013—02—06.

[112] Ferna Ândez Jose ÂL, Raghuveer Vadari, Manthiram Arumugam, et al. Pd—Ti and Pd—Co—Au electrocatalysts as a replacement for platinum for oxygen reduction in proton exchange membrane fuel cells [J]. J. Am. Chem. Soc., 2005, 127 (38): 13100—13101.

[113] 江苏大学. 一种 Pd—CoSi$_2$/石墨烯复合电催化剂及其制备方法和用途：中国，CN104953138A [P]. 2015—09—30.

[114] Liu Y, Xu C. Nanoporous PdTi alloys as non-platinum oxygen-reduction reaction electrocatalysts with enhanced activity and durability [J]. Chem Sus Chem, 2013, 1 (6): 78—84.

[115] 株式会社日立制作所. 采用金属簇催化剂的燃料电池：CN101246965A [P]. 2008—08—20.

[116] Schalow T, Brandt B, Starr D E, et al. Size-dependent oxidation mechanism of supported Pd nanoparticles [J]. Angew. Chem. Int. Ed., 2006, 45 (22): 3693—3697.

[117] Jasinski R J. Cobalt phthalocyanine as a fuel cell cathode [J]. J Electrochem Soc, 1965 (112): 526—528.

[118] 北京工业大学. 一种卤素取代双核酞菁铁氧还原催化剂及其制备方法：中国，CN101069857A [P]. 2007—11—14.

[119] 上海交通大学. 一种氧还原电催化剂及其制备方法：中国，CN101259437A [P]. 2008—09—10.

[120] 山东理工大学. 桥联面面结构双卟啉金属配位化合物及其应用：中国，CN1472211A [P]. 2004—02—04.

第9章　石墨烯电池

石墨烯（graphene）是一种由碳原子紧密堆积成单层二维蜂窝状晶格结构的新材料，是构筑零维富勒烯、一维碳纳米管、三维体相石墨等 sp^2 杂化碳的基本结构单元，也是目前发现的唯一存在的二维自由态原子晶体。2004 年，英国曼彻斯特大学的安德烈·海姆和康斯坦丁·诺沃肖洛夫的研究小组首次通过微机械剥离的方法从石墨中分离出石墨烯，从而证实了石墨烯可以单独稳定存在，两人也因此获得了 2010 年的诺贝尔物理学奖。美国麻省理工学院的《技术评论》曾将石墨烯列为 2008 年十大新兴技术之一，2009 年 12 月出版的《科学》杂志中"石墨烯研究取得新进展"被列为 2009 年十大科技进展之一。由于石墨烯特殊的纳米结构以及优异的物理化学性能，在电子学、光学、磁学、生物医学、催化、储能和传感器等诸多领域展现出巨大的应用潜能，引起了科学界和产业界的高度关注。世界各国纷纷将石墨烯及其应用技术作为长期战略发展方向，以期在由石墨烯引发的新一轮产业革命中占据主动和先机。

9.1　石墨烯概述

9.1.1　石墨烯的组成、结构

石墨烯是以 sp^2 杂化连接的碳原子层构成的二维材料，其中碳原子以六元环形式周期性排列于石墨烯平面内，每个碳原子通过 σ 键与邻近的三个碳原子相连，s、p_x 和 p_y 三个杂化轨道形成强的共价键合，组成 sp^2 杂化的结构，具有 120°的键角，剩余的 p_z 轨道的 π 电子在与平面垂直的方向形成轨道，使得石墨烯表面可以吸附外部分子，此 π 电子可以在石墨烯晶体平面内自由移动，因此，石墨烯具有良好的导电性能，石墨烯最大的特性是其电子的运动速度可以达到光速的 1/300，远远超过了电子在一般导体中的运动速度。

石墨烯按照厚度的不同，可以分为：（1）单碳层石墨烯：它是由单个碳原子层构成的大平面共轭结构材料；单碳层石墨烯是最初发现的本征石墨烯；（2）多层石墨烯或少数碳层石墨烯：它是厚度在 2～10 碳层的石墨薄片材料；其层内的电子运动行为有别于原来的石墨材料；（3）石墨烯微片：它是厚度在 10 个碳层至 100 nm 厚的石墨薄片材料；其与宏观石墨材料只存在几何结构、形貌的差别，而无电子运动行为的差异。

9.1.2 石墨烯的性质

至今为止，已发现石墨烯在很多方面具备超越现有材料的优异性能，见表 9-1。

表 9-1 石墨烯的优异性能列表

性能	指标
最薄最轻	厚度仅为 0.335 nm，比表面积为 2630 m^2/g
载流子迁移率最高	常温下其电子迁移率高于 $2.5×10^5$ $cm^2/$（V·s），约为硅的 100 倍，并且石墨烯的载流子迁移率几乎不受温度的影响
优异的透光性	在可见光下单层石墨烯对光只有 2.3% 的吸收
电阻率最小	电阻率仅为 10^{-6} Ω·cm，为目前世上电阻率最小的材料
优异的热学性质	导热系数高达 5 300 W/（m·K），是常用导热材料铜的 2 倍、硅的 50 倍
强度最大最坚硬	断裂强度和弹性模量分别高达 42 N/m 和 1.0 TPa，为结构钢的 200 倍

9.2 石墨烯的制备方法

从发现稳定存在的石墨烯到现在，石墨烯在制备方面取得了长足的进步。微机械剥离法是最早用于制备石墨烯的物理方法，2004 年 Novoselov 等利用透明胶带反复剥离高定向热解石墨获得石墨烯，从而开启了碳材料发展的新纪元。2006 年 Somani 等用化学气相沉积法（CVD 法）制备得到石墨烯，在规模化制备石墨烯的问题方面有了新的突破。同年 Stankovich 等用肼还原脱除石墨烯氧化物的含氧基团从而恢复单层石墨的有序结构，氧化还原法以其简单易行的工艺成为实验室制备石墨烯的最简便的方法，得到广大石墨烯研究者的青睐。

到目前为止，很多研究者都致力于探索石墨烯及其衍生物的制备方法，石墨烯制备方法在提高其电、热、力、磁等各项性能，获得大尺寸、结构优良产品等各方面都发挥着至关重要的作用。以下根据现有文献对石墨烯制备方法的原理及工艺进行梳理。

9.2.1 化学气相沉积法

化学气相沉积法（CVD 法）是利用甲烷等含碳气体作为碳源，在 N_2 或 Ar/H_2 等气氛保护下，通过高温退火使碳原子沉积在基底上形成石墨烯。常用的基底为 Ni、Cu、Co、Pt 等。通过改变碳源、基体和生长条件可对石墨烯的结构和质量进行控制。目前，Cu 和 Ni 是最受关注的两个衬底材料，生长并转移自多晶铜箔上的石墨稀薄膜的尺寸已经达到了 30 英寸。日本真空技术株式会社[1]是将 Fe、Co 或其合金的金属基底置于热 CVD 装置中，抽真空，导入含碳气体和氩气，常压 400～1 000 ℃生长石墨烯薄片，形成具有石墨烯薄片的纳米纤维，虽然其未明确制备石墨烯，但实际上该申请已经获得具有多层的石墨烯片结构，开启了 CVD 法制备石墨烯材料的序幕，也为后来各种 CVD 法制备石墨烯的方法提供了技术指引。

对于化学气相沉积法制备石墨烯涉及的技术手段进行了归类，其具体内容见表 9 - 2。

表 9 - 2 化学气相沉积法制备石墨烯的技术手段

衬底选择	衬底种类的选择，包括催化剂种类的选择和基底种类的选择
衬底预处理	衬底的热处理、抛光、找平、图案化、采用掩膜等
碳源	碳源原料种类的选择，包括气态和固态碳源
辅助气源选择	非碳源气体以外的气体，如 H_2、Ar 等
压力控制	控制反应时的压力或真空度
温度控制	温度的选择，单段或多段加热
转移	包括基体刻蚀，roll－to－roll，电化学转移，干法转移，机械剥离等转移方法
掺杂、刻蚀	包括对制备产品的掺杂（如 N、B、P 等元素）、刻蚀等后续处理

化学气相沉积法工艺简单，得到的石墨烯质量高，所含杂质和缺陷更少，可实现大面积生长。但化学气相沉积法由于需要具备高温条件、需要将基底上的石墨烯转移到目标衬底上。因此，如何简化工艺、实现石墨烯的基体无损转移、使基体可重复使用是目前化学气相沉积法的一项新的挑战。

9.2.2 氧化还原法

化学氧化还原法是目前应用最为广泛的一种制备石墨稀的方法，它的基本原理是通过氧化剂和强酸对天然石墨或者其他碳源进行氧化插层和切割，在引入含氧官能团的同时将石墨片层剥离开来，得到氧化石墨烯（GO）；然后将 GO 超声分散到水溶液或有机溶剂中，再利用还原剂除去 GO 表面的含氧官能团，最终得到石墨烯。其中，常用的强氧化剂如浓 HNO_3、$KMnO_4$、$KClO_4$；Brodie 等[2]利用浓 HNO_3 和 $KClO_4$ 的强氧化作用对天然石墨进行处理，首次制得了氧化石墨烯。美国的威廉马歇莱思大学[3]在制备氧化石墨烯的过程中，除了提供常规的氧化剂外，还添加了至少一种保护剂，保护剂包含了磷酸或磷酸衍生物，改善了氧化石墨烯的结构质量，为还原制备石墨烯打下了良好基础。

关于氧化石墨还原技术，常用的还原方法有化学还原法[4]、热还原法[5]、光源照射法[6]、微波法[7]、溶胶凝胶法还原[8]、等离子体法还原[9]、氢电弧放电剥离[10]、超临界水还原[11]等。

关于表面修饰，其思路可以分成三类：第一类是通过热处理的调整对石墨烯的碳氧比进行控制[12]；第二类是通过功能化基团进行表面改性[13]；第三类是在改性处理的过程中增加辅助性处理手段，例如超声、微波等。

氧化还原法得到的石墨烯具有原料易得、成本低廉、反应条件温和、易于控制，且可以制备出大量石墨烯悬浮液，而且有利于制备石墨烯的衍生物，拓展了其应用领域；但该方法制备的石墨烯存在一定的缺陷，石墨烯的性能变差，胶体分散相稳定性较差，难以完全还原，且使用的强氧化剂会对环境造成污染。因此，如何获得绿色环保的还原剂、优化制备工艺、提高石墨烯质量，将是氧化还原法亟待解决的技术难点。

9.2.3　SiC 外延生长法

外延生长法主要是通过加热含碳晶体如 SiC，使除碳以外的元素在高温下脱除，剩余碳原子经过结构重排形成石墨烯单层或多层，从而得到石墨烯片。福井大学[14]使 SiC 衬底在真空中经受高温氢蚀刻和高温热处理从而在 SiC 衬底上制造和转移片状外延石墨烯（即石墨烯片）层。Hu 等[15]使用 H_2 及 C_3H_8 将 SiC（0000）晶片蚀刻为阶梯状，并将其覆盖在 4H−SiC（0001）衬底上进行了石墨烯生长。该方法可保证生长温度及硅分压的均匀分布，更易于控制 SiC 的热分解过程，使石墨烯的生长区域更大、质量更高。

SiC 外延生长法制备的石墨烯质量较高，通过控制其生长机理和界面效应，可以控制所制备石墨烯的层数。但 SiC 晶体表面在高温过程中会发生重构而使得表面结构较为复杂，因此，对获得大面积、厚度均一的石墨烯条件要求很高。同时，石墨烯的电学性质受衬底结构影响较大，难以控制。

9.2.4　气相/液相剥离法

气相/液相剥离法是通过把石墨、膨胀石墨或石墨插层化合物在有机溶剂或水中分散形成低浓度的分散液，再借助超声波、加热或气流的作用克服石墨或石墨衍生物层间的范德华力实现剥离得到石墨烯的方法。液相分散法不需要任何的插层剂处理，它不会像氧化还原法那样破坏石墨烯的电子结构，因此可以得到高品质的产物。

成都新柯力[16]通过高速流体的剪切使石墨在蜡质材料为主体的流体中被剪切减薄得到石墨烯，这一过程中，流体剪切是连续的，剪切力是足够大的，在流动过程中剥离得到石墨烯，同时在流体中配制可与石墨烯界面反应的改性剂，在常温下将石墨烯固定，克服其团聚。Hernandez 等[17]发现适合剥离石墨的溶剂，其最佳表面张力应该在 $40\sim50$ mJ/m^2，并且在氮甲基吡咯烷酮中，石墨烯的产率最高。

该气相/液相剥离法具有来源广泛、成本低、产率高、易于放大等优点；且在进行剥离的过程中没有在石墨烯的表面引入缺陷。但液相分散法制得的石墨烯层数较多，单层石墨烯的产率不高，片层团聚现象较为严重，因而，限制了其应用。

9.2.5　机械剥离法

机械剥离法是最早成功制得石墨烯的方法。其是通过对石墨晶体施加机械力（摩擦力、拉力、剪切力等）将石墨烯或石墨烯纳米片层从石墨晶体中分离出来，从而制备得到石墨烯。按剥离方式可以分为微机械剥离法和宏观的机械剥离法。

B. Z. 扎昂[18]将聚合物前驱体部分或全部进行炭化或是将石油、煤、焦油、沥青进行热处理，从而得到单层或多层石墨片，接着进行机械剥离，最后球磨得到纳米尺寸的石墨烯。后来，成都新柯力[19]通过对石墨原料进行插层改性处理，与分散剂混合形成分散浆料，送入高压均质机，利用高压流体在高速流动中产生的巨大剪切力和流体碰撞产生的冲击压力快速剥离石墨，实现了石墨的逐层剥离，防止机械剪切力对石墨烯晶体结构的破坏，使制备的石墨烯晶格缺陷小、质量高，实现了高剪切机械条件下规模化生产高质量少层石墨烯（10层以内）。

机械剥离法制备石墨烯的最大优点在于工艺简单、制作成本低，而且样品的质量高，无需苛刻的试验条件，即可得到保持完美晶体结构的石墨烯；但是该方法消耗的时间长、产量低、无法控制石墨烯的层数和尺寸，且从大片的厚层中寻找单层石墨烯比较困难，同时样品表面清洁度不高，因此无法用于规模化生产。

9.2.6　有机转化法

有机转化法是以小分子或大分子有机物为前驱体，在碱金属催化或环化脱氢等工艺条件下自下而上的石墨烯制备方法。选择结构良好的前驱体对该方法的石墨烯制备至关重要。目前以多环芳烃碳氢化合物为前驱体已经合成出石墨烯带、纳米石墨烯片、宏观石墨烯及其衍生的富碳材料。通过分子前驱体的表面辅助耦合获得聚苯树脂后，再进行环化脱氢，即可合成具有原子精度的石墨烯纳米条带，且单体缩合时取向的变化可形成不同结构的纳米带[20]。

有机转化法的优点是可以通过分子设计，进而实现对石墨烯结构和性能的精确控制。但该法反应步骤多、反应时间长、脱氢效率不高且会造成环境污染。目前有关该法的研究主要集中在如何优化条件进一步增大石墨烯尺寸及提高石墨烯的产量和质量。

9.2.7　电化学剥离法

电化学剥离法是通过恒压恒流电解使阴阳离子朝不同方向转移，并且离子嵌入物进入材料的层与层之间，利用所述嵌入物进行石墨材料的剥离步骤，使其体积发生膨胀造成层间范德华力减小，最终剥离脱落得到单层或少层石墨烯。根据该方法所得的石墨烯，其含氧量远低于经化学剥离法所得的石墨烯，故电化学剥离的石墨烯导电性远高于化学剥离石墨烯，并有利于增加电子的传导速率。

Leroux 等[21]以含四辛基溴化铵的 DMF 为电解液，对高定向热解石墨进行电化学剥离，并引入芳基重氮离子对其进行功能化，以增强其在有机相中的分散性，所得功能化石墨烯片层的分散性良好，且制备过程快速简单。台湾的"中央研究院"[22]是通过在第一偏压下，进行石墨材料的嵌入步骤，并在第二偏压下，利用电解液中的离子进行石墨材料的剥离步骤，最后自电解液中所取出的固体部分即为高质量石墨烯。

电化学剥离法制备石墨烯是一种绿色、快速的方法，制备的石墨烯片层较厚且含氧量较高，且不涉及任何有毒试剂的使用，但由于实际生产条件的限制用这种方法很难大规模生产。

9.2.8　光束照射法

光束照射法是采用等离子体、微波辐射、激光等方式对碳源（烃类、醇类、碳纳米材料）在特定工艺条件下反应制备石墨烯。光束照射法是近几年才出现的较为新兴的制备方法。该方法可以在被加热物体的不同深度同时产生热，实现分子水平上的加热，这种"体加热作用"速度快且均匀，可使产率显著提高。清华大学[23]利用高功率密度激光束扫描熔化金属基体表面的含碳涂层，固体碳源中的碳原子和金属基材中的金属原子在辐照的作用下形成固溶体，移开激光束或停止辐照，则金属基材冷却时形成过饱和的固溶体，碳原子从过饱和的固溶体中析出在基材表面形成石墨烯。通过控制冷却速度可实现单晶生长，得到高质量石墨烯薄膜，且在一定的固溶度下，控制基材的熔化程度、冷却速率和碳涂层的厚度还可以达到控制石墨烯层数的目的。中国人民解放军装甲兵工程学院[24]则是利用脉冲激光扫描石墨悬浮混合液从而制备得到结构完整、含氧官能团少的单层或少层（少于6层）石墨烯。

光束照射法是一种方便快捷的石墨烯大面积、高质量、可图案化制备方法。

9.2.9　切碳纳米管法

以碳纳米管为原料制备石墨烯是近年来发展起来的一种新型的制备石墨烯的方法，与以石墨为原料制备的各向同性石墨烯片层不同，切割碳纳米管得到的是各向异性的带状石墨烯。其是利用蚀刻技术将纳米管切开，从而制造出石墨烯带的一种方法。由于石墨烯纳米带近似于一维纳米材料的结构，所以它表现出一些与二维石墨烯片层不同的特殊性质，如较高的能带，使它在纳米电子学领域有着重要的应用前景。

2009年D. V. Kosynkin在Nature上首次报道了一种利用多壁碳纳米管制备石墨烯的新方法[25]。通过对多壁碳纳米管进行强氧化性的高锰酸钾和硫酸的氧化处理，使碳纳米管首先沿轴向切开，然后展开的多壁碳纳米管再被拆成单层或少层石墨烯纳米带（宽度为100～500 nm），这种方法获得的石墨烯纳米带具有很好的水溶性，通过后续的化学处理可以恢复其导电能力；另外，还研究了当高锰酸钾的质量为碳纳米管质量5倍时，碳纳米管能完全切割成为石墨烯纳米带，该石墨烯纳米带含有较多的含氧基团，能均匀分散在水及多种有机溶剂当中。威廉马歇莱思大学[26]使多根碳纳米管在不存在溶剂情况下接触碱金属源，在加热下进行，导致碳纳米管基本上沿平行于其纵轴的方向按螺旋方式打开，然后加入亲电试剂，形成至少在其边缘上官能化的石墨烯纳米带，具有非常高的导电性。

用切碳纳米管的方法能制备出层数可控、边缘光滑的石墨烯，有望在石墨烯的可控制备上取得更大的进步，不过这种工艺以碳纳米管为原料，在石墨烯制备的时间和经济成本上没有优势，同时设备装置较为复杂，实验操作要求也较高，限制了其应用。

9.2.10 溶剂插层法

溶剂插层法是通过分散相中发生的插层反应来降低石墨片层间的范德华力和游离键作用（键合能约为 16.7 kJ/mol，远小于共价键），并在超声波辅助下进行石墨片层的快速剥离。在有机溶剂中的剥离能将减小，这与有机溶剂的表面张力和石墨烯的表面能的匹配程度有关。Hernandez 等人[27]研究了石墨在各种有机溶剂中的超声剥离效果，结果表明，当有机溶剂的表面张力在 40～50 mJ/m² 时，剥离能较小。虽然超声剥离的产率很低，但他们的研究却为后来的研究者们提供了很有用的信息。另外，目前使用较多的插层化合物多为无机酸、有机酸以及部分小分子的有机化合物。随后，研究者们发现超临界流体作为一种插层应用到石墨烯的插层和剥离中，可以得到高质量的单层或少数层石墨烯，上海交通大学[28]首先将石墨粉混溶于有机溶剂中，在高压釜内使其达到有机溶剂的临界点以上状态，利用有机溶剂处于超临界态下具有高溶解能力和高扩散能力，使石墨粉完全溶于有机溶剂中，有机溶剂完全插入石墨层之间，形成石墨－有机溶剂插层结构，成功制备出单层石墨烯。

溶剂插层法是一种可以大量制备石墨烯的有效方法，得到的石墨烯面积较大且缺陷较少，成本也较低，但所制得的石墨烯分散程度较低。

9.2.11 其他方法

电弧放电法作为一种有效的方法被广泛地用于制备各种形态的碳纳米材料。如 Wang 等[29]提出了一种在空气中进行电弧放电的制备方法，他们发现高压有利于石墨烯的形成。

原位自生模板法一般以含有丰富极性基团的聚合物为碳源，通过与 Fe^{2+} 的充分作用而形成致密的层状络合结构，再低温热解原位形成渗碳铁、碳层和铁层，进一步热处理即可获得石墨烯[30]，原位自生模板法可以通过控制碳源极性基团的种类和数量以及其与 Fe^{2+} 的络合作用程度而实现低缺陷、高导电性石墨烯的制备。

淬火法制备石墨烯的原理是通过在快速冷却过程中造成内外温度差产生的应力，使得物体出现表面脱落或裂痕，继而使得石墨烯从石墨上剥落下来。膨胀石墨由于层间含有插层的无机离子，膨胀石墨层间距较大，层间作用力较弱，更容易剥离。为了使膨胀石墨有效剥离，田春贵等人[31]使用了氨水和肼为淬火介质，通过反复的淬火处理，80％的膨胀石墨可转化为石墨烯和多层石墨烯。

除以上几种制备方法之外，近几年有大量使用激光制备石墨烯的研究，以不同功率的激光器代替诱发石墨烯剥离的诱因[32]，激光诱发化学气相沉积[33]、外延生长[34]、氧化还原[35]及激光与碳纳米管的相互作用[36]的方法来制备石墨烯，但是仍然无法解决精确控制石墨烯的晶体结构以及尺寸等问题。

表9-3总结了目前石墨烯的主要制备方法的优缺点。

表9-3 石墨烯常用制备方法的比较

方法	优点	缺点
化学气相沉积法	产率较高，质量高	成本较高，工艺复杂
氧化还原法	产率较高，工艺简单，原料易得，成本低廉，反应条件温和、易于控制	石墨烯存在一定的缺陷，性能变差，难以完全还原，且强氧化剂会对环境造成污染
SiC外延生长法	质量较高，石墨烯层数可控	表面结构较为复杂，难以获得大面积、厚度均一的石墨烯，分离较难
气相/液相剥离法	成本低、产率高、石墨烯的表面缺陷少	石墨烯层数较多，单层石墨烯的产率不高，片层团聚现象较为严重
机械剥离法	工艺简单，制作成本低，产品质量高	消耗的时间长，产量低，无法控制石墨烯的层数和尺寸，重复性差
有机转化法	可以实现对石墨烯结构和性能的精确控制	反应步骤多，反应时间长，脱氢效率不高且会造成环境污染
电化学剥离法	绿色快速，制得的石墨烯导电率较高	难以大规模生产
光束照射法	方便快捷、大面积、高质量、可图案化制备	无
切碳纳米管法	层数可控、边缘光滑	成本较高，设备装置较为复杂，实验操作要求较高
溶剂插层法	产率较高，且缺陷较少，成本也较低	石墨烯分散程度较低

以下就前六种制备方法在产品的质量（G）、成本（C）、可行性（S）、纯度（P）以及产量（Y）方面进行对比（图9-1），其中，0＝无，1＝较低，2＝正常，3＝较高。

通过表9-3和图9-1的总结，如何综合运用各种石墨烯制备方法的优势，取长补短，解决石墨烯的难溶解性和不稳定性的问题，完善结构和电性能等是今后研究的热点和难点，也为今后石墨烯的合成开辟了新的道路。此外，可控制地制备石墨烯，如控制石墨烯的形状、尺寸、层数、元素掺杂和聚合形态等也是关注的重点。

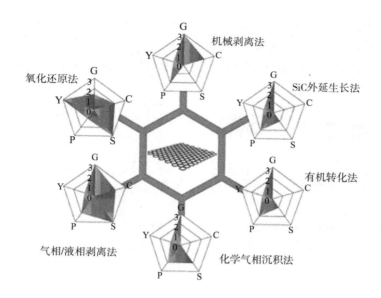

图9-1 部分常用制备方法的应用预期

9.3 石墨烯在锂离子电池中的应用

石墨烯作为一种新型的二维碳材料,具有较大的比表面积和优越的导电性,在锂离子电池领域具有重要的应用。石墨烯因其特殊的片层结构,可以提供更多的储锂空间。石墨烯还具有很高的电导率、良好的机械强度、柔韧性、化学稳定性以及很高的比表面积,尤其是化学转化的石墨烯具有较大比例的官能团,决定了其非常适合作为复合电极材料的基底。通过与各种材料复合,能有效地降低活性材料的尺寸,防止纳米颗粒的团聚,提高复合材料的电子、离子传输能力以及机械稳定性,从而使电极材料具有高容量、良好倍率性能以及循环寿命长的良好性能,充分发挥石墨烯及相关材料间的协同效应。此外,石墨烯也可作为导电添加剂代替其他导电剂或是与其他导电剂一起使用来提高材料的导电率,改善电池的性能。

石墨烯储锂主要有以下特点:(1)锂离子在石墨烯中表现出较高的脱嵌锂电位(0.3~0.5 V),高的比容量(700~2 000 mA·h/g),远超过商业化石墨(372 mA·h/g);(2)高的充放电速率,多层石墨烯材料的层间距明显大于石墨的层间距,进而有利于锂离子的快速脱嵌;(3)低的首次库伦效率,由于石墨烯大的比表面积、丰富的表面官能团和缺陷位点等,首次充放电时与电解液很容易产生SEI膜,造成部分比容量损失;(4)石墨烯的储锂机理和孔结构、缺陷、比表面积、层间距、层数、表面官能团和混乱度等诸多因素有关。但是,有些因素对于储锂性能的影响也存在很大的争议,因此,对于这些因素如何影响石墨烯的储锂行为还有待进一步深入研究。

对于石墨烯的储锂研究最早可以追溯到2008年,YOO等首先证实了石墨烯与碳纳米管或富勒烯复合后，其可逆比容量显著增加。在众多的影响石墨烯的储锂行为的因素中，研究者普遍认为较大的层间距和比表面积、孔结构、缺陷是石墨烯高储锂容量的重要因素。图9-2给出了石墨烯储锂的机理示意[37]和充放电曲线图[38]。

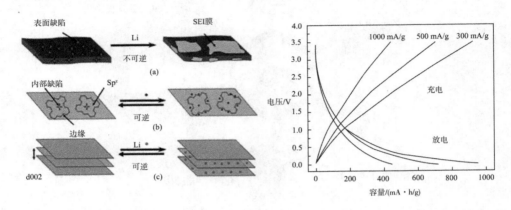

图9-2　石墨烯储锂机理的示意图（左图）；石墨烯充放电曲线（右图）

9.3.1　石墨烯在正极材料中的应用

锂离子电池正极材料的性能直接影响锂离子电池的能量密度、比容量、温度以及安全性能。2000年，日本真空技术株式会社作为石墨烯在锂离子电池领域最早的专利申请者，申请了石墨烯用于锂离子电池领域的第一项专利申请JP2001288625A，采用化学气相沉积法利用金属催化剂制备石墨烯片层，用于锂离子正极材料中，从而控制沉积的碳材料的形貌，以提高正极的质量。虽然该专利申请得到的石墨烯片层与单层石墨烯的厚度还有一定的差距，但是其得到的也是纳米级的石墨烯层，对于推动石墨烯制备技术奠定了基础。此后，很多研究者就致力于将石墨烯材料应用到正极材料中。而采用石墨烯改性锂离子正极材料的优点有：（1）石墨烯修饰后的正极材料导电性增加，提高了活性物质的倍率性能；（2）石墨烯可以作为保护层，起到缓冲体积膨胀的作用，增加材料的循环稳定性；（3）石墨烯的机械性能好，化学稳定性高、耐腐蚀；（4）石墨烯与活性材料复合后，会有协同效应的出现，整体上提高了锂离子电池的性能。

下面就石墨烯在正极材料中的相关技术进行梳理。

9.3.1.1　石墨烯与磷酸铁锂复合用作正极

磷酸铁锂（$LiFePO_4$）因其具有安全性高、价格便宜和放电平台平稳等优点成为锂离子电池正极材料的研究热点。但$LiFePO_4$的导电性差，锂离子扩散速度慢，高倍率充放电时实际比容量低。目前，常通过掺杂或包覆导电剂等方法制备$LiFePO_4$复合材料来提高其离子迁移率和电子导电率。石墨烯由于具有高比表面积、优异的导电性能和化学稳定性，用于$LiFePO_4$复合材料时具有以下优势：（1）可以与$LiFePO_4$颗粒和集流体形成很好的电接触，易于电子在集流体和 LiFePO$_4$ 颗粒之间迁移，从而降低电池内部电阻，提高输出功率；（2）优异的机械性能和化学性能赋予石墨烯/LiFePO$_4$ 复合电极材料较好的结构稳定性，从而提高电极材料循环稳定性；（3）LiFePO$_4$ 在石墨烯负载，可以有效控制晶粒增长，使得到的颗粒尺寸控制在纳米级。

中国科学院[39]将石墨烯与 LiFePO$_4$ 分散于水溶液中，通过搅拌和超声使其均匀混合，随后干燥得到石墨烯复合的 LiFePO$_4$ 材料，再通过高温退火最终获得石墨烯改性的 LiFePO$_4$ 正极活性材料。三星电子[40]使用喷雾干燥法制备了石墨烯/LiFePO$_4$ 复合正极材料，其是将 LiFePO$_4$ 前驱物分散在氧化石墨烯悬浊液中，然后将这一混合体系经过喷雾干燥，煅烧后即可获得石墨烯/LiFePO$_4$ 复合正极材料。基于上述正极活性材料的锂离子二次电池具有电池容量高、充放电循环性能优良、寿命长及高循环稳定性的特点。

为了提高锂离子和电子传输性能，武汉科技大学[41]通过水热法，制得石墨烯气凝胶负载 LiFePO$_4$ 多孔复合材料，该多孔复合材料中的薄层石墨烯交错连接，形成微米级孔道，有良好的电解液浸润性，大大提高了材料的锂离子扩散性能，同时，石墨烯的优良导电性能显著改善材料的电导率，使其更加适合于大电流放电，提高了材料的高倍率性能。这种优异倍率性能主要是由于：（1）活性石墨烯提供的连续导电网络，将 LiFePO$_4$ 纳米颗粒连接到一起，便于电子的转移；（2）与普通石墨烯片相比，具有孔状结构的活化石墨烯为锂离子的扩散提供了丰富通道，缩短了锂离子扩散路径，为快速充放电反应提供了可能；（3）高比表面积的多孔活化石墨烯在 LiFePO$_4$ 纳米颗粒和附近包围电解质，提供较大界面接触，从而增加了电化学反应活性面积。

石墨烯在 LiFePO$_4$ 材料的分布状态对其复合材料电化学性能的影响也至关重要。中国科学院[42]通过将插层膨胀的薄层石墨烯掺入到 LiFePO$_4$ 合成原料中，在插层膨胀的薄层石墨烯上原位合成 LiFePO$_4$ 纳米粒子，得到石墨烯搭桥或包覆 LiFePO$_4$ 纳米粒子结构形式的材料。哈尔滨工业大学[43]制备的复合材料为 LiFePO$_4$ 颗粒穿插于多层石墨烯的层间的夹层结构；这种特殊结构对材料的性能具有积极的作用：（1）多层石墨烯形成的三维立体导电网络，比表面积大且导电性良好，从而显著降低电化学反应过程中的界面电流密度，减小了电化学反应极化，同时，在极短的时间内可实现大量电荷的储存和释放，具有超级电容性质；（2）多层石墨烯为具有层状结构的团状物，层间距较大（约 7~8 nm），可在层间形成微小的 LiFePO$_4$ 颗粒，限制材料粒径的增长，缩短了离子扩散途径，降低离子扩散阻力。上海大学[44]制备了一种三明治结构的石墨烯/LiFePO$_4$ 复合材料，石墨烯层片被 LiFePO$_4$ 外壳完全包裹后形成块状颗粒，颗粒内部是一层 LiFePO$_4$、一层石墨烯的多层堆叠的三明治结构。Yang 等[45]研究了堆积石墨烯和单层石墨烯对石墨烯/LiFePO$_4$ 复合材料电化学性能的影响。与堆积石墨烯相比，单层石墨烯能够使 LiFePO$_4$ 分布更加均匀，并且每一个 LiFePO$_4$ 纳米颗粒通过导电层连接在一起，进而提高材料导电性。

针对 $LiFePO_4$ 掺杂过程中石墨烯易出现的团聚现象，中国科学院[46]是先制备得到纳米金属氧化物/石墨烯的复合材料，然后再通过原位复合，制得纳米金属氧化物/石墨烯掺杂 $LiFePO_4$ 电极材料。分散到石墨烯纳米片表面的纳米金属氧化物增加了石墨烯片层间距，从而大大减小石墨烯片层之间的相互作用，有效阻止了石墨烯片的团聚。此外，通过添加纳米金属氧化物减少石墨烯用量提高了 $LiFePO_4$ 的体积能量密度。

长沙赛维[47]在 $LiFePO_4$ 表面包覆一层由氮化钛与石墨烯组成的导电网络膜，由于 $LiFePO_4$ 材料和氮化钛的界面作用很强，两相间的过电位低并存在强的化学键作用，从而可大大提高电子导电率，而且石墨烯与 $LiFePO_4$ 材料可以形成连续的三维导电网络并有效提高电子及离子传输能力，进而改善了锂离子电池的高倍率性、循环性能和充放电比容量。北京万源[48]是在 $LiFePO_4$ 表面先形成极薄的氮化碳层，再将其与石墨烯进行复合，氮化碳可以阻止晶粒生长，并提高材料的电导率，特别在 $-20\ ℃$ 的低温下也能保持相当高的容量。

此外，对石墨烯进行元素的 N 掺杂，是石墨烯改性的常见方式，N 掺杂后可以使石墨烯产生大量的缺陷和活性位点去捕捉锂离子，因此增加了石墨烯对锂离子的束缚和存储能力，合肥国轩[49]通过在制备过程中引入氮源（三聚氰胺、木质素磺酸钠、聚苯胺、氨基酸、聚吡咯、尿素、氨水、二氰二胺），得到氮掺杂石墨烯包覆磷酸铁锂正极材料。

由于石墨烯不仅具有优越的电导率，而且将其与正极活性物质颗粒桥接在一起，改善了原来的颗粒之间单纯的点—点接触，增加了点—面接触模式，修复不完整的碳包覆层，与碳共同形成三维导电网络。此种改性方法防止正极材料与电解液的直接接触，抑制了材料结构的转变或抑制了与电解液的副反应，因此增强了材料的电化学可逆性，显著减小了电荷转移电阻，从而提高了 $LiFePO_4$ 正极材料的电化学性能。天津大学[50]采用悬浮混合法制备石墨烯和碳共包覆 $LiFePO_4$ 正极材料，采用该正极材料组装的扣式电池，在 $0\ ℃$，$0.1\ C$ 倍率下首次放电比容量为 $147.3\ mA \cdot h/g$，首次效率为 98.2%；$1\ C$ 倍率下，循环 100 次后的容量保持率为 95.1%；在 $-20\ ℃$，$1\ C$ 倍率下，循环 100 次后的容量保持率为 90.1%。

9.3.1.2 石墨烯与含锂过渡金属氧化物复合用作正极

在正极材料方面，研究较多的除了 $LiFePO_4$ 外，主要还有 $LiCoO_2$、$LiNiO_2$、$LiMnO_2$、$LiNi_xCo_yMn_{1-x-y}O_2$ 等，其中三元材料由于存在三元协同效应，与其他单一组分材料相比结构更稳定，具有更好的电化学性能，成为近年来锂离子电池正极材料的研究热点。但三元材料也存在着活性材料与电解液易发生副反应的问题，从而导致电池稳定性较差，比容量衰减较厉害，这些问题在高温或大倍率条件下尤为突出。为了解决上述存在的缺陷，很多研究者选择用石墨烯对其进行复合改性。LG 化学株式会社[51]采用石墨烯与锂锰氧化物进行复合，使得锂离子电池包含含有尖晶石基锂锰氧化物和具有层状结构的锂锰氧化物的混合正极活性材料，可以在高电压下进行充电，从而提高其稳定性。

此外，由于富锂层状正极材料 $x\mathrm{Li_2MnO_3} \cdot (1-x)\mathrm{LiMO_2}$（M＝Ni、Co、Mn、$\mathrm{Ni_{0.5}Mn_{0.5}}$、$\mathrm{Ni_{1/3}Co_{1/3}Mn_{1/3}}$ 等）的理论比容量超过 300 mA·h/g，实际可利用容量大于 250 mA·h/g，是目前所用正极材料实际容量的 2 倍左右；除此之外，由于该材料使用了大量的 Mn 元素，与 $\mathrm{LiCoO_2}$ 和 $\mathrm{LiNi_{1/3}Mn_{1/3}Co_{1/3}O_2}$ 相比，以其低廉的成本、高的能量密度、结构稳定、较好的循环性能和良好的安全性能成为人们研究的重点。富锂层状正极材料在充电到 4.8 V 时具有较高的放电容量（≥200 mA·h/g），然而这种材料还是存在很多问题限制了其进一步的应用：（1）大的首次不可逆容量，当充电电压充到 4.6 V 以上伴随着 $\mathrm{Li_2O}$ 的净脱出；（2）导电性差；（3）较长时间循环后，电压平台急速衰减。基于上述问题，天津大学[52]采用水热法制备了具有层状结构的石墨烯负载富锂正极材料 $\mathrm{Li_{1.2}Mn_{0.6}Ni_{0.2}O_2}$，首次放电容量为 245 mA·h/g，且能保持较好的循环性能。中国科学院[53]采用氧化石墨烯对富锂锰基固溶体进行一次掺杂后，又采用氧化石墨烯对其进行了二次表面修饰，最后进行还原。富锂锰基固溶体颗粒分散于层状石墨烯之间，在充放电时，石墨烯可为富锂锰基固溶体提供较多的导电点和导电通路，从而提高该复合材料的电导率；纯富锂锰基固溶体在 0.5 C（100 mA·h/g）充放电时，放电容量为 200 mA·h/g，而富锂锰基固溶体/石墨烯复合材料在相同倍率下，放电容量可达到 258 mA·h/g，提高了 58 mA·h/g。

层状镍钴镁钛和镍钴铝钛四元材料具有高比能量、成本较低、循环性能稳定等优点，可有效弥补钴酸锂、镍酸锂、锰酸锂各自的不足，因此，四元材料的开发成为正极材料领域的研究热点。合肥国轩[54]分别制备了石墨烯基复合镍钴镁钛四元正极材料和石墨烯基复合镍钴铝钛四元正极材料，上述两种材料均可大大改善正极材料的导电性与安全性能，显著提高锂离子电池的比能量与比功率。

9.3.1.3　石墨烯与含钒化合物复合用作正极

近些年，钒系材料在锂电池正极材料研究方面取得了巨大的进展。钒系材料成本低廉、电化学活性较高、较宽的价态（从＋3～＋5 价）以及相对较高的能量密度的特点，使其受到了广泛的关注。

$\mathrm{V_2O_5}$ 具有二维层状结构，属三斜方晶系，在这种结构中，V 处于由 5 个 O 原子所包围的一个畸变了的四方棱锥体中的中间，形成 5 个 V—O 键，从结构上看，分子或原子嵌入 $\mathrm{V_2O_5}$，拉大了层间距离，从而削弱了 $\mathrm{V_2O_5}$ 层对 $\mathrm{Li^+}$ 的静电作用，同时 $\mathrm{Li^+}$ 与嵌入物之间具有较好的相容性，使其能较好地脱嵌；$\mathrm{V_2O_5}$ 的纳米结构可以缩短 $\mathrm{Li^+}$ 迁移路径，增大电极与电解液之间的接触。$\mathrm{V_2O_5}$ 电化学嵌/脱锂离子的电位窗口为 4.0～1.5 V（vs. Li/Li$^+$），每个 $\mathrm{V_2O_5}$ 最多能够嵌入 3 个 $\mathrm{Li^+}$，且其理论放电容量可达 442 mA·h/g，因此，预计正极材料 $\mathrm{V_2O_5}$ 可满足下一代锂离子电池能量密度高和比容量大的需求。然而，$\mathrm{V_2O_5}$ 固有的锂离子扩散系数（为 10～12 cm²/s）和导电率较低，这些阻碍了 $\mathrm{V_2O_5}$ 的应用。且纳米结构的 $\mathrm{V_2O_5}$ 的电化学性能（包括循环性能及倍率性能）仍受限于电导率、矾盐的溶解及颗粒的团聚。因此，急需进一步改善纳米 V_2O_5 的性能。与碳材料结合，是一种有效的途径来提高纳米 V_2O_5 的电化学性能。将 V_2O_5 纳米粒子与石墨烯复合制成纳米复合材料，不仅可以有效阻止纳米粒子的团聚，缩短锂离子的迁移距离，提高锂离子脱嵌效率；同时，由于石墨烯的二维柔软性，对纳米粒子包覆能够缓解锂离子脱嵌过程中所造成的体积变化，改善电池的循环稳定性；而且由于石墨烯良好的导电性能，作为支撑材料起到了富集和传递电子作用，有利于减小内阻。

海洋王[55]通过溶胶凝胶法制备了 V_2O_5/石墨烯复合材料，放电容量较高，达到了 $298 \sim 412 \, mA \cdot h/g$；且该复合材料的倍率性也得到明显提高。而北京化工大学[56]则是将钒氧化物粉末和石墨分散在去离子水中，再加入氧化剂并充分搅拌均匀，然后放入高压釜，在一定温度下反应，真空干燥后得到超长单晶 V_2O_5 纳米线/石墨烯复合正极材料，该复合正极材料是由二维石墨烯纳米片与一维 V_2O_5 纳米线组成，超长单晶 V_2O_5 纳米线（大于 $10 \, \mu m$）有序地分布在透明的石墨烯纳米片表面和层间，形成一种三明治结构，能够明显提高正极材料的首次放电容量、倍率性能及电化学循环稳定性，并且锂离子嵌入/脱出动力学特征有显著的提高。

在钒的所有氧化物中，二氧化钒（VO_2）具有独特的边缘原子共享结构，在充放电过程中非常稳定。但目前 VO_2 差的循环性能和导电性能以及有限的制备方法仍限制其实际应用。为了改善 VO_2 的导电性，提高其充放电速率，Yang Gong[57]等人成功制备出了 VO_2/石墨烯带，研究发现，在 190 C 的充放电速率下其首次放电比容量超过 $200 \, mA \cdot h/g$，且经过 1 000 次充放电循环后其比容量依旧能保持在 90% 以上，表现出了优异的倍率特性，使其在大功率设备上的应用成为可能。

LiV_3O_8 是一个可以嵌入多个 Li^+ 离子的层状钒基正极材料，为单斜结构。LiV_3O_8 的层与层之间通过在电化学嵌入过程中不参与充放电的 Li^+ 连接起来，以确保在充电和放电过程中 LiV_3O_8 具有很好的结构可逆性和稳定性，同时也不会阻碍嵌入的 Li^+ 占据四面体间隙位置。虽然 LiV_3O_8 晶体结构稳定，但其倍率性能受到 Li^+ 扩散和电子传输的制约。海洋王[58]通过溶胶凝胶法制备了 LiV_3O_8/石墨烯复合材料，是由二维的石墨烯分子与 LiV_3O_8 构成，LiV_3O_8 表面附着大量的高导电的石墨烯分子，两者之间表现出很强的共价键的化学键合。LiV_3O_8/石墨烯复合材料，电导率得到了提高，材料倍率性得到提高，用其作锂离子电池的正极材料，锂离子电池在高倍率下比容量仍能达到 $203 \sim 224 \, mA \cdot h/g$，超过了现有商用锂离子正极材料的容量（约 $200 \, mA \cdot h/g$）。

磷酸钒锂 [$Li_3V_2(PO_4)_3$，LVP] 正极材料，理论能量密度达 $500 \, mA \cdot h/g$，相比 $LiFePO_4$ 具有更高的电子离子导电性、理论充放电容量及充放电电压平台，且在 4.8 V 的高充电电压下仍能保持稳定的框架结构。但由于晶体结构的原因，金属离子相隔较远，使得材料中的电子迁移率低，$Li_3V_2(PO_4)_3$ 的电子迁移率为 $2 \times 10^7 \, cm/s$，大大限制了 $Li_3V_2(PO_4)_3$ 的电化学性能。海洋王[59]通过超声剥离和微波反应法制备得到

$Li_3V_2(PO_4)_3$/石墨烯复合材料,将石墨烯与 $Li_3V_2(PO_4)_3$ 进行混合,利用石墨烯的超高电导率,大大提高了材料的导电能力,并提高了 $Li_3V_2(PO_4)_3$ 材料的电化学性能,当其用作锂离子电池的正极材料时,锂离子电池在 5 C 的高倍率下也能够发挥较高的容量。

9.3.1.4 石墨烯与聚合物复合用作正极

氮氧自由基聚合物、羰基化合物、导电聚合物和聚硫化合物等聚合物的活性官能团与 Li^+ 发生氧化还原反应起到存储能量的作用,氧化还原电位通常高于 1.5 V,因此,石墨烯/聚合物复合正极材料的储锂性能与聚合物的活性官能团的氧化还原可逆性有关。

导电聚合物的氧化还原是在其掺杂态和本征态之间相互转变,不会发生溶解,但是在充放电过程中导电性会下降,导致容量不能有效发挥和循环性能较差。中国科学院[60]先通过原位聚合得到聚苯胺—石墨烯氧化物复合物,再通过肼加热还原制备聚苯胺—石墨烯复合物,用石墨烯氧化物与石墨烯的大比表面积和导电聚合物的独特的电容特性,将两者结合作为复合物,可以解决聚苯胺结构松散、导电性不足的缺点。

共轭羰基聚合物具有良好的氧化还原活性,放电平台为 2.0~3.0 V,理论容量较高但是导电性差,活性基团容易溶解,导致实际容量较低,倍率性能和循环性能较差。而将共轭羰基聚合物与石墨烯复合,能够提高复合材料的导电性和倍率性能。以蒽醌及其聚合物、含共轭结构的酸酐等为代表的羰基化合物作为一种新兴的正极活性材料逐渐受到关注,其电化学反应机制是:放电时每个羰基上的氧原子得一个电子,同时嵌入锂离子生成烯醇锂盐;充电时锂离子脱出,羰基还原,通过羰基和烯醇结构之间的转换实现锂离子可逆地嵌入和脱出。THAQ(1,4,5,8—四羟基—9,10—蒽醌)是一种有机多醌类化合物,其每个分子中有六个能与锂离子反应的活性电位,其理论容量 855 mA·h/g,但是实际制备得到的 THAQ 容量仅为 250 mA·h/g,远远小于其理论容量。海洋王[61]通过原位聚合物分别制备了 THAQ/石墨烯复合材料,该复合材料存在高电导率的石墨烯,能有效地将电子快速地传导到其表面的 THAQ 分子活性反应中心,有利于提高 THAQ 分子容量的发挥。充放电比容量可由 230 mA·h/g 提高到 563 mA·h/g,且 100 次循环后容量保有率也有明显提高。华为[62]提供了一种醌类化合物/石墨烯复合材料,醌类化合物(单体或聚合物)化学键合在石墨烯表面。其中,醌类化合物具有较高的比容量和氧化还原电位;醌类化合物中的双羰基具有电化学活性点,在电化学反应过程中具有较好的结构稳定性,因此具有较好的循环稳定性。其放电容量可为 254 mA·h/g,5.0 C 倍率放电比率为 86.3%,0.2 C 循环容量保持率为 84.2%,弯折后 0.5 C 倍率放电比率为 71.8%,弯折后 0.2 C 循环容量保持率为 72.6%。

聚硫化合物是通过 S—S 键的反复断裂与键合进行能量的存储与释放。但多硫聚合物在充放电过程中 S—S 键断裂的动力学较慢,导致极化现象严重。Ai 等人[63]采用原位聚合将聚硫化合物与石墨烯复合，聚硫化合物均匀地分散在石墨烯表面并形成化学结合，该复合材料具有优异的循环性能和倍率性能，经过 500 次循环的容量达1 600 mA·h/g。

9.3.1.5 石墨烯自身及其衍生物盐用作正极

石墨烯表面的—OH，—COOH 等含氧官能团有利于提高储锂容量，东丽株式会社[64]通过将适度地进行了官能团化的石墨烯与正极活性物质进行复合化，具有高电子导电性和离子导电性，其官能团化率为 0.15 以上且 0.8 以下，具有高电子导电性和离子导电性。

另外，海洋王[65]制备了石墨烯锂盐和石墨烯衍生物锂盐，不仅具备良好的导电性以及高的机械性能，还有较好的功率密度以及循环寿命，材料有较好的界面相容性，同时石墨烯的多种衍生化方式可以使得其有较高的容量，其储容理论量达到 620 mA·h/g。

9.3.1.6 石墨烯与其他化合物复合用作正极

以 SiO_4 四面体为聚阴离子基团的正硅酸盐正极材料，即 $LiMSiO_4$（M＝Fe、Mn 等）。此类正极材料具有稳定的 SiO_4 四面体骨架、丰富的自然资源、环境友好等优点，另外，其理论上可以允许 2 个 Li^+ 可逆脱嵌，理论容量达到 330 mA·h/g。但其在第一次充放电后，结构发生很大变化，从而影响了锂离子的可逆脱嵌，阻碍了其应用。实际上，以硅酸铁锂为代表的硅酸盐正极材料在使用上只能脱嵌 1 个 Li^+，致使其理论容量仅有 166 mA·h/g。目前，人们通过表面包覆、金属掺杂和合成纳米粒子等方法改善其电化学性能，其中碳包覆是较为常见的改性方法。上海大学[66]利用溶剂热辅助溶胶凝胶法合成了 Li_2MnSiO_4/石墨烯，通过 Li_2MnSiO_4 和 Li_2MnSiO_4/rGO 的寿命衰减对比图，可知，Li_2MnSiO_4 的放电比容量维持在 40～50 mA·h/g，经过 50 次循环，其放电比容量维持在 95～110 mA·h/g。

作为锂二次电池的正极材料，金属氟化物是一类有前景的锂电池正极材料。由于氟的电负性大，金属氟化物正极材料的工作电压远高于其他金属氧化物、金属硫化物等正极材料。金属氟化物 MeF_3 大部分为 PdF_3－ReO_3 型结构，是具有允许锂离子嵌入/脱出的结构。金属氟化物不但可以进行锂离子嵌入/脱出反应，还可以和锂发生可逆化学转换来贮存能量。但金属氟化物在很大程度上被忽视，主要是因为金属氟化物强的离子键特征，大的能带隙，导致了其差的电子导电性。Fe－F 化合物具有高能量密度，高电压，充放电性能好，低成本，高理论容量等优点，因而是非常具有应用前景的正极材料。但三氟化铁（FeF_3）的导电性差，在锂离子的脱嵌过程中，伴随着严重的极化现象，导致在充放电过程中容量衰减严重，降低了电池的效率和循环性能。目前，改善 FeF_3 正极的方法主要是减小 FeF_3 颗粒尺寸和优化 FeF_3 正极导电性能。减小 FeF_3 颗粒尺寸的目的主要是减小锂离子和电子扩散路径，增大电化学反应面积；优化 FeF_3 正极导电性能则可提高电子在电极内部的传输效率，优化电化学性能。因而，为实现优化电极导电性能的目的，选择将石墨烯与三 FeF_3 进行复合，有效克服 FeF_3

应用过程中的导电性差和极化严重等缺点。Liu 等[67]通过将石墨烯置于 HF 中刻蚀出缺陷作为核位，从而制备了 FeF_3/石墨烯纳米复合物；尺寸为 20～100 nm 的 FeF_3 纳米粒子均匀分布于石墨烯上，2.0～4.5 V、0.2 C 时的比容量稳定在 210 mA·h/g；1 C、2 C、5 C 时的比容量分别为 176 mA·h/g、145 mA·h/g、113 mA·h/g。

9.3.2　石墨烯在负极材料中的应用

锂离子电池的负极能够可逆地脱/嵌锂离子是负极材料的关键。已实际用于锂离子电池的负极材料主要包括碳素材料（如石墨、软碳、硬碳等），过渡金属氧化物、锡基材料、硅基材料等，石墨烯与这些负极材料复合，可以获得更好的循环稳定性、高比容量，从而降低成本。锂离子电池领域的重要专利申请人和研究者 B. Z. 扎昂于 2007 年申请了负极材料的相关专利[68]，提供了一种纳米级石墨烯薄片基阳极组合物，其包含能吸收和解吸锂离子的微米或纳米级颗粒或涂层和包含石墨烯片或石墨烯片堆叠体的多个纳米级石墨烯薄片，薄片的厚度小于 100 nm。颗粒和/或涂层物理贴附或化学结合到薄片，该组合物具有高的循环寿命和可逆容量，缓冲体积变化引起的应变和应力，降低内部损失或内部加热。

从负极材料的制备技术可以看出，石墨烯改性负极材料的技术手段早期相对简单，主要使用的是直接混合的方式，即直接将石墨烯、负极材料与黏结剂和/或溶剂混合以后涂覆在集流体上，然后干燥后使用。随着研究的增多，后续发展的技术手段除了直接混合以外，还包括将石墨烯的制备工艺与负极材料的制备工艺结合起来，即在原料中混入石墨烯或氧化石墨烯，通过原位反应的方法制备石墨烯负极材料，根据需要决定是否需要还原的步骤，达到石墨烯与正极/负极材料的良好分散，制备的电极材料具有优异的电化学性能。

9.3.2.1　石墨烯直接用作负极材料

石墨烯作为锂离子电池的负极材料，兼具石墨材料的优点和硬炭材料的特点，同时具有较大的储锂容量和功率特性，是一种非常理想的高功率电池负极材料。虽然也有一些问题，即比表面积偏大，可能会造成较大的 SEI 膜，经过各种表面处理，可望解决相关问题。石墨烯材料以很薄的片状存在，通过一定的手段可以控制石墨烯片层堆积的方式，进而影响其储存锂离子的性能，并且有望实现大倍率充放电。

天津大学[69]就直接将石墨烯作为负极活性材料压制在铜箔集流体上制成负极片，首次放电容量可以达到 400～800 mA·h/g，首次充放电效率可以达到 40%～90%，稳定后的容量可以达到 380～450 mA·h/g。美国的通用公司[70]是将碳前驱体气体的石墨烯平面沉积到集流器基底上直接用作负极片。

石墨烯片层之间易互相堆垛，影响其性能的发挥，因此研究具有特殊形貌的石墨烯材料以解决石墨烯片层的堆垛问题从而提高其性能具有重要意义。石墨烯笼是由石墨烯片层卷曲围绕成具有内部空腔且不同于碳纳米管的一种新型石墨烯材料，其特有的内部空腔可以减少石墨烯片层的堆叠。Yoon Seon—Mi 等人[71]用镍纳米粒子作为模板，三甘醇作为碳源，在镍纳米粒子的表面渗透碳，然后通过热处理并将模板刻蚀掉得到单分散多层石墨烯中空球，也称为石墨烯笼。将其用作锂离子电池负极材料具有较好的倍率性能，但该材料的比容量极低，小于 30 mA·h/g，这是由于单分散石墨烯中空球不利于电子在石墨烯球间的传递，封闭的中空结构也不利于电解液的渗入和锂离子的存储。北京化工大学[72]以 ZnO 作为膜板，采用化学气相沉积方法在 ZnO 膜板表面沉积石墨烯层，酸溶解去除 ZnO 膜板得到的级次结构石墨烯笼，具有相互连接的石墨烯层及内部导通的空腔，有利于电子的传递、电解液的渗透及锂离子的扩散，比容量随着循环周数的增加而逐渐升高，循环 250 周后比容量为 900 mA·h/g，明显高于文献报道的石墨烯的比容量；该材料还具有优异的倍率性能，在 2A/g 的电流密度下，比容量仍能达到 300 mA·h/g。加利福尼亚大学洛杉矶分校的团队制备了一种石墨烯气溶胶[73]，通过改进的水热法，利用氧化石墨形成自由无支撑的石墨烯气溶胶立方体。再经过简单的溶剂置换，将气溶胶结构转换成三维溶剂化的石墨烯架构，大大提升了锂离子交换和导电性。

由于石墨烯直接作为锂离子电池负极材料所制得的电池器件性能并不稳定，因此，很多研究工作者尝试使用 N 或 B 掺杂来提高石墨烯负极材料的性能。Wang 等[74]制备了高倍率性能良好的 N、B 元素掺杂石墨烯负极材料，通过在液态前驱体中使用 CVD 得到了生长可控的 N—掺杂石墨烯。在 50 mA/g 的充放电倍率下，N—掺杂石墨烯材料的容量为 1 043 mA·h/g，B—掺杂石墨烯材料的容量为 1 540 mA·h/g，是未掺杂的石墨烯材料容量的两倍。不仅如此，掺杂 N、B 后的石墨烯材料可以在较短的时间内进行快速充放电，在快速充放电倍率为 25 A/g 下，电池充满时间为 30 s。这种性能的改善可能是由于杂原子以及杂原子带来的缺陷改变了石墨烯负极材料的表面形貌，进而改善电极/电解液之间的润湿性，缩短电极内部电子传递的距离，提高 Li+ 在电极材料中的扩散传递速度，从而提高电极材料的导电性和热稳定性。

虽然将石墨烯作为锂电池负极材料可以提高电导率并改善锂电池的散热性能，但石墨烯材料直接作为电池负极存在如下缺点：（1）制备的单层石墨烯片层极易堆积，丧失了因其高比表面积而具有的高储锂空间的优势；（2）首次库伦效率低，由于大比表面积和丰富的官能团及空位等因素，循环过程中电解质会在石墨烯表面发生分解，形成 SEI 膜，造成部分容量损失，因此首次库伦效率与石墨负极相比明显偏低，一般低于 70％；同时，碳材料表面残余的含氧基团与锂离子发生不可逆副反应，填充碳材料结构中的储锂空穴，造成可逆容量的进一步下降；（3）初期容量衰减快，一般经过十几次循环后，容量才逐渐稳定；（4）存在电压平台及电压滞后等缺陷。因此，将石墨烯和其他材料进行复合制成石墨烯基复合负极材料是现在锂电池研究的热点，也是今后发展的趋势。

9.3.2.2　石墨烯与碳材料复合用作负极

石墨烯—石墨球复合材料，既具有石墨烯导电率高、储锂量大的优点，又结合了石墨球安全性高的长处，是制备锂电池负极的理想材料。目前制备石墨烯－石墨球复合材料，通常有三种路径：（1）将石墨球进行弱氧化插层，将表面部分的石墨氧化，还原后得到表面是石墨烯，内核是石墨球的结构。但该工艺难以控制弱氧化插层的程度，所制得样品的均一性较差；（2）在液相中将石墨球与石墨烯混合，然后滤干。但石墨烯在水及有机溶剂中都很难分散，与石墨球混合时，只有少量的石墨烯能包覆到石墨球中；（3）在液相中将石墨球与氧化石墨烯均匀混合，然后将氧化石墨烯还原。该方法解决了石墨烯难以分散的问题，但却带来氧化石墨烯还原不彻底的问题。福建省辉锐材料科技有限公司[75]通过用立体式化学气相沉积的方法，在高温下通过多孔催化金属裂解碳氢气体，得到气相的碳自由基，所述碳自由基沉积到石墨球的石墨化表面，原位地在石墨球表面生长出石墨烯，从而制备出石墨烯/石墨球复合负极材料。

苏州大学[76]是在石墨烯的溶液中加入聚合物单体（如苯胺、吡咯、吡咯烷酮、噻吩、苯乙烯、丙烯氰）和聚合物引发剂使之发生聚合反应，生成的聚合物包覆石墨烯；后进行高温热还原和碳化反应即可获得碳包覆石墨烯材料。导电聚合物在高温下碳化可以转化为氮掺杂的硬碳，将硬碳与石墨烯进行复合，在一定程度上降低了石墨烯的比表面积，减少了部分由于吸附脱附于石墨烯纳米片层间的锂带来的容量，增强了石墨烯结构的稳定性；而且硬碳掺杂到石墨烯的层间，增强了石墨烯片层间纵向电导率。而哈尔滨工业大学[77]制备了一种氮掺杂石墨烯膜与多孔碳一体材料，微孔滤膜在高温下退火，有机组分碳化时，部分碳原子以气态形式挥发，这些碳原子在铜箔的催化作用下在铜箔基底上成核生长，最后在铜箔上形成大面积的石墨烯，另一部分碳原子碳化过程中被固定下来形成了多孔碳结构，这主要是因为微孔滤膜中的孔道起到了一个模板的作用，此外微孔滤膜中自身含有丰富的氮元素，碳化过程中氮元素与碳形成六元环或五元环进而掺杂到滤膜碳化后的产物中，该氮掺杂石墨烯膜和多孔碳一体材料具备高的储锂容量和较高的库伦效率，优良的倍率性能，卓越的循环稳定性。

9.3.2.3　石墨烯与硅基、锡基或其他非金属复合用作负极材料

硅具有理论上的最大比容量（4200 mA·h/g），并且来源广泛，成为潜在的负极材料替代。但是由于硅材料在锂离子的嵌入和脱出过程中，伴随着高达300％的体积变化，导致循环过程中活性材料的粉化、脱落等而影响其循环性能。目前的研究针对这一问题，主要通过以下三种途径解决：（1）硅材料的纳米化，通过制备纳米线、纳米膜、纳米颗粒等纳米级的材料，减小其在循环过程中的绝对体积变化，从而避免材料的粉化、脱落；（2）活性材料的复合化，将硅与其他材料复合，利用其他材料束缚硅在充放电过程中的体积变化，从而提高循环性能；（3）将以上两种方法结合起来，通过微结构设计制备出高容量、循环性能好的纳米硅复合材料。其中第三种方式在研究中应用最广泛，复合材料中的基体材料作为惰性成分束缚硅材料在锂离子插入和脱出过程中体积膨胀，可以在提高比容量的基础上明显改善循环性能。其中在基材的选择中，由于碳材料结构稳定，在充放电过程中体积变化相对较小，并且导电性和热、化

学稳定性好，具有一定的比容量，除此之外，碳与硅的化学性质相近，二者在结合上更有优势。相比于使用其他碳材料的改性方法，石墨烯的引入能够有效降低硅材料在膨胀和收缩过程中对电极材料的破坏，从而提高硅材料的锂离子和电子的传输能力，进而提高器件的循环性能。

Liangming Wei 等人[78]在表面活性剂的辅助下，先制备了 SiO_2/石墨烯复合材料，然后通过镁热还原反应，最后制备得到多孔三明治结构的硅/石墨烯（PG−Si）复合负极材料，该负极材料在 200 mA/g 的电流下，容量达到 1464 mA·h/g，500 次循环后，在电流密度为 1.68 A/g 的情况下，容量保持在 920 mA·h/g。多孔硅颗粒包裹于石墨烯层，可维持硅颗粒与石墨烯间的紧密接触，保证锂离子电池负极材料良好的电子传导；石墨烯具有很好的韧性，可有效缓冲充放电过程中硅的体积效应，保护锂离子电池负极结构的完整性。美国斯坦福大学和美国能源部 NLAC 国家加速器实验室将硅阳极粒子包裹在用石墨烯定制的"笼子"中。微观石墨烯笼子的尺寸大小足以满足电池充电过程中硅粒子有足够的膨胀空间，但同时又足够紧凑，以便在粒子分离后总能汇拢在一起，这样就使电极能持续保持大容量。此外，柔性、强健的石墨烯笼子还能阻挡电极与电解液发生有害的化学反应[77]。

为了进一步提高 Si 基/石墨烯复合材料的性能，电子科技大学[79]提供了一种碳纳米管/石墨烯/硅复合锂电池负极材料，其包括泡沫镍以及在泡沫镍上依次交替设置的石墨烯层和硅共混碳纳米管层，且最顶层为石墨烯层，最顶层石墨烯层上还覆盖有一层厚石墨烯保护层。采用石墨烯层交替硅/碳纳米管复合层的多层结构，利用石墨烯和碳纳米管的高机械性能与高导电性共同对硅粉进行三维复合，在保持硅高比容量的前提下，克服硅负极在电化学储锂过程中剧烈的体积效应、难以形成稳定的表面固体电解质膜及其本征电导率低导致其电循环性能差的缺陷。中国科学院[80]制备了一种豆荚状硅@非晶炭@石墨烯纳米卷复合负极材料，硅@非晶炭核—壳结构均匀包裹于石墨烯纳米卷的通道内，硅@非晶炭颗粒之间存在足够的间隙可保证硅在充电过程中的体积膨胀。且石墨烯纳米卷外层和非晶炭内层共同组成双炭层保护硅活性材料避免了充放电过程中 SEI 膜的反复沉积。管状石墨烯纳米管的外形结构还可防止充放电过程中硅粉化后颗粒脱出而导致的电接触失效，可大幅提高硅的使用效率。

由于硅的导电性能差，且与锂反应不均匀会降低硅材料的循环性能。因而，近年来，研究者也尝试使用具有高的体积能量密度的硅合金作为硅粉基复合材料。

锡基负极材料因为具备高理论比容量（992 mA·h/g），导电性好，安全环保，价格低廉等优点而备受关注，但其致命的弱点就是锡基材料在充放电过程中由于锂离子的嵌入和脱出，会引起本身体积的剧烈膨胀（约为 340%），从而易于导致活性材料在循环过程中发生粉化，进而导致其循环性能和倍率性能较差。但将其与石墨烯进行复合，锡颗粒分布在石墨烯表面，可大大增加锡与电解液的接触面积，并通过石墨烯的高强度限制锡在嵌锂和脱锂过程中的体积效应。

天津大学[81]利用改进的模板热解法，制备出片层极薄、自组装成三维石墨烯状，且表面负载锡纳米颗粒的新型锡碳复合材料，锡纳米颗粒的分散性较好。复合材料用于锂离子电池负极时，锡在充放电过程中引起的体积膨胀得到抑制，且具有很高的比容量与极好的循环性能，在 200 mA/g 的电流密度下循环 100 次仍能保持 1 000 mA·h/g 以上的比容量，并在 10 A/g 的高电流密度下仍保持 270 mA·h/g 的比容量。

将碳纳米管混杂在石墨烯/锡颗粒复合材料之中，形成的网格网络结构，为锂离子进出电极提供了大量顺畅的输运通道，使其可充分与负极材料接触，提高负极材料的利用效率。同时碳纳米管和石墨烯的高导电性能够在充放电过程中保证载流子（电子）的快速迁移，达到降低现有电池内阻的目的。

SnO_2 负极材料具有储锂容量高（782 mA·h/g）、嵌锂电势低、安全性高及环境友好等优点，但 SnO_2 在充放电过程中巨大的体积膨胀导致电极材料的循环性能及大电流密度下的充放电性能较差。而将石墨烯与 SnO_2 复合后能够发挥二者的协同作用，SnO_2 能够阻止石墨烯团聚和堆叠现象的发生，石墨烯能够缓解 SnO_2 在嵌锂和脱锂过程中的体积膨胀，进而提高锂离子电池的充放电容量和延长锂离子电池的循环寿命。

浙江大学[82]将石墨烯和硝酸亚锡混合，超声分散溶解在乙醇：乙二醇：1，2—丙二醇溶剂中，形成金属阳离子前驱体溶液，通过静电喷雾技术，石墨烯和 SnO_2 以直接化学键合或机械混合的方式在基片材料上形成三维网状结构。合成的石墨烯基复合锂离子电池薄膜负极材料具有三维网孔状结构，十分有利于锂离子的输运扩散，有效地缓解了 SnO_2 电极在充放电循环中的体积变化，大大提高了电极的比容量和循环性能，同时增强了薄膜和基片的链接。而 Shahid 等[83]用石墨烯包覆 SnO_2 纳米球体颗粒，构建了三明治状夹层结构的 SnO_2/石墨烯复合材料。这种"三明治"状夹层结构一方面提高了电极材料的稳定性；另一方面，最大化利用了 SnO_2 分子的比表面积，有利于 SnO_2 分子均匀地分散在石墨烯片层上，避免了 SnO_2 分子的团聚，缓解了体积膨胀，加强了纳米分子间的相互联系，从而避免了导电添加剂和黏结剂的使用；其首次充放电容量为 1783 mA·h/g 和 1247 mA·h/g，较石墨烯/SnO_2 纳米片层材料的充放电容量提升了 24.08% 和 41.06%。同时研究发现，经过石墨烯的包覆，SnO_2 材料的不可逆容量降低。这可能是石墨烯包覆在 SnO_2 表面，降低了部分吸附在材料细小孔道中不能可逆脱除 Li^+ 的量，从而减少了容量的损失。

就如何减小吸附在细小微孔中不能可逆脱出的 Li^+ 造成的容量损失这一难题，Liu 等[84]利用柯肯特尔效应经过高温处理后，使 SnO_2 纳米分子镶嵌在石墨烯材料的表面，制备了克量级石墨烯—介孔 SnO_2 复合电极材料。复合材料内部的孔径尺寸为中孔和微孔，减少了不能可逆脱出的 Li^+ 的量，在 100 mA/g 的电流密度下充放电循环 50 次后，可逆容量为 1354 mA·h/g，在 2 A/g 倍率下放电测试容量为 664 mA·h/g。

为了解决现有方法制备中 SnO_2 与石墨烯复合作为负极材料使用时，在大电流密度下的循环性能及储锂性差的问题，可以选择其他碳材料和石墨烯对 SnO_2 进行双重修饰。

常见的锡基化合物还包括二硫化锡 SnS_2，其与 SnO_2 的电化学储锂反应如下：

$$SnX_2 + 4Li^+ + 4e^- \longrightarrow 2Li_2X + Sn \ (X=O,\ S) \qquad 反应 1$$

$$Sn + 4.4Li^+ + 4.4e^- \longrightarrow Li_{4.4}Sn \qquad\qquad 反应 2$$

SnO_2 和 SnS_2 电极材料的循环稳定性相对于金属锡有极大提高。但是由于原位生成的基质相（Li_2O、Li_2S）和纳米锡这一电化学过程是不可逆的，在充放电过程中仅能利用金属锡与锂生成锡锂合金的反应（反应 2），故这类材料的理论容量相对于金属锡明显减少。同时，由于这类电极材料的首次效率低，在组装电池时需要加入过量的正极材料，也提高了成本、降低了成品电池的比容量。因此，如果能实现基质相和纳米锡生成（反应 1）的可逆，可以极大地提高电极材料的比容量和首次效率。将 SnO_2 和 SnS_2 电极材料纳米化，有可能实现材料的可逆。研究表明纳米电极材料在 $0\sim3$ V 的充放电范围时，可以实现部分可逆。纯相 SnO_2 或 SnS_2 及其复合物能大幅度提高材料的循环稳定性和倍率性能，但是仍无法实现电化学过程的全程可逆，其比容量仍然受到反应 1 不可逆的限制，仅能接近反应 2 的理论可逆比容量。

上海交通大学[85]公开了一种 SnO_xS_{2-x}/石墨烯复合负极材料。该复合物由石墨烯和均匀分布在石墨烯片层之间的粒径为 $3\sim300$ nm 的 SnO_xS_{2-x} 纳米颗粒组成。首先，纳米尺度的 SnO_2 或 SnS_2 自身即可实现锡基化合物到锡单质反应过程（反应 1 和反应 2）的部分可逆。其次，石墨烯的加入既增强了导电性又固定了小尺寸的纳米颗粒，有利于防止纳米颗粒溶解到电解质中失活。更重要的是硫氧的掺杂复合使得原来同时进行的 SnO_2 或 SnS_2 的还原反应先后进行，这样可以减少反应时的单位电位变化需要的反应量，降低了极化效应，有利于提高材料的电化学活性；另外，反应滞后的 SnO_2 相会阻碍硫化物反应生成的硫化锂和锡原子的扩散，同样，SnO_2 反应生成的氧化锂和锡原子的扩散也会受到先期生成的 SnS_2 的限制。于是 S、O 和 Sn 的扩散在硫氧复合体系中都会受到限制，使得电化学反应在一个很小的区域内进行，这就能减小原位生成的锡单质的尺寸，有利于防止纳米颗粒的长大和溶解，进而增强电化学反应的可逆性。

锗（Ge）作锂电池负极材料时，可与锂形成计量比为 $Li_{22}Ge_5$ 的合金，因此锗的理论比容量很高，可达到 1623 mA·h/g。虽然锗的容量较高，但锗在嵌锂/脱锂的过程中，也存在体积膨胀效应，容易导致电极的粉化，使得电极材料结构被破坏，活性物质脱落并与集流体分离，最终导致活性物质失效，电池的容量急剧衰减。为解决体积膨胀的问题，Li 等[86]使用氧化石墨烯和 GeO_2 制备 C/Ge/石墨烯三明治复合材料，其电化学性能优良，在 0.2 C 倍率下，可逆比容量为 1015.3 mA·h/g，当倍率升高至 20 C时，比容量为 746.3 mA·h/g，容量保留 0.2 C 倍率的 68%。以 1 C 的倍率充电，0.4 C 的倍率放电，循环 160 次后，容量仍然保持在 992.8 mA·h/g。Ge/石墨烯和 C/Ge/石墨烯两种负极材料性能差别很大，通过 Ge/石墨烯和 C/Ge/石墨烯与锂合金化的不同机理解释了这一现象。

9.3.2.4 石墨烯与钛酸锂和其他过渡金属氧化物复合用作负极

过渡金属氧化物是具有广泛应用前景的锂电池负极材料。在动力学方面，过渡金属氧化物有很大的比表面积，同时还可以提供额外的活性位点来提高储锂容量。因此，其具有较高的理论储锂容量（大于 600 mA·h/g）、较长的循环性能以及较好的倍率性能。然而，过渡金属氧化物的低电导率以及 Li^+ 在嵌入和脱嵌过程中引起的体积效应导致其作为锂离子电池负极性能的不稳定，往往需要通过复合改性处理。添加石墨烯材料一方面可以提高过渡金属氧化物材料的电导率，缓解 Li^+ 嵌入脱嵌过程中的体积效应；另一方面，过渡金属氧化物粒子的加入，有效地避免了石墨烯片层间的团聚，保持了石墨烯材料的高比表面积。

石墨烯与活性材料的复合结构主要包括以下几种：（1）铆刻模式；（2）包裹模式；（3）封装模式；（4）三明治模式；（5）分层模式；（6）混合模式（如图9-3所示）。为进一步降低活性材料体积膨胀的负面效应，空心蛋黄和核壳[87]等复合结构也应用到了上述模式中。Lv 等[88]制备了同时具有软碳（层状结构的壳）和硬碳（多孔的核）特征的石墨烯三维结构体材料，这种核壳结构不仅可以将首次库伦效率提高至 60%（粉体石墨烯仅为 35%），而且为利用石墨烯作为基元材料实现对材料的结构控制和组装提供了新的思路。

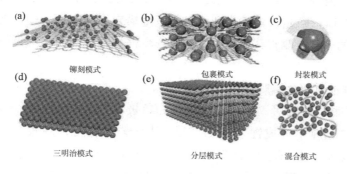

图9-3 石墨烯与金属氧化物复合物的结构模型

石墨烯与钛酸锂复合

作为一种锂离子电池负极材料，尖晶石钛酸锂（$Li_4Ti_5O_{12}$）一直是人们研究和开发的热点。与传统的石墨负极材料相比，$Li_4Ti_5O_{12}$ 由于在锂离子嵌入和脱嵌过程中几乎不与电解质发生反应，因而不会形成固体电解质界面膜，晶体结构可保持高度的稳定性，这种"零应变"的特性使其具有高度的安全性和极佳的循环性能。同时 $Li_4Ti_5O_{12}$ 储能电位平台为 1.55 V vs. Li/Li^+，可避免金属锂的沉积，不会形成锂枝晶，而且 $Li_4Ti_5O_{12}$ 可使用的温度范围为 $-40\sim65$ ℃，在多种温度环境下均能正常使用，因而是一种性能更为优异的可快速充放电的锂离子电池负极材料。但是，尖晶石 $Li_4Ti_5O_{12}$ 本身是一种绝缘性材料，其较差的导电性以及较差的倍率特性和循环性能均限制了其作为电极材料的应用。到目前为止，提高 $Li_4Ti_5O_{12}$ 电子导电性的方法主要有减小颗粒尺寸、金属离子掺杂、通过复合或包覆的方式加入导电添加剂。将 $Li_4Ti_5O_{12}$ 颗粒缩小至纳米量级，可有效减小充放电过程中锂离子和电子在材料中的扩散输运距离，从而提高其快速充放电性能；在 $Li_4Ti_5O_{12}$ 颗粒中掺杂导电性金属，可增加材料的载流子浓度，增强其导电性。近年来，很多研究表明采用石墨烯对 $Li_4Ti_5O_{12}$ 进行包覆，可以更好地解决 $Li_4Ti_5O_{12}$ 存在的胀气行为以及锂离子迁移慢、电极的电子传导性差、大倍率充放电下电极与电解液间的电阻率增大等问题；在 $Li_4Ti_5O_{12}$ 中掺入一定量的石墨烯，形成导电网络，该导电网络非常有利于提高 $Li_4Ti_5O_{12}$ 作为锂离子电池负极材料时的倍率性能和循环性能。

目前，$Li_4Ti_5O_{12}$ 与石墨烯复合大多数是用 $Li_4Ti_5O_{12}$ 通过一定方法直接与石墨烯进行混合，这种简单的机械混合，$Li_4Ti_5O_{12}$ 与石墨烯混合不够均匀，且附着力较弱，并不能充分发挥石墨烯的电导率高等优点，因而，使用 $Li_4Ti_5O_{12}$/石墨烯复合材料的锂电池的倍率特性和循环性能不高，仍然满足不了商业化需求。海洋王[89]通过将钛酸锂的前驱体，即锂源和钛源与石墨烯进行混合后进行热处理，原位复合得到钛酸锂/石墨烯复合材料，这种原位复合的方法使钛酸锂在石墨烯中分散得更均匀，附着力更强。扬州大学[90]采用模板法制备 $SiO_2@TiO_2$ 的核壳结构，然后采用氢氧化锂作为锂源经水热反应将 TiO_2 转化生成 $Li_4Ti_5O_{12}$，同时借助于氢氧化锂腐蚀性去掉内部的 SiO_2，生成球形中空结构的 $Li_4Ti_5O_{12}$。然后，利用氧化石墨烯表面丰富的基团，将石墨烯包裹在中空 $Li_4Ti_5O_{12}$ 的表面，改善其导电性能，进一步提高复合材料在大电流充放电时的比容量。

石墨烯与其他过渡金属氧化物复合

金属氧化物和石墨烯可以各自独立地作为负极材料，金属氧化物具有优秀的嵌脱锂能力，可以和锂离子形成锂合金 Li_xM_y，其理论比容量普遍较高，一般为 $600\sim1000\ mA \cdot h/g$ 之间，是石墨的 $2\sim3$ 倍，脱嵌锂电压 $0.5\sim2\ V$ 能提高安全性能，而且资源丰富低值环保和无污染，是具有前景的负极材料。人们希望通过制备石墨烯/过渡金属氧化物复合电极材料来克服金属氧化物固有的缺点：一方面提高过渡金属氧化物的电导率，另一方面，缓解金属氧化物的体积膨胀。在复合物中石墨烯作为金属氧化物优秀的二维支撑平台，其柔韧灵活的二维结构和丰富的官能团能够诱发金属氧化物在其表面成核生长结晶，从而形成尺寸和形貌可控的具有高活性的纳米结构复合物，并抑制金属氧化物在循环过程中的团聚，提供弹性的缓冲空间容纳金属氧化物在锂离子脱嵌期间发生的体积变化从而保持材料结构的稳定性，增强循环稳定性。因此石墨烯是金属氧化物完美的载体，它们发挥各自的优势，形成优化的协同效应。近年来人们用许多金属氧化物如铁氧化物、钴氧化物、锰氧化物、CuO、ZnO 等和石墨烯复合用作负极材料。

作为电极材料 Co_3O_4 本身就具有较大的储锂性能，可达到 $890\ mA \cdot h/g$，为石墨化碳材料的 $2\sim2.5$ 倍，而且它的平均储能电位平台为 $2\ V\ vs.\ Li/Li^+$，可以完全避免锂枝晶的产生。但在充放电过程中 Li^+ 嵌入脱嵌会造成 Co_3O_4 的裂解，从而使得 Co_3O_4 的循环性能较差。解决的方法之一就是将 Co_3O_4 和碳材料复合，碳材料不仅可以缓解 Co_3O_4 的裂解而且其本身也是电子的优良导体，使得复合材料具有较高的可逆容量及较好的循环稳定性。随着研究的深入，人们采用各种物理和化学方法制备出了 Co_3O_4 和石墨烯的复合材料。上海大学[91]通过单模微波合成方法制备得到具有层层相间立体网状结构的 Co_3O_4 纳米片和石墨烯复合锂电池负极材料，对其进行电化学性能测试，发现其具有优异的储锂性能。Rai 等[92]通过尿素辅助、自蔓延燃烧的方法合成了含有石墨烯/Co_3O_4 的复合材料，复合材料中的石墨烯呈现出的柔软片层状将 Co_3O_4 粒子紧紧包裹住并向各个方向延生，构成伸展的空间网络结构。这种稳定的空间网络结构，可以有效缓冲 Co_3O_4 电极材料在充放电过程中体积的膨胀收缩，提高材料的循环寿命性能。首次，放电容量为 890.44 mA·h/g，充放电循环 30 次之后，放电容量为 801.31 mA·h/g，容量的保持率为 90%。而单一的 Co_3O_4 电极材料在首次放电容量为 877.98 mA·h/g 的情况下，充放电循环 30 次后的容量只有 523.94 mA·h/g，其容量保持率仅有 59.7%。

相比于使用石墨烯和 Co_3O_4 进行复合，Lai 等[93]尝试将 N—掺杂的石墨烯与 Co_3O_4 进行复合。N—掺杂石墨烯材料中的含 N 功能基团，尤其是吡啶氮和吡咯氮有利于 Co_3O_4 的生长，且含氮基团的掺杂利于金属氧化物纳米分子的分散，降低石墨烯中氧的含量。这使得不可逆副反应造成的首次充放电容量损失减少，首次充放电库伦效率得到提高。

四氧化三铁（Fe_3O_4）由于具有较高的可逆容量（926 mA·h/g），在自然界中来源丰富，在锂离子电池负极材料中有十分广泛的应用。然而，氧化铁作为锂电池负极材料存在自身的电子电导较低，导致在大电流密度下的充放电容量降低，以及在充放电过程中体积变化非常大容易造成结构坍塌导致其循环性能很差的问题。石墨烯具有良好的导电性，同时其独特的网状片层结构使其成为电极材料优良的载体，且可以缓解 Fe_3O_4 的体积效应。浙江大学[94]制备的 Fe_3O_4/石墨烯三维复合结构是由具有多级结构的 Fe_3O_4 颗粒均匀地被石墨烯网络缠绕包裹后形成，在复合结构中石墨烯的含量远远低于同类的复合结构。石墨烯网络不仅有效提高了 Fe_3O_4 负极材料的电导率，有效缓冲了 Fe_3O_4 在充放电循环过程中的体积膨胀，还有助于 Fe_3O_4 自组装成尺寸均一的亚微米颗粒，有效提高了负极材料的电化学性能，首次放电比容量可达 1600 mA·h/g，经过 500 次循环，容量可保持在 1160 mA·h/g 以上，容量保持率为 95% 以上。在溶剂热体系中，石墨烯表面的含氧官能团以及空位缺陷有利于 Fe_3O_4 纳米分子的形核长大，有效地避免了 Fe_3O_4 纳米分子的团聚，使得 Fe_3O_4 纳米分子、纳米片层能够更好地分散到石墨烯片层上。而且，石墨烯表面的活化核点能控制在其表面生长的金属氧化物颗粒保持在纳米尺寸，使锂离子和电子的扩散距离变小，从而改善材料的倍率性能。

天津大学[95]通过溶剂热法在铜箔上反应制备得到 Fe_3O_4 负载碳纳米管增强石墨烯复合材料，单壁碳纳米管的一部分被打开，并沿着打开的位置开始生长石墨烯，从不同碳管生长出的石墨烯会相互连接，也会与其他碳管产生连接，同时碳管之间也会相互连接，这样就形成了完整的碳管和石墨烯共价连接的结构，进行溶剂热反应之后，Fe_3O_4 粒子就均匀负载在了碳管和石墨烯的表面。在 100 mA/g 的电流密度下循环 100 圈之后，Fe_3O_4 枝接碳纳米管增强石墨烯的比容量是 1038 mA·h/g，材料展现出良好的循环稳定性。

二氧化锰（MnO_2）的赝电容储能机理主要依赖锰（Ⅳ）到锰（Ⅲ）的还原反应来储存电荷，其理论比容量为 1230 mA·h/g。但是，由于二氧化锰较差的导电性和稳定性，使其储存电荷的容量和使用寿命在实际应用中受到了限制。武汉大学[96]在预先制备的三维石墨烯泡沫上，通过一步水热法得到 MnO_2/石墨烯，MnO_2 能形成纳米结构并能与三维石墨烯泡沫紧密结合，在充放电过程中不会因为电接触不良影响电子的传输。另外，所形成的纳米结构为体积膨胀预留了空间，从而解决了充放电体积变化导致电极结构崩塌等问题，提高了电化学循环稳定性。在前三周为 0.2 mA/g，后增加为 0.5 mA/g 的电流下，循环 300 周后放电比容量仍能保持在 1200 mA·h/g。

虽然石墨烯具有超强的导电性能，但是通常方法制备的石墨烯并不是纯净的石墨烯，而是在其表面会嫁接一些含氧基团，从而大大降低了它的导电性能。最终，导致所制备的石墨烯与二氧化锰复合材料中的石墨烯不能充分发挥其优良的导电性能。Choi[97]等人研究发现，掺氮石墨烯的电容量是纯石墨烯的 4 倍，并具有超长的循环寿命和高的功率密度，同时与柔性基底具有良好的兼容性。目前的主要掺氮方法有 CVD、热处理、等离子处理等，但是其中大部分制备方法都是在高精密设备下完成并且条件苛刻。上海交通大学[98]通过低温湿化学方法制备了掺 N 石墨烯与 MnO_2 复合电极材料，MnO_2 与掺 N 石墨烯结合紧密，且 MnO_2 均匀分散在掺 N 石墨烯上；MnO_2 的形貌可控，可形成多边形、棒状、针状或花瓣状等，其尺寸为 1～500 nm。由于掺 N 石墨烯在增加导电性和热稳定性的同时也在其表面增加了较多的活性点，从而有效地增加了其作为电极材料时的电荷储存容量和使用寿命。

氧化锌（ZnO）的理论容量高达 978 mA·h/g，具有高度化学稳定性和环境友好性，使其成为很有希望的锂离子电池负极材料。但氧化锌在锂离子的吸附和脱附过程中，体积变化大，较大的应力会破坏导电通路，导致充放电循环形成极差；另外，氧化锌的电子迁移率较低，造成锂离子电池内阻较大。杭州电子科技大学[99]采用 ESD（静电喷雾沉积）技术获得了石墨烯/氧化锌复合负极材料。该材料为复合膜，具有孔洞结构，可增大电极材料与电解液的接触面积，提高电池充放电效率，为氧化锌结合锂离子后体积膨胀提供更多空间，从而改善电池负极材料的整体电化学性能。电化学性能测试结果显示：当放电电流保持在 200 mA/g 时，电池首次放电比容量高达 1256 mA·h/g。经过 100 个大电流密度循环后（最大电流密度达 10 A/g），电池仍能保持较高的充放电容量且循环性能稳定，其平均比容量约为 290 mA·h/g。

氧化铜（CuO）是一种很有潜力的锂离子电池负极材料，理论容量为 670 mA·h/g，接近商业石墨负极的两倍，而且环境污染小、成本低廉。氧化铜的缺点其一是作为 p 型半导体电导率低，电化学活性差；其二是在充放电过程中存在约 174% 的体积变化，使氧化铜活性物质逐渐粉化，活性物质间失去电接触导致容量迅速衰减。氧化铜纳米化和复合化是两种改善材料性能的方法，其中与碳材料例如碳纳米管复合，复合材料表现出良好的电化学性能。南京航空航天大学[100]通过在石墨烯片层状结构上原位生长氧化铜纳米颗粒，氧化铜纳米颗粒大小为 50～100 纳米，并且可以均匀地锚对石墨烯矩阵。高孔隙度的氧化铜纳米颗粒与锂离子有着良好的接触，并且为锂化/脱嵌锂过程中产生的体积变化作一个弹性缓冲，因此保证电极材料不破碎，从而增强电池负极的稳定性。

钒酸锂（Li_3VO_4）作为一种高离子传导率的嵌入式负极材料具有较高的比容量以及很低的电压平台，十分具有潜力应用于实际，但其面对的关键问题是较低的电子传导率会引起较大的过电势以及降低倍率性能，不利于其进一步的实际应用。近年来，Li_3VO_4 作为锂离子电池负极材料已被逐步研究，而高容量、高倍率、长寿命的 Li_3VO_4 负极材料仍未被合成报道。武汉理工大学[101]基于原位石墨烯包覆、乙二醇分解碳化以及 Li_3VO_4 晶体收缩的合成机理，通过共沉淀、油浴加热以及高温烧结的方法，成功合成了嵌入石墨烯网络的介孔 Li_3VO_4/C 纳米椭球复合材料，该复合材料表现出优异的高倍率特性与循环稳定性，分别在 0.1 A/g、1 A/g、8 A/g、20 A/g 的电流密度下进行恒流充放电测试，其首次放电比容量分别可达 410 mA·h/g、367 mA·h/g、345 mA·h/g、320 mA·h/g，表现出优异的倍率性能；在 4 A/g（10 C）的大电流密度下进行测试，循环 200 次后，放电比容量可达 375 mA·h/g，循环 5 000 次后，放电比容量仍达 325 mA·h/g，循环保持率为 82.5%；甚至在 20 A/g（50 C）的超大电流密度下进行测试，其容量可达 320 mA·h/g，循环 5 000 次后，放电比容量仍达 200 mA·h/g。

9.3.2.5 石墨烯与过渡金属硫化物复合

与碳材料相比，某些过渡金属硫化物具有较高的理论容量，如 NiS 的理论容量高达 589 mA·h/g。这类过渡金属硫化物有一个共性：所含的硫可以和金属锂发生可逆反应，该反应提供可逆容量，而首次嵌锂形成的过渡金属不和锂发生合金化/褪合金化反应，其过程为：$M'_xS_y + 2y\,Li \longrightarrow xM' + y\,Li_2S$。虽然该反应可提供较高的容量，但由于脱嵌锂过程中体积变化较大，引起容量的迅速衰减。目前，有效减缓容量快速衰减的方法一般是将过渡金属硫化物与其他基体材料进行复合，较理想的基体材料是碳材料。在各种碳材料中，石墨烯成为非常理想的基体材料。研究较多的是由纳米级过渡金属硫化物（Ni_2S_3、NiS、FeS、FeS_2、CoS、CoS_2、Cu_2S、CuS、MnS 或 MnS_2）和石墨烯组成的复合材料，过渡金属硫化物由于石墨烯的分散和承载作用能够均匀分布且粒度小，可有效提高过渡金属硫化物在充放电过程中的稳定性和循环稳定性。

但是二维石墨烯相对于三维石墨烯来说片层容易堆积，在高倍率和长周期循环性能仍旧不太理想，这是因为二维石墨烯是一个敞开的基体模板体系，如果活性物质颗粒不能紧密地锚定在二维石墨烯片层上，在反复的充放电过程中仍然会团聚，从而也会造成复合材料的倍率性能差。为了减缓这个负面影响，新颖的三维石墨烯气凝胶可以构筑 3D 网络结构和丰富的相互关联的大孔和微孔，使石墨烯形成一个非敞开的三维体系，既可以避免石墨烯片层的聚集又可以增大比表面积，从而负载更多的过渡金属硫化物颗粒。北京化工大学[102]就制备了一种石墨烯气凝胶负载两相过渡金属硫化物。首先将合成的氧化石墨烯溶解于一定量的去离子水中，超声，加入二价的镍钴金属离子，$NH_3 \cdot H_2O$ 作为碱源。在水热条件下，经过剥离的石墨片层在氨水的作用下自组装形成石墨烯气凝胶，与此同时，镍钴水滑石纳米片在石墨烯纳米片上原位生长。三维石墨烯气凝胶的特殊结构可以避免二维石墨烯片层的堆叠，其表面生长的镍钴水滑石纳米片又可以有效地减少团聚均匀分布在模板上。金属硫化物纳米粒子原位生长在石墨烯片层上，形成较强的界面相互作用，使得活性物质颗粒紧密地锚定在石墨烯片层上，能够有效地避免金属硫化物颗粒之间团聚，而且可以提高金属硫化物的导电能力。通过电化学性能测试，在 100 mA/g 电流密度下循环 200 次之后可逆容量高达965 mA·h/g，在 1 000 mA/g 电流密度下循环 800 次后，容量几乎不衰减，库伦效率高达 99.7%。

二硫化钒（VS_2）是一种典型的过渡族金属硫化物，具有类石墨烯的层状结构，层内通过共价键相连形成 S—V—S 的三明治结构，而层间通过弱的范德华力相连。由于这种特殊的结构，相对较小的分子、原子及离子，可以较容易地插入到 VS_2 层间。VS_2 可以作为电池的负极材料应用于锂电池中，理论计算表明，VS_2 作为锂电池的负极材料时容量可以达到 466 mA·h/g，然而 VS_2 本身的相对较低的电导率及锂离子嵌入、脱出过程中造成的体积膨胀使得 VS_2 具有低的循环可逆性能。因而，东莞市久森新能源有限公司[103]选择将 VS_2 与石墨烯进行复合，首先利用改进 Hummers 法制备氧化石墨烯，然后通过低温水热法合成 VS_2/石墨烯复合纳米材料，石墨烯可以提高 VS_2 的电导率，更有利于电子在 VS_2 内部的传输，改善材料的化学活性；在 50 mA/g 的电流密度下比容量可以稳定在 410 mA·h/g 左右；在 200 mA/g 的电流密度下初始放电容量为 490 mA·h/g，经过 200 次循环后放电容量为 370 mA·h/g。

二硫化钼（MoS_2）具有 669 mA·h/g 的理论容量，相对较低的体积变化率，储量丰富，成本低。但是，它自身导电性差，而且容易重新堆叠，在循环过程中会失去良好的电连接和锂离子通路，最终导致循环过程中容量迅速下降。因此，北京航空航天大学[104]在液相中进行 MoS_2 与石墨烯的混合，MoS_2 纳米片和石墨烯的分散均匀，免去在使用过程中液相法制备 MoS_2 纳米片二次分散，克服了 MoS_2 纳米片导电性差和易堆叠的缺点，提高了锂离子电池负极材料的性能。

9.3.2.6 石墨烯与有机化合物复合用作负极

为了解决石墨烯由于范德华力容易堆积和石墨烯表面官能团不稳定的问题，研究者通常选择把石墨烯和聚苯胺、聚吡咯或其他聚合物进行复合用作负极材料。而华南师范大学[105]制备的对苯二甲酸锂－石墨烯复合物，具有以对苯二甲酸锂的盒状结构作为基体，片状石墨烯均匀地嵌入其中的复合特征结构。一方面，复合材料中片状石墨烯能有效嵌入在对苯二甲酸锂中形成一种复合的结构，而避免了片状石墨烯之间的聚合，保持石墨烯表面积大的优势，能提供更多的嵌锂活性位置，缩短锂离子迁移路程；另一方面，夹层结构的空间也能在材料中形成较多的孔隙，有利于电解液的扩散及离子之间的氧化还原反应。

作为一种有机无机杂化配位的超分子材料，以有机配体分子和金属离子链接组成的具有三维网络结构的金属有机骨架（MOF）材料，如铁基金属有机骨架化合物具有较高的容量，而且三价铁属于硬路易斯酸，与羧基的结合能力较强，因此结构稳定性较高，是一类新型的有机负极材料，但是由于 MOF 材料本身较低的电导率，限制了锂离子在其中的脱嵌效率，导致其活化作用时间较长，无法满足快速充放电的需要。中国科学院[106]则是将铁基金属有机骨架化合物 MOF 材料原位生长于石墨烯片层结构上，形成石墨烯复合的铁基 MOF 材料。石墨烯的加入能够提高材料的导电性和稳定性，铁基 MOF 材料能够提供较多的活性位点，而且孔径结构较多，结构稳定性较好，有利于锂离子的插入和脱出。

9.3.3　石墨烯在导电剂中的应用

锂离子电池充放电反应过程中，伴随着锂离子的传输和电子的转移，这就要求一方面电极具有良好的导电性和较大的纵横比，保证良好的导电网络的形成，从而具有较低的电阻率，另一方面，与活性物质相比，集流体具有良好的界面接触，保证在循环过程中导电结构的完整性和连续性。具备以上两方面特征的导电添加剂才能保证电极活性物质具有较高的利用率和良好的循环稳定性。

由于锂离子正负极材料的导电性不佳，严重影响了锂离子材料的容量发挥，因此需要加入导电剂来构建有效的导电网络，以提高锂离子电池的倍率和循环性能。导电添加剂在锂离子电池中起两个作用：（1）增强电子电导性；（2）吸收和保持电解液溶液提高离子传导率。碳材料是锂离子电池中主要应用的导电剂，按形态分类可以主要分为颗粒状的炭黑导电剂、线状的碳纳米管和碳纤维导电剂以及片状的石墨烯导电剂。石墨烯的 sp^2 结构组成及表面存在的共轭 π 键，保证了电子的弹道输运，与其他导电剂相比，石墨烯具有良好的导电性能，面接触具有较小的接触阻抗，有利于电极导电性的提高。

下面分别介绍石墨烯导电剂以及石墨烯与其他物质混合或复合形成的导电剂在锂离子导电剂中的应用。

9.3.3.1　石墨烯单独用作导电剂

石墨烯作用导电剂的原理是其二维高比表面积的特殊结构所带来的优异的电子传

输能力，石墨烯导电添加剂与传统的导电添加剂的性能对比如表 9 - 4 所示。

表 9 - 4　石墨烯导电剂与传统导电剂的性能对比

	导电炭黑 Super P	导电石墨 SFG6	气相生长碳纤维 VGCF	碳纳米管 CNTs	石墨烯 Grephene
颗粒尺寸	40 nm	片径 3～6 mm	直径 150 nm	直径～10 nm	厚度＜3 nm
比表面积(m²/g)	60	17	13	～200	30（BET）
粉体导电率(S/cm)	10	1000	1000	1000	1000
吸油值 DBP(mL/100 g)	290	180	/	～200	＞2000

在 2010 年以前，石墨烯作为添加剂的专利文献量不大，其中，北京化工大学提交的申请 CN101728535A 为较早的具有代表性的专利文献[107]。通过氧化石墨快速热膨胀法制备了石墨烯纳米片，用作锂离子电池导电材料，具有高的纵横比，有利于缩短锂离子的迁移路程并提高电解液的浸润性，从而提高电极倍率性能；还具有高的导电率，可以保证电极活性物质具有较高的利用率和良好的循环稳定性。作为导电材料构建的锂离子电池负极在相同用量下与常用的乙炔黑导电剂相比，负极材料的比容量提高 25%～40%，库仑效率提高 10%～15%。随后，涉及导电剂的相关专利和文献很多，但是基本上是以石墨烯作为碳的替换材料，提高导电剂的导电性。例如半导体能源研究所[108]在 2010 年，提供了一种导电助剂，包括 1 至 10 个石墨烯的二维碳，代替只一维延伸的以往使用的导电助剂诸如石墨粒子、乙炔黑或碳纤维等。二维延伸的导电助剂与活性物质粒子或其他导电助剂接触的概率较高，由此可以提高该导电性。

随着石墨烯技术的逐步成熟，其纳米片结构的导电率是极高的，但石墨烯存在对锂离子传输的阻碍。Su 等人[109]将石墨烯引入磷酸铁锂（LFP）正极材料中，并对其作为导电剂的"点面接触"模型机理进行了探究。石墨烯与 LFP 颗粒以点面方式接触，由石墨剥离的石墨烯，与其他 sp² 复合的碳材料相比，石墨烯的电子能自由移动，因此具有很好的导电性；另外，柔性的片层结构能在更低的渗透域下形成一个导电网络。

严格来说，石墨烯与正极材料颗粒的"点－面"接触导电性高但离子通道不畅。显然，如何在保证石墨烯层结构高导电性的情况下使石墨烯具备离子传输通道更为重要。成都新柯力[110]制备了一种褶皱状石墨烯复合导电剂，是由纳米片结构的石墨烯组装成的具有褶皱状的球形颗粒，保留了石墨烯层结构，在锂电池活性材料中易于分散，褶皱间为锂电池锂离子提供快速传输通道。在极少添加量条件下，大幅提高锂电池活性物质的容量发挥，降低了电池内阻，并提升电池的循环性能。同时，该褶皱状石墨烯复合导电剂具有一定的可伸缩柔性，可有效缓冲电极材料的膨胀形变，从而进一步提升电池的循环寿命。

9.3.3.2　石墨烯与其他导电剂混合用作导电剂

在使用石墨烯作为导电剂时，一方面由于团聚性，难以保证片层的分散状态，不易与电解液润湿接触，且与活性物质材料接触困难，添加量多或大的电流密度下对离子有阻碍作用；另一方面，单一结构的导电剂在构建网络导电剂方面存在缺陷，通常需要将不同形态、颗粒大小、比表面积、导电性能的导电剂搭配使用。

清华大学[111]提供的石墨烯基复合导电剂是由石墨烯和颗粒状碳材料（如乙炔黑、科琴黑、superP 以及超导炭黑等）组成的复合材料，颗粒状碳材料分布在石墨烯片上，保证了石墨烯良好的单层分散，有效增加活性材料与导电剂的表面接触面积。同时石墨烯片层的存在可以在整个电极范围内提供快速的电子通道；另外，由于炭黑对电解液的吸附，活性材料颗粒附近的"锂离子源"会增加，可以有效减少大电流条件下的离子的传质极化。江苏乐能[112]在使用石墨烯作为导电剂的过程中，复合了活性炭，既可以发挥石墨烯高的电子导电性的优势，提高离子的传输速率，又可以发挥活性炭巨大的比表面积优势，提高反应过程中活性材料的吸液保液能力及其锂离子的传输能力，进而提高其单体电池的稳定性。将其掺杂到 50 AH 磷酸铁锂正极材料里面，较未掺杂复合导电剂的磷酸铁锂正极材料，其交流内阻降低 20％，循环寿命提高 15％。

碳纳米管从结构上来看是碳材料的一维晶体结构，其铺展开来就形成石墨烯，而石墨烯卷曲起来就形成碳纳米管；从性能上来看，石墨烯具有可与碳纳米管相媲美甚至更优异的性能，例如它具有超高的电子迁移率、热导率、高载流子迁移率、自由的电子移动空间、高弹性、高强度等；在几何形状上，碳纳米管和石墨烯可以抽象地看作线、面，它们与电极活性物质的导电接触界面不同，碳纳米管作为一种新型的碳纤维状导电剂，可以形成完整的三维导电网络结构。与碳纳米管一样，石墨烯的片状结构决定了电子能够在二维空间内传导，也被看作理想的导电剂，然而其二维结构及高比表面积的局限性也导致了它在活性材料之间不能像碳纳米管一样构建完美三维导电网络。因而，中国石油大学[113]提供了一种碳纳米管－石墨烯复合导电浆料，该复合浆料可明显改善碳纳米管在活性物质之间的聚团现象，同时克服了由于石墨烯的二维结构及其较大的比表面积无法在活性材料中形成有效导电网络的问题。宁波维科[114]以石墨烯为主导电剂，辅以碳纳米管或乙炔黑，利用石墨烯优良的导电性，提高电极材料的容量，降低电池内阻，提高电池循环寿命；在制备锂离子电池时 2 C 倍率却提高了 6％～10％，节省了成本，使得锂离子电池更具有竞争力。

9.3.3.3　石墨烯与聚合物或表面活性剂复合用作导电剂

由于石墨烯表面为大 π 共轭结构，缺少能与电极浆料相亲和的基团，并且石墨片层间有较强的范德华力作用，容易发生团聚，难以发挥应有的导电效果。同时，石墨烯材料在极性溶剂中较差的分散性也限制了其在电子材料、复合材料等领域的实际应用。目前通常采用表面修饰的方法改善石墨烯在极性溶剂中的分散性，修饰方法分为共价键修饰和非共价键修饰。共价修饰往往利用氧化石墨表面的羧基、羟基或环氧基团作为反应的活性点，对石墨烯表面进行接枝改性。经共价修饰的石墨烯衍生物由于引入了新的官能团而具有好的分散性，但其表面的大 π 共轭结构被破坏，影响了电子在石墨烯表面的传导，从而破坏了导电性能。而非共价键修饰可有效地保持石墨烯材料的导电性。通过该方法引入具有特定结构的分子与石墨片间形成较强作用力，如π—π堆积力、范德华力、氢键作用等，从而可避免石墨片间的堆积。东丽先端材料[115]提供了一种作为导电剂的石墨烯复合物，该石墨烯复合物包括石墨烯粉末和具有吡唑啉酮结构的化合物。由于石墨烯表面具有大π共轭结构，具有上述吡唑啉酮结构的分子中的苯环结构，容易与石墨烯形成共轭相互作用，从而对石墨烯进行了表面改性。具有吡唑啉酮结构的分子具有的极性可以改善石墨烯在溶剂中的分散性，使改性后的石墨烯更容易且更稳定地分散于电极浆料中。

而宁波墨西科技有限公司[116]则是将石墨烯和其他导电材料分别经由阳离子型表面活性剂以及阴离子型表面活性剂进行处理，得到带正电的石墨烯以及带负电的导电材料，两者之间可通过静电吸附作用而形成三维导电网络，最终得到稳定的且导电性能优异的复合物；另外，带有正电的石墨烯与带有负电的导电材料复合，可实现较为均匀的分散，因而得到的石墨烯复合导电剂具有较好的导电性。其中，聚乙烯吡咯烷酮（PVP）是一种两亲水溶性高分子表面活性剂，它能与多种高分子、低分子物质互溶或复合，具有优异的化学稳定性、生物相容性、络合性和表面活性。如果将 PVP 修饰到石墨烯的表面，构筑 PVP/石墨烯复合材料，有望改善石墨烯在导电浆料中的分散性。

9.3.4　石墨烯在集流体中的应用

集流体是一种汇集电流的结构或零件，主要功能是将电池活性物质产生的电流汇集起来，提供电子通道，加快电荷转移，提高充放电库伦效率。作为锂离子电池集流体材料需要满足：（1）具有一定机械强度，质轻；（2）在电解液中，能够具备化学稳定性和电化学稳定性；（3）与电极活性材料具有相容性和黏结性。一般来说，锂离子电池中正极集流体为铝箔，负极集流体为铜箔。由于金属集流体的密度较大，质量较重，一般集流体的重量占整个电池的 20%～25%，则电极材料占整个电池的比重大大减少，最终导致超级电容器的能量密度较低。且金属类集流体较容易被电解液所腐蚀。针对以上问题，一方面通过在集流体表面进行改良，另一方面是寻找新型轻质柔性的集流体。从导电性能、功能性和成本等方面上来说，轻质的炭材料是取代现有锂离子电池集流体的最合适选择之一。炭材料种类繁多，常见有石墨、炭黑、碳纳米管和碳纤维、石墨烯等。而石墨烯作为一种新型柔性二维平面状纳米碳材料，其具有良好的导电性，有利于电子的快速传输，柔韧性好且具有较大的比表面积，较好的化学稳定性，在电解液中可以长时间稳定存在等优势。石墨烯可通过一定的方法制备成石墨烯薄膜或石墨烯纸，可用作集流体使用。它的质量较轻，理论密度为 2.26 g/cm³，仅为 Cu 密度（8.5 g/cm³）的 26%，且理论拉伸强度为 $1.5\sim1.8\times10^5$ MPa，约为铜箔拉伸强度（200 MPa）的 1 000 倍，因此理论上，以石墨烯作为集流体，可以大大降低集流体的质量。

石墨烯应用于集流体的专利在 2011 年以前一直处于空白状态，直至 2012 年，美国拉特格斯的新泽西州立大学在专利申请 US2013048924A1 中首个公开了以石墨烯作为正极集流体。此后，石墨烯应用于集流体方面得到了全面的研究。

9.3.4.1　石墨烯自身作为集流体

石墨烯可通过一定的方法制备成石墨烯薄膜或石墨烯纸，由于石墨烯的比表面积较大，其密度较低，则石墨烯纸的质量较轻，同时其高的机械性能和高电导率也能满足集流体应用的基本性能指标，因此，基于石墨烯所制备的石墨烯纸可充当集流体使用，并可降低集流体的质量。并且由于石墨烯的化学稳定性较高，不易被腐蚀，故还可提高电容器的寿命。

海洋王[117]通过选择溶剂为 DMF 或 NMP 的溶剂热法，选择溶剂为溴盐离子液体的溶剂热法以及水合肼还原法，将氧化石墨烯还原为石墨烯，烘干，然后从滤膜上剥离后得到石墨烯纸；将所述石墨烯纸在还原性气氛中进行还原反应，冷却到室温，最后得到石墨烯纸集流体。湘潭大学[118]通过制备氧化石墨烯液晶——制备前驱体石墨烯凝胶——制备石墨烯集流体，得到超轻薄高柔性石墨烯集流体。该石墨烯集流体由单层或多层纯石墨烯片组成，不含其他载体或膜版，质量轻，密度小；机械强度高，柔性好，折叠挤压拉伸扭曲都不会产生不可恢复的形变；电导率高，电子传递速度快；化学稳定性高，耐腐蚀；比表面积大，能很好地与电极浆料黏合，减少掉粉情况；并且电压窗口宽，能够同时作为锂离子电池的正负极集流。

9.3.4.2　石墨烯修饰集流体

在集流体表面修饰方面，有导电胶粘接、热压复合或真空覆膜的方法在金属集流体表面包覆一层耐腐蚀导电薄膜材料，主要目的是提高集流体材料本身的导电性，并改善耐腐蚀性能；还有通过铬酸表面处理双面腐蚀及后续水洗和干燥，去除集流体表面的灰尘及其他防腐油或防粘剂，增加集流体表面活性官能团并降低集流体本身的电阻；以及采用铜氨溶液和重铬酸水溶液对集流体表面进行钝化处理，并涂覆偶联剂，主要目的也是提高集流体和活性材料的黏合性能，提高循环寿命；还有一些是分别通过磁控溅射、热处理、黏结等方式对集流体表面进行覆碳处理，以防止长期使用时集流体表面被氧化，形成一层钝化的薄膜，结果存在表面的导电性降低而绝缘化的问题，所以其解决的主要问题是降低集流体本身的电阻，并不能明显降低集流体和活性材料之间的接触电阻。

海洋王[119]制备的石墨烯/铝箔复合集流体则是在辊压机进行对辊压制的操作过程中，部分石墨烯颗粒被机械压力强行压制到铝箔的表面最后形成石墨烯层，另一部分则被压入到铝箔的内部结构中，均匀分布于铝箔内部。这样得到的石墨烯/铝箔复合集流体，石墨烯和铝箔之间结合紧密，具有较大的剥离强度，不易产生掉粉现象。同时，可以有效阻止锂离子从活性材料层嵌入铝箔，从而提高锂离子电池的循环稳定性与寿命。另外，该公司[120]还通过离子液体分散石墨烯得到凝胶状的石墨烯，以防止石墨烯的团聚，使其能够均匀附着在金属集流体的表面，然后通过热压的方式，得到石墨烯/

金属集流体的复合材料。

而在集流体表面上直接生长和制备石墨烯，也是石墨烯修饰集流体的一种方式，浙江大学[121]采用等离子体增强化学气相沉积方法，在无需黏结剂的情况下获得垂直取向石墨烯表面修饰的集流体。该集流体表面修饰一层由垂直取向石墨烯纳米片组成的网络结构，提供密集的石墨烯暴露边缘，有助于集流体和活性材料的充分接触，降低内阻，可实现高倍率和高功率密度储能。广东工业大学[122]是首先通过 Hummers 法制备氧化石墨浆料，接着将处理后的泡沫镍浸泡在氧化石墨浆料中，使氧化石墨浆料进入泡沫镍的三维立体孔状结构中；经干燥后直接放入低温真空环境下使氧化石墨热解还原，即得到基于泡沫镍原位制备石墨烯超级电容器电极。

通过对石墨烯进行改性，在其表面引入一些杂原子，如硼、氮和磷，使石墨烯产生大量的缺陷和活性位点去捕捉锂离子，从而提高锂离子存储性能，提高比容量。因而，也可以选择通过改性的石墨烯对铝箔或铜箔进行修饰处理。掺杂氮或硼的石墨烯和铝箔之间的结合紧密，具有较大的剥离强度，不易产生掉粉现象。且在石墨烯与铝箔间不使用黏结剂，具有高导电性。这样，石墨烯作为导电层可以增强集流体与电极活性材料的相容性，减小集流体与电极活性材料的界面接触电阻，从而降低电化学电池或电容器的内阻，有效提高其功率密度。同时，掺杂氮或硼石墨烯能阻挡电解液对铝箔的腐蚀，有效阻止锂离子从活性材料层嵌入铝箔，从而提高锂离子电池的循环稳定性与寿命。另外，海洋王公司[123]还利用室温下为固态的离子液体做溶剂，在加热状态下制备了掺氮的石墨烯/离子液体复合物，使用整块掺氮石墨烯/离子液体复合物作为电极，在其中一面涂覆金属膜，减少了电容器重量，也提高了活性物质比重；采用离子液体膜充当隔膜，有利于提高活性物质比重及能量密度，进而减小了电容器的体积。

9.3.4.3　石墨烯复合其他含碳或聚合物材料

由于纳米碳纤维和碳纳米管均具有极其突出的力学性能以及较好的尺寸稳定性和化学稳定性，以及具有独特的多孔结构，可以涂敷更多电极材料，且与电极活性材料有较好的相容性。因而，采用石墨烯复合碳纤维以及石墨烯复合碳纳米管制作复合集流体，也成为众多研究者的研究方向。

海洋王[124]制备的石墨烯－纳米碳纤维复合集流体，由于纳米碳纤维的加入，一方面提高了石墨烯－纳米碳纤维复合集流体的机械强度，另一方面纳米碳纤维能够很好地分散在石墨烯的片层之间，可得到成膜性较好的石墨烯－纳米碳纤维复合集流体。与传统的石墨烯集流体的制备方法相比，可以制备出拉伸强度和机械强度较好的石墨烯－纳米碳纤维复合集流体。另外，海洋王[125]还制备了一种石墨烯/碳纳米管复合薄膜，将其用作集流体，碳纳米管的存在可以连接相邻的石墨烯片，增加石墨烯膜中导电通路的数量，改善薄膜的导电性。另外，所制备的石墨烯/碳纳米管复合薄膜由石墨烯与碳纳米管组成，质量轻，电导率和机械性能好，能够满足集流体应用的基本性能指标，而且能够降低集流体的重量来解决现有超级电容器储能器件存在的能量密度低的问题，大大提高超级电容器的能量密度。

以完整、均匀且具有较强机械性能的氧化石墨烯薄膜作为基底物质，然后在其表面形成石墨烯薄膜得到石墨烯/氧化石墨烯复合薄膜，将其用于集流体，也是目前石墨烯应用于集流体上的常见形式。海洋王[126]通过在制备过程中加入咪唑类的离子液体制备得到石墨烯/氧化石墨烯复合集流体，选择在制备过程中加入导电性好、电化学稳定电位窗口大的咪唑类离子液体，配成石墨烯悬浮液具有更优异的导电性能，以完整、均匀且具有较强机械性能的氧化石墨烯薄膜作为基底物质，然后在其表面旋涂石墨烯薄膜可得到质量轻、电导率高、机械性能强、稳定性好的石墨烯/氧化石墨烯薄膜。

复旦大学[127]提供了一种基于石墨烯和聚苯胺的织物状超级电容器，其利用涤纶布料作为基底，通过蘸涂氧化石墨烯化学还原，并以原位聚合方法负载聚苯胺作为织物电极。此织物状超级电容器在 0.5 mA/cm² 的放电电流下的面积比容量达到 720 mF/cm²。通过设计并构建柔性集流体，20 cm² 的大面积织物状超级电容器在 1 mA 电流下放电，器件总容量达到 5000 mF，在 10 mA 电流下放电容量达到 2500 mF。

9.4　总结与展望

近年来，由于人们对石墨烯研究的不断深入，石墨烯已经在很多领域得到了广泛的关注，中国、美国、欧盟、日韩等国家和地区将石墨烯的研究提升至战略高度，相关的研究和专利申请也是逐年倍增。在前述部分主要对石墨烯的性能、制备方法以及在锂离子电池中的正极、负极、导电剂以及集流体方面进行了研究。

从石墨烯的制备方法来看，不论自下而上还是自上而下，这些方法中，基于低成本且易于获得的起始材料，液相剥离和氧化还原法仍然是最常用的也是最有潜力的方法。对于液相剥离法，其可以提高产量和剥离度，进而提高单层石墨烯的产量；对于氧化还原法，需要开发更环保更有效的氧化和还原过程的方法和试剂，尽量减少缺陷的产生。因而，在将来的研究中，优化制备方法、提高生长效率、控制缺陷的产生、片材的横向尺寸和石墨烯的层数是研究的重点。研究者们需要深入研究大规模工业化生产单层或几层石墨烯材料的方法。总而言之，石墨烯要达到真正意义的工业生产水平，还需要提高现有制备工艺的水平，实现石墨烯的大规模、低成本、可控的合成和制备，以得到大量结构完整的高质量的石墨烯材料。

石墨烯在锂离子电池中的应用主要集中在正负极材料方面的研究，但是，由于石墨烯研究的时间较短，属于新型材料体系，目前在石墨烯－锂离子电池领域应用方面仍然存在一些问题：（1）在制备过程中石墨烯片层容易发生堆积，从而降低了理论容量；（2）首次循环库伦效率较低，由于存在大量锂离子嵌入后无法脱出的现象，因而降低了电解质和正极材料的反应活性；（3）锂离子的重复嵌入和脱出使得石墨烯片层结构更加致密，锂离子嵌脱难度加大而使得循环容量降低；（4）石墨烯振实密度降低，电池的功率密度降低；（5）大规模制备困难，价格昂贵。而就其在锂离子电池中的应用而言，需要考虑到离子插入所涉及的复杂的电化学反应、电极与电解质界面间的相互作用、离子的去溶剂化、电极的边界相以及在电极内的离子的插层和扩散，也需要更多的基于电极材料的电化学性能的理论研究。

在对石墨烯结构的改进方面，独特的纳米结构具有解决现有问题的潜力，可能会大大增加充放电容量和循环寿命、提高比表面积、增加活动点数、优化孔径与孔径分布以及更快的离子迁移可以通过开发分级多孔纳米结构来实现，还有一个新兴的方向如夹层多层结构以及 3D 混合互联网络结构。近年来，很多研究者也发现改性石墨烯具有更好的电化学性能，通过引入掺杂元素和改变石墨烯的比表面积，孔结构可以改变石墨烯的电化学性质和化学活性。对于引入掺杂原子，可以选择的有 N、S、B 的单掺杂或是双掺杂，掺杂原子可以使石墨烯产生大量的缺陷和活性位点去捕捉锂离子，因此增加了石墨烯对锂离子的束缚和存储能力。对于形成多孔结构，由于具有高的比表面积、大的孔体积和可控的孔结构，不仅可以缩短锂离子的传输距离，而且提供了大的电极/电解液接触面积，从而提高锂离子电池容量和循环性能。

在石墨烯表面引入特定的官能团对其进行功能化处理，改善石墨烯与其他基体的相容性，也是石墨烯得到充分应用的必然趋势，越来越多的新种类的功能随着新基团一起引入功能化石墨烯材料中，如何判定和控制石墨烯表面功能化物质的量，对大部分功能化石墨烯来讲，还有相当长的路要走；同时，如何精确地在石墨烯表面选择功能化的位点，是否能够精细化学结构的设计等，也是目前研究的关注点。

石墨烯刚刚结束科学研究的十年，其依然年轻，石墨烯产品已经商业化，我们可以相信，石墨烯终有一天会被证明是"奇迹材料"，最终成为在多个应用领域的基本部分。

参考文献

[1] Nippon Shinku Gijutsu KK. Graphite nanofiber, electron emitting source ans method for producing the same, disolay element having the electron emitting source, and lithium ion secondary battery：日本，2001288625A [P]. 2001－10－19.

[2] B. C. Brodie, On the atomic weight of graphite [J]. Philosophical I'ransacfions of the Royal Society of LomhfK，1859：249－259.

[3] Univ Rice William. Highly oxidized graphene oxide and methods fot production thereof：美国，20120129736A1 [P]. 2012－05－24.

[4] Bayer Technology Services GMBH. Verfahren zur Herstellung von Graphen-Lösungen，Graphen-Alkalimetallsalzen und Graphen-Verbundmaterialien：DE，

102009052933A1 ［P］. 2011−05−19.

［5］ Univ Northwestern. Stable dispersions of polymer-coated graphitic nanoplatelets：美国，20070131915A1 ［P］. 2007−06−14.

［6］ N orthrop Grumman Systems Corp. Graphene oxide deoxygenation：美国，20100266964A1 ［P］. 2010−10−21.

［7］ 浙江大学. 一种铂/石墨烯纳米电催化剂及其制备方法：中国，101745384A ［P］. 2010−06−23.

［8］ Basf Se. Method for producing two-dimensional sandwich nano-materials on the basis of graphene：欧洲，2560918A1 ［P］. 2013−02−27.

［9］ Gomez-Navarro C，et al. Electronic transport properties of individual chemically reduced graphene oxide sheets ［J］. Nano Lett. ，2007，7 （11）：3499−3503.

［10］ Wu Z S，et al. Synthesis of graphene sheets with high electrical conductivity and good thermal stability by hydrogen arc discharge exfoliation ［J］. ACS Nano，2009，3 （2）：411−417.

［11］ Zhou Y，et al. Hydrothermal dehydration for the "green" reduction of exfoliated graphene oxide to graphene and demonstration of tunable optical limiting properties ［J］. Chem. Mater. ，2009，21 （13）：2950−2956.

［12］ Univ. Princeton. Functionalized graphene sheets having high carbon to oxygen ratios：美国，20110114897A1 ［P］. 2011−05−19.

［13］ Univ. Singapore Nat. Functionalised graphene oxide：美国，20110052813A1 ［P］. 2011−03−03.

［14］ Siemens Healthcare Diagnostics Inc. Method for producing graphene sheet：日本，200962247A ［P］. 2010−08−05.

［15］ Hu Y F，et al. Preparation of few-layer graphene on on-axis 4H−SiC （0001） substrates using a modified SiC-stacked method ［J］. Materials Letters，2016 （164）：655−658.

［16］ 成都新柯力化工科技有限公司. 一种高速流体剥离制备石墨烯材料的方法及石墨烯材料：中国，106185887A ［P］. 2016−12−07.

［17］ Hernandez Y，et al. High-yield production of graphene by liquid-phase exfoliation of graphite ［J］. Nature Nanotechnology，2008，3 （ 9）：563−568.

［18］ Nanotek Instruments Inc. Nano-scaled graphene plates：美国，7071258B1 ［P］. 2006−07−04.

［19］ 成都新柯力化工科技有限公司. 一种利用高压均质机剥离制备石墨烯的方法：中国，CN105540575A ［P］. 2016−05−04

［20］ Cai J M，et al. Atomically precise bottom-up fabrication of graphene nanoribbon

[J]. Nature，2010，466（7305）：470—473.

[21] Leroux Y R，et al. Synthesis of functionalized few-layer grapheme through fast electrochemical expansion of graphite [J]. Journal of Electroanalytical Chemistry，2015（753）：42—46.

[22] 台湾"中央研究院". 电化学石墨烯及包含其的电极复合材料与锂电池：中国，103570002A [P]. 2014—02—12.

[23] 清华大学. 一种大面积、可图案化石墨烯的激光制备方法：中国，103508450A [P]. 2014—01—15.

[24] 中国人民解放军装甲兵工程学院. 一种利用脉冲激光扫描石墨悬浮混合液制备石墨烯的方法：中国，106044755A [P]. 2016—10—26.

[25] D. V. Kosynkin，et al. Longitudinal unzipping of carbon nanotubes to form graphene nanoribbons [J]. Nature，2009，458：872—876.

[26] Univ. Rice William. Graphene nanoribbons prepared from carbon nanotubes via alkali metal exposure：美国，20120197051A1 [P]. 2012—08—02.

[27] Hernandez Y，et al. High-yield production of graphene by liquid-phase exfoliation of graphite [J]. Nature Nanotechnology 2008，3（9），563—568.

[28] 上海交通大学. 超临界流体制备石墨烯的方法：中国，102115078A [P]. 2011—07—06.

[29] Wang Z Y，et al. Low-cost and large-scale synthesis of graphene nanosheets by arc discharge in air [J]. Nanotechnology，2010，21（17）：175602.

[30] Wand L，et al. Mass production of graphene via an in situ self-generating template route and its promoted activity as electrocatalytic support for methanol electroxidization [J]. J Phys Chem C，2010，114（19）：8227.

[31] Jiang B J，et al. Facile fabrication of high quality graphene from expandable graphite：Simultaneous exfoliation and reduction [J]. Chemical Communications，2010，46（27）：4920—4922.

[32] Qian M，et al. Formation of graphene sheets through laser exfoliation of highly ordered pyrolytic graphite [J]. Appl. Phys. Lett. ，2011，98（17）：173108.

[33] Park J B，et al. Fast growth of graphene patterns by laser direct writing [J]. Appl. Phys. Lett. ，2011，98（12）：123109.

[34] Lee S，et al. Laser-synthesized epitaxial graphene [J]. ACSNano，2010，4（12）：7524—7530.

[35] Huang L，et al. Pulsed laser assisted reduction of grapheme oxide [J]. Carbon，2011，49（7）：2431—2436.

[36] Kumar P，et al. Laser-induced unzipping of carbon nanotubes to yield graphene

nanoribbons [J]. Nanoscale, 2011, 3 (5): 2127—2129.

[37] Dengyu Pan, et al. Li storage properties of disordered graphene nanosheets [J]. Chem. Mater., 2009, 21 (14): 3136—3142.

[38] Peichao Lian, et al. Large reversible capacity of high quality graphene sheets as an anode material for lithium-ion batteries [J]. Electrochimica Acta, 2010 (55): 3909—3914.

[39] 中国科学院宁波材料技术与工程研究所. 石墨烯改性磷酸铁锂正极活性材料及其制备方法以及锂离子二次电池: 中国, 101752561A [P]. 2010—06—23.

[40] Samsung Electronics Co Ltd. Graphene-enhanced anode particulates for lithium ion batteries: 美国, 20120064409A1 [P]. 2012—03—15.

[41] 武汉科技大学. 石墨烯气凝胶负载磷酸铁锂多孔复合材料及其制备方法: 中国, 106025241A [P]. 2016—10—12.

[42] 中国科学院苏州纳米技术与纳米仿生研究所. 一种掺入石墨烯的锂离子电池正极材料的制备方法: 中国, 101800310A [P]. 2010—08—11.

[43] 哈尔滨工业大学. 多层石墨烯/磷酸铁锂插层复合材料、其制备方法及以其为正极材料的锂离子电池: 中国, 102306783A [P]. 2012—01—04.

[44] 上海大学. 三明治结构的石墨烯/磷酸铁锂复合材料及其制备方法: 中国, 102148371A [P]. 2011—08—10.

[45] Yang J, et al. LiFePO$_4$-graphene as a superior cathode material for rechargeable lithium batteries: Impact of stacked graphene and unfolded graphene [J]. Energy Environ Sci, 2013 (6): 1521—1528.

[46] 中国科学院过程工程研究所. 一种纳米金属氧化物/石墨烯掺杂磷酸铁锂电极材料的制备方法: 中国, 102185139A [P]. 2011—09—14.

[47] 长沙赛维能源科技有限公司. 表面包覆氮化钛与石墨烯的磷酸铁锂复合正极材料及其制备方法和应用: 中国, 104124437B [P]. 2016—08—24.

[48] 北京万源工业有限公司. 氮化碳－石墨烯包覆磷酸铁锂复合正极材料及其制备方法: 中国, 104134801A [P]. 2014—11—05.

[49] 合肥国轩高科动力能源有限公司. 一种石墨烯包覆的磷酸铁锂正极材料及制备方法: 中国, 106252635A [P]. 2016—12—21.

[50] 天津大学. 石墨烯与碳共包覆磷酸亚铁锂的锂离子电池正极材料及其制备方法: 中国, 104868121A [P]. 2015—08—26.

[51] LG Chem Co Ltd. Positive-electrode active material with high capacity and Lithium secondary battery including them: KR, 2011097719A [P]. 2011—08—31.

[52] 天津大学. 石墨烯负载富锂正极材料的制备方法: 中国, 103474651A [P]. 2013—12—25.

[53] 中国科学院福建物质结构研究所. 一种富锂锰基固溶体/石墨烯复合材料及其制备方法：中国，103490046A [P]. 2014—01—01.

[54] 合肥国轩高科动力能源有限公司. 一种石墨烯基复合镍钴镁钛四元正极材料的制备方法：中国，106025215A [P]. 2016—10—12.

[55] 海洋王照明科技股份有限公司. 五氧化二钒/石墨烯复合材料及其制备方法和应用：中国，103855373A [P]. 2014—06—11.

[56] 北京化工大学. 超长单晶 V_2O_5 纳米线/石墨烯正极材料及制备方法：中国，102208631A [P]. 2011—10—05.

[57] Yang S, et al. Bottom-up approach toward single-crystalline VO_2-graphene ribbons as cathodes for ultrafast lithium storage [J]. Nano Letters, 2013, 13 (4)：1596—1601.

[58] 海洋王照明科技股份有限公司. LiV_3O_8/石墨烯复合材料及其制备方法和应用：中国，103515581A [P]. 2014—01—15.

[59] 海洋王照明科技股份有限公司. 一种磷酸钒锂/石墨烯复合材料的制备方法：中国，103515605A [P]. 2014—01—15.

[60] 中国科学院长春应用化学研究所. 一种导电聚苯胺—石墨烯复合物的合成方法：中国，101985517A [P]. 2011—03—16.

[61] 海洋王照明科技股份有限公司. THAQ/石墨烯复合材料、其制备方法、电池正极和锂离子电池：中国，103515609A [P]. 2014—01—15.

[62] 华为技术有限公司. 一种醌类化合物—石墨烯复合材料及其制备方法和柔性锂二次电池：中国，104752727A [P]. 2015—07—01.

[63] Ai W, et al. A novel graphene-polysulfide anode material for high-performance lithium-ion batteries, 3：2341 [R]. London：Altmetric，2013.

[64] Toray Ind Inc. Positive electrode active material/graphene composite particles, positive electrode material for lithium ion cell, and method for manufacturing positive electrode active material/graphen composite particles：美国，2015333320 A1 [P]. 2015—11—19.

[65] 海洋王照明科技股份有限公司. 石墨烯衍生物锂盐、其制备方法、正极电极以及超级电容器：中国，103296279A [P]. 2013—09—11.

[66] 上海大学. 硅酸锰锂/石墨烯复合锂离子正极材料的制备方法：中国，102340005A [P]. 2012—02—01.

[67] Liu J, et al. Mild and cost-effective synthesis of iron fluoride-graphene nanocomposites for high-rate Li-ion battery cathodes [J]. J. Mater. Chem. A, 2013, 1 (6)：1969—1975.

[68] JANG B Z. Nano graphene platelet—base composite anode compositions for lithium

ion batteries：美国，20090117467A1 [P]. 2009—05—07.

[69] 天津大学. 石墨烯为负极材料的锂离子电池：中国，101572327A [P]. 2009—11—04.

[70] GM GLOBAL TECHNOLOGIES OPERATIONS INC. Intercalation electrode based on ordered graphene planes：美国，2009325071 A1 [P]. 2009—12—31.

[71] Yoon Seon-Mi，et al. Synthesis of multilayer grapheme balls by carbon segregation from nickel nanoparticles [J]. Nano，2012，6（8）：6803—6811.

[72] 北京化工大学. 一种级次结构石墨烯笼及其制备方法：中国，104167552A [P]. 2014—11—26.

[73] 高岩，等. 石墨烯用作锂离子电池电极材料的创新 [J]. 江苏科技信息 • 产业纵览，2017（2）.

[74] Wang Hai bo，et al. Nitrogen-doped graphene nanosheets with excellent lithium storage properties [J]. Journal of Materials Chemistry，2011，21（14）：5430—5434.

[75] 福建省辉锐材料科技有限公司. 一种基于石墨烯—石墨球复合材料的锂电池电极片的制备方法：中国，103840134A [P]. 2014—06—04.

[76] 苏州大学. 锂离子电池碳包覆石墨烯复合材料制备方法及应用：中国，102969508A [P]. 2013—03—13.

[77] 哈尔滨工业大学. 一种氮掺杂石墨烯膜与多孔碳一体材料的制备方法：中国，104681789A [P]. 2015—06—03.

[78] Liangming Wei，et al. Porous sandwiched graphene/silicon anodes for lithium storage [J]. Electrochimica Acta，2017（229）：445—451.

[79] 电子科技大学. 碳纳米管/石墨烯/硅复合锂电池负极材料及其制备方法：中国，106505200A [P]. 2017—03—15.

[80] 中国科学院兰州化学物理研究所. 一种用于锂离子电池负极材料的豆荚状硅@非晶炭@石墨烯纳米卷复合材料：中国，105870496A [P]. 2016—08—17.

[81] 天津大学. 三维石墨烯网状结构负载碳包覆锡纳米材料及制备与应用：中国，103715430A [P]. 2014—04—09.

[82] 浙江大学. 一种石墨烯基复合锂离子电池薄膜负极材料及制备方法：中国，102496721A [P]. 2012—06—13.

[83] Shahid M，et al. Layer-by-layer assembled graphene-coated mesoporous SnO_2 spheres as anodes for advanced Li-ion batteries [J]. Journal of Power Sources，2014，263（5）：239—245.

[84] Liu Xiao-wu，et al. Gram-scale synthesis of graphene-mesoporous SnO_2 composite as anode for lithium-ion batteries [J]. Electrochimica Acta，2015（152）：178—186.

[85] 上海交通大学. 锂离子电池负极材料 SnO_xS_{2-x}/石墨烯复合物及其制备方法：中

国，102903891A ［P］. 2013—01—30.

［86］ Li D，et al. A unique sandwich-structured C/Ge/grapheme nanocomposite as an anode material for high power lithium ion batteries ［J］. Journal of Materials Chemistry A，2013，1 (45)：14115—14121.

［87］ Liu Nian，et al. A yolk-shell design for stabilized and scalable Li-ion battery alloy anodes ［J］. Nano Letters，2012 (12)：3315—3321.

［88］ Lv Wei，et al. One-pot self-assembly of three-dimensional graphene macroassemblies with porous core and layered shell ［J］. Journal of Materials Chemistry，2011 (21)：12352—12357.

［89］ 海洋王照明科技股份有限公司. 钛酸锂—石墨烯复合材料的制备方法：中国，103490040A ［P］. 2014—01—01.

［90］ 扬州大学. 一种球形中空钛酸锂/石墨烯复合材料作为锂电池负极材料的制备方法：中国，104617270A ［P］. 2015—05—13.

［91］ 上海大学. 单模微波制备氧化钴纳米片和石墨烯复合锂电池负极材料的方法：中国，102324503A ［P］. 2012—01—18.

［92］ Rai A K，et al. Partially reduced Co_3O_4/graphene nanocomposite as an anode material for secondary lithium ion battery ［J］. Electrochimica Acta，2013 (100)：63—71.

［93］ Lai Lin-fei，et al. Co_3O_4/nitrogen modified graphene electrode as Li-ion battery anode with high reversible capacity and improved initial cycle performance ［J］. Nano Energy，2014 (3)：134—143.

［94］ 浙江大学. 四氧化三铁/石墨烯三维复合结构及其制备方法和应用：中国，104810509A ［P］. 2015—07—29.

［95］ 天津大学. 合成四氧化三铁负载碳纳米管增强石墨烯复合材料的方法及应用：中国，105428623A ［P］. 2016—03—23.

［96］ 武汉大学. 一种二氧化锰/石墨烯锂离子电池负极材料及其制备方法：中国，104900864A ［P］. 2015—09—09.

［97］ Hyung Mo Jeong，et al. Nitrogen-Doped Graphen for High-Performance Ultracapacitors and the Importance of Nitrogen-Doped Sites at Basal Planes ［J］. Nano Lett. 2011 (11)：2472—2477.

［98］ 上海交通大学. 一种掺氮石墨烯与二氧化锰复合电极材料的制备方法：中国，102930992A ［P］. 2013—02—13.

［99］ 杭州电子科技大学. 一种锂离子电池用石墨烯/氧化锌复合负极材料及其制备方法：中国，104167537A ［P］. 2014—11—26.

［100］ 南京航空航天大学. 一种在石墨烯矩阵上原位生长氧化铜纳米颗粒的方法：中

国，105098150A [P]. 2015—11—25.

[101] 武汉理工大学. 嵌入石墨烯网络的介孔 Li_3VO_4/C 纳米椭球复合材料及其制备方法和应用：中国，104934577A [P]. 2015—09—23.

[102] 北京化工大学. 石墨烯气凝胶负载两相过渡金属硫化物及其制备方法和应用：中国，106328947A [P]. 2017—01—11.

[103] 东莞市久森新能源有限公司. 一种二硫化钒/石墨烯复合材料及其制备方法：中国，105355865A [P]. 2016—02—24.

[104] 北京航空航天大学. 一种二硫化钼纳米片/石墨烯锂电池负极材料制备方法：中国，106229472A [P]. 2016—12—14.

[105] 华南师范大学. 一种对苯二甲酸锂-石墨烯复合物及制备与应用：中国，106328901A [P]. 2017—01—11.

[106] 中国科学院宁波材料技术与工程研究所. 铁基金属有机骨架化合物/石墨烯复合材料及其应用：中国，105355873A [P]. 2016—02—24.

[107] 北京化工大学. 一种锂离子电池导电材料及其制备方法和用途：中国，101728535A [P]. 2010—06—09.

[108] Semiconductor Energy Lab. Electrical device：日本，2012064571A [P]. 2012—03—29.

[109] Su F-Y, et al. Could graphene construct an effective conducting network in a high-power lithium ion battery [J]. Nano Energy，2012，1 (3)：429—439.

[110] 成都新柯力化工科技有限公司. 一种褶皱状石墨烯复合导电剂及制备方法：中国，106340653A [P]. 2017—01—18.

[111] 清华大学深圳研究生院. 石墨烯基复合导电剂，其制备方法及其在锂离子电池中的应用：中国，103560248A [P]. 2014—02—05.

[112] 江苏乐能电池股份有限公司. 一种磷酸铁锂电池用的石墨烯复合导电剂及其制备方法：中国，102244264A [P]. 2011—11—16.

[113] 中国石油大学. 一种碳纳米管-石墨烯复合导电浆料及其制备方法与应用：中国，104766645A [P]. 2015—07—08.

[114] 宁波维科电池股份有限公司. 一种石墨烯复合导电剂及其制备方法：中国，105932288A [P]. 2016—09—07.

[115] Toray Advanced Materials Res Lab. Graphene composite，method for producing graphene composite and electrode for lithium ion battery containing graphene composite：美国，2016351908A [P]. 2016—12—01.

[116] 宁波墨西科技有限公司. 一种石墨烯复合导电剂及其制备方法：中国，105932287A [P]. 2016—09—07.

[117] 海洋王照明科技股份有限公司. 石墨烯纸及其制备方法与应用：中国，

103680970A［P］. 2014—03—26.

［118］湘潭大学. 锂离子电池用超轻薄高柔性石墨烯集流体的制备方法：中国，
106058266A［P］. 2016—10—26.

［119］海洋王照明科技股份有限公司. 石墨烯/铝箔复合集流体、其制备方法、电化学
电极及电化学电池或电容器：中国，103633334A［P］. 2014—03—12.

［120］海洋王照明科技股份有限公司. 一种石墨烯/金属集流体的制备方法：中国，
103839694A［P］. 2014—06—04.

［121］浙江大学. 一种垂直取向石墨烯表面修饰的集流体及其制备方法：中国，
103474256A［P］. 2013—12—25.

［122］广东工业大学. 一种基于泡沫镍原位制备石墨烯超级电容器电极的方法：中国，
103903880A［P］. 2014—07—02.

［123］海洋王照明科技股份有限公司. 掺氮石墨烯/离子液体复合电极及其制备方法与
电容器：中国，103681002A［P］. 2014—03—26.

［124］海洋王照明科技股份有限公司. 石墨烯—纳米碳纤维复合集流体的制备方法：中
国，103456501A［P］. 2013—12—18.

［125］海洋王照明科技股份有限公司. 一种石墨烯/碳纳米管复合薄膜的制备方法及其
应用：中国，103456520A［P］. 2013—12—18.

［126］海洋王照明科技股份有限公司. 一种石墨烯/氧化石墨烯薄膜及其制备方法和一
种超级电容器：中国，103779082A［P］. 2014—05—07.

［127］复旦大学. 一种基于石墨烯和聚苯胺的织物状超级电容器及其制备方法：中国，
104900422A［P］. 2015—09—09.

第10章　铜铟镓硒薄膜太阳能电池

太阳能等可再生能源技术代表了清洁能源的发展方向，太阳能光伏发电将进入人类能源结构并成为基础能源的重要组成部分。从 20 世纪 70 年代起，美国、日本、欧盟、印度等国家纷纷制定中长期发展规划，以推动光伏技术和光伏产业的发展。太阳能电池制备技术是光伏发电产业发展的基础。铜铟镓硒 Cu（In，Ga）Se₂（CIGS）化合物薄膜太阳能电池，光吸收效率高、户外性能稳定，是目前国际上太阳能电池的研究重点。

10.1　铜铟镓硒薄膜太阳能电池概述

铜铟镓硒（CIGS）是一种四元化合物半导体材料，为直接带隙半导体材料，其可见光波段的吸收系数高达 $10^5/cm$ 量级，只需 2 微米左右厚度的 CIGS 薄膜就可以吸收几乎所有的入射太阳光[1]，是一种理想的用于制备薄膜太阳能电池的半导体材料。Manz 集团在共蒸工艺中与玻璃基板上应用了新一代 CIGS 半导体材料，有效增加发电的有效面积，减少光学损失，成功创下 CIGS 电池实验室转换效率 21.7% 的新世界纪录，充分展示了 CIGS 技术与晶硅太阳能电池技术相比所具有的优越性[2]。

10.1.1　太阳辐射

来自太阳的辐射对地球上的生命是必不可少的[3]。到达地球陆地上的总能量每年有 9.5×10^{17} 千瓦时，这相当于目前地球上各种能源（火力电站、水力电站、核能电站等）同时所提供的总能量的数万倍。现在太阳中贮存的能量至少还可以供它继续发射能量几十亿年。对我们来说，太阳能是"取之不尽，用之不竭"的能源。辐射是能量传递的一种形式，它以电磁波的方式传递，不需要任何物质作为媒介。辐射的传递速度等于光速，辐射的波长范围很广，从波长 10^{-10} 微米的宇宙线到波长达几千米的无线电波都是辐射的波长范围。通常说的太阳光就是指它所含有的各种波长辐射的总称。

10.1.2　太阳能电池基本原理

10.1.2.1　光电转换的物理过程

太阳能电池是一个大面积的 PN 结，将光能装换为电能。光电转换可以分为如下三个主要过程：（1）吸收具有一定能量的光子，激发出非平衡电子一空穴对（光生载流子）；（2）这些电性相反的光生载流子被 PN 结的内建电场分离；（3）分离的光生载流子被电池的两个电极收集，在外电路中产生电流，从而获得电能。

半导体中光的吸收

当半导体受到光照时，将出现三种可能的情形：反射、吸收和透射。半导体对光的吸收有本征吸收、杂质吸收、自由载流子吸收和晶格吸收等。其中最重要的是本征吸收，其他吸收作用很小，在太阳能电池中一般很少考虑。半导体吸收光子能量后，位于价带的电子越过禁带跳入导带，在价带留下等量空穴，形成电子一空穴对，称为光生载流子。这种由电子在能带间直接跃迁而形成的吸收过程称为本征吸收，即半导体本身的原子对光的吸收。只有能量 E 大于半导体禁带宽度 E_g 的光子，才能被本征吸收，即入射光子必须满足

$$E = h\mu \geqslant h\mu_0 = E_g \tag{1}$$

或

$$E = \frac{hc}{\lambda} \geqslant \frac{hc}{\lambda_0} = E_g \tag{2}$$

式中，μ_0、λ_0 分别为恰好能产生本征吸收的光的频率和波长，分别称作频率吸收限和波长吸收限，或称作截止频率和截止波长。

PN 结的光生伏打效应

当太阳能电池受到光照时，少数载流子的浓度增加，其中一部分被复合掉，另一部分则到达 PN 结的空间电荷区。内建电场的静电力对于到达结区的光生电子来说相当强，使它们迅速渡越到 N 区。同理，在 N 区中的光生空穴（少子）则迅速到达 P 区。PN 结两边产生的光生载流子被内建电场所分离，结果在 P 区聚集非平衡的光生空穴，在 N 区聚集非平衡的光生电子，这使 P 区荷正电，N 区荷负电，从而在 PN 结两边产生光生电动势。上述过程通常称作光生伏打效应或光电效应。光生电动势的电场方向和平衡 PN 结内建电场的方向相反。

10.1.2.2　太阳电池的 IV 特性

由太阳能电池的电流电压特性，可得到相应的 $I-U$ 曲线[4]，在该曲线中，包含着一系列相关的电学基本特征参数，主要有短路电流、开路电压、填充因子等。

短路电流

当将太阳能电池的正负极短路，即电池电压 $U=0$ 时，此时的电流就称为太阳能电池的短路电流，记为 I_x。短路电流的单位是安培（A），短路电流随着光强的变化而变化。短路电流是电池能输出的最大电流。

开路电压

当太阳能电池的正负极不接负载，即 $I=0$ 时，太阳能电池正负极间的电压就叫作开路电压[4]，通常表示为 U_α。开路电压的单位是伏特（V）。开路电压的大小相当于光

生电流在电池两边加的正向偏压。通过把输出电流设置成零，便可得到太阳能电池的开路电压方程。

$$U_{oc} = \frac{nkT}{q} \ln\left(\frac{I_L}{I_0} + 1\right) \tag{3}$$

上述方程显示了 U_{oc} 取决于太阳能电池的饱和电流 I_0 和光生电流 I_L。其中，n 为理想因子；k 为波尔兹曼常数；T 为太阳能电池的绝对温度。

填充因子

太阳能电池的另一个重要参数是填充因子（FF），也叫曲线因子，它是指太阳能电池的最大输出功率与开路电压和短路电流乘积的比值，即

$$FF = P_m / (I_{sc} \times U_{oc}) \tag{4}$$

FF 是衡量太阳能电池输出特性的重要指标，代表太阳能电池在带最佳负载时能输出的最大功率的特性，其值越大表示太阳能电池的输出功率越大。实际上，由于受串联电阻和并联电阻的影响，太阳能电池填充因子的值要低于上式所给出的理想值。

10.1.2.3　太阳能电池光电转换效率

太阳能电池的转换效率值在外部回路上连接最佳负载电阻时的最大能量转换效率，等于太阳能电池受光照射时的最大输出功率与照射到电池上的太阳能量功率的比值[4]，即

$$\eta = \frac{P_{max}}{P_{in}} = (U_{oc} I_{sc} FF) / P_{in} \tag{5}$$

式中，P_{max} 为电池片的峰值功率；P_{in} 为电池片的入射光功率。

太阳能电池的光电转换效率是衡量电池质量和技术水平的重要参数，它与电池的结构、材料性质、工作温度、环境变化等有关。

10.1.3　太阳能电池的分类

虽然半导体材料的种类很多，但实际应用于太阳能电池产业的半导体材料并不多。依据使用的材料不同，可以将太阳能电池分为以下几类。

10.1.3.1　硅太阳能电池

在硅系太阳能电池中，又分为单晶硅太阳能电池、多晶硅薄膜太阳能电池、非晶硅薄膜太阳能电池以及硅基叠层薄膜太阳能电池等。其中单晶硅太阳能电池的光电转换效率是最高的，在现阶段的大规模应用和工业生产中占据了主导地位。但是受到单晶硅材料的价格较高以及制造工艺烦琐的影响，单晶硅太阳能的成本始终居高不下。多晶硅薄膜太阳能电池的电池转换效率一般为 12% 左右，稍低于单晶硅太阳能电池，但其成本高远远低于单晶硅太阳能电池，且效率高于非晶硅薄膜电池，具有比较广阔的市场前景。

10.1.3.2　化合物半导体太阳能电池

为了寻找单晶硅电池的替代品，人们除了开发多晶硅、非晶硅薄膜太阳能电池以

外，还不断研制基于其他材料的太阳能电池，其中，包括基于Ⅲ～Ⅴ族化合物、硫化镉、碲化镉以及铜铟镓硒（CIGS）等化合物半导体材料的各类太阳能电池。

10.1.4　CIGS太阳能电池的发展历史

CIGS薄膜材料由三元CIS薄膜材料衍生而来，CIS薄膜材料是在1953年由Hahn首次合成。1974年，Bell实验室的Wagner等人用提拉法制备CIS单晶，制备出了第一块CIS太阳能电池。1976年，美国Maine州大学首次开发出$CuInSe_2$/CdS异质结薄膜太阳能电池，光电转换效率达到6.6%。1981年，Boeing公司发明了多元共蒸法沉积$CuInSe_2$多晶薄膜的技术，制备的薄膜太阳能电池光电转换效率达到9.4%。1982年，Boeing公司通过蒸发$Zn_xCd_{1-x}S$代替CdS，与CIS多晶薄膜形成异质结，以减少CdS吸收引起的短波光子损失，同时吸收层采用低阻$CuInSe_2$和高阻CIS薄膜的双层结构，研制的薄膜电池效率为10.6%。1987年ArcoSolar公司提出硒化法制备$CuInSe_2$多晶薄膜的新技术，该项技术与多元共蒸法相比更简单、成本更低，更具有商业应用的可能，是制作CIS太阳能电池最重要的技术之一。1988年，ArcoSolar采用钝化法研制出光电转换效率为14.1%的CIS太阳能电池。为了充分利用太阳光谱，自20世纪80年代末期开始，人们在$CuInSe_2$材料中掺入Ga和S元素，以提高禁带宽度，使之与太阳光谱更匹配，获得更高的光电转换效率。1994年，美国NREL发明了三步共蒸发法，制备的CIGS薄膜晶粒尺寸显著增大，改善了CIGS薄膜质量，不仅提高了电池的开路电压，并且由于Ga元素在纵向上的浓度梯度形成能带梯度，提高了对光生载流子的收集，短路电流也增加，光电转换效率达到16.4%。1999年，CIGS薄膜电池的转换效率提高到18.8%（0.449 cm^2），2008年，电池的光电转换效率达到19.9%（0.449 cm^2），2011年得到的实验室的最高效率是20.3%[5]。

CIGS具有黄铜矿的晶体结构，如图10-1所示[6]，这种结构是一种与ZnSe的闪锌矿结构相似的类金刚石结构，其中每个Cu原子或In原子与Se原子形成四个共价键，反过来每个Se原子与Cu原子或In原子形成两个共价键。Cu（In，Ga）Se_2是在$CuInSe_2$的基础上掺杂Ga，部分取代同一族的In原子而形成的。

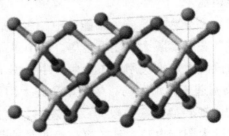

图10-1　CIGS黄铜矿晶体结构

$CuInSe_2$结构的变化经历三次突破。第一次突破：Mickelsen和Chon（1981）用Mo作衬底，采用三元共蒸发法制备$CuInSe_2$。先蒸发层富Cu的$CuInSe_2$；促进晶粒长大，与 Mo 形成欧姆接触；再蒸发一层富 In 的 CuInSe$_2$；优化异质结界面，形成反型层；两层扩散后薄膜成分接近化学计量比，再蒸发 CdS 层。第二次突破：引入 CuInSe$_2$/CdS/ZnO 新电池结构。首先将 Cd 层减薄至 50 nm，其次允许能量高于 CdS 带隙宽度的光子透过（$E_{gCdS}=2.4$ eV，$E_{gZnO}=3.2$ eV），提高了短路电流，扩宽了窗口层透射到吸收层太阳光的波长范围，短波响应极限 520 nm 延伸到 390 nm 处。第三次突破：引入 Ga 元素，形成 CuIn$_{1-x}$Ga$_x$Se$_2$（$0<x<1$）化合物。这种改变首先扩宽了带隙，将带隙从 1.04 eV 增加到 1.3 eV。并且可以控制带隙在 1.04～1.7 eV 范围内连续变化。结构变化过程如图 10-2 所示。

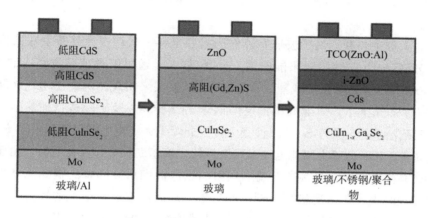

图 10-2　CIGS 太阳能电池结构变化

目前，CIGS 薄膜太阳能电池的基本结构通常由衬底、背电极层、吸收层、缓冲层、窗口层和顶电极组成[7]。一种典型的结构为 SLG/Mo/CIGS/CdS/HR－ZnO/n$^+$－ZnO，通常采用钠钙玻璃（SLG）作为衬底。其一般制备过程是首先在 SLG 衬底上沉积一层 Mo 作为背电极，接下来沉积 P 型 CIGS 吸收层和 CdS 缓冲层，然后沉积高阻（high resistance，HR）ZnO 和 N 型重掺杂 ZnO 来作为窗口层，最后沉积 Ni－Al 顶电极作为电流收集栅线，有时候还要在窗口层上沉积一层抗反射膜 MgF$_2$ 来减少太阳光的反射损失。

10.2　衬底

CIGS 薄膜太阳能电池所使用到的衬底可分为两类：一类是刚性衬底，比如钠钙玻璃和陶瓷等；另一类是柔性衬底，比如聚酰亚胺和金属箔片等。在选择衬底时，必须考虑衬底的热膨胀系数与 CIGS 薄膜的是否匹配，这样生长完冷却后才不会在薄膜内产生过大的应力。硼硅玻璃等材料的热膨胀系数小于 CIGS 薄膜材料的，以其为衬底生长的 CIGS 薄膜内会因产生拉应力而出现孔洞或裂纹[8]；聚亚酰胺等材料的热膨胀系数大于 CIGS 薄膜材料的，以其为衬底生长的 CIGS 薄膜内会因产生压应力而出现薄膜黏附失效现象[9]。由于 SLG 的热膨胀系数为（6～9）×10^{-6}/K，与 CIGS 薄膜的（9×10^{-6}/K）

相近，其非常适合用作 CIGS 薄膜的衬底材料。

10.2.1　刚性衬底

钠钙玻璃是目前常用的一种刚性衬底材料，这是由于 Na 会通过 Mo 背电极扩散进入 CIGS 薄膜内，形成 $NaSe_x$ 化合物，降低 $CuInSe_2$ 的生长速率，有助于增大 CIGS 晶粒直径以及提高其择优取向性的结晶生长[10]，使得 CIGS 薄膜具有更好的表面形貌和更高的电导率。例如可以在薄膜生长时将 Na 与其他元素一起沉积[11]，或者在沉积 CIGS 薄膜之前，在 Mo 背接触层上预先沉积含钠的预制层，例如 NaF、Na_2S 和 Na_2Se 等化合物。

目前，人们主要利用纳钙玻璃基片作为衬底材料，采用多元共蒸发法或磁控溅射法成膜工艺制备 CIGS 薄膜太阳能电池，Na 的掺入是通过纳钙玻璃衬底内的 Na 通过背电极 Mo 扩散到 CIGS 层内或蒸发含 Na 物质预置层来实现。两种物理气相制备方法都涉及在 H_2Se 气氛下，对金属预置层铜铟镓（CuInGa）及硒膜进行加热硒化。采用 H_2Se 进行硒化的缺点是 H_2Se 的毒性很大，因此对于大规模生产环境的人们十分危险。另外，传统的 CIGS 薄膜太阳能电池采用刚性的玻璃基底和钼作为背电极，由于玻璃和钼的热膨胀系数的差异，直接在玻璃上溅射的钼电极和后续制备的铜铟镓硒吸收层在高温褪火处理时很容易出现龟裂、剥落的现象，从而严重影响电池的性能。玻璃基片的使用还导致所生产的电池板或组件笨重、不易安装或携带。柔性 CIGS 薄膜太阳能电池不但具有质量轻、可弯曲、不怕摔碰、功率高、显著降低发射成本等优点，而且在空间高能粒子的辐照下具有很好的稳定性，在空间领域具有很强的应用前景。另外，柔性衬底太阳能电池可采用绕带式沉积，利于实现大规模生产，并显著降低生产成本。因此，采用轻质柔性基板如不锈钢、钛、氧化锆或聚酰亚胺等为衬底，研制高效率轻质柔性 CIGS 薄膜太阳能电池是突破传统的光伏电池的应用受地域、时间、空间等环境因素制约的关键技术，对于推动光伏产业的发展意义十分重大。

10.2.2　柔性衬底

玻璃衬底的 CIGS 薄膜太阳能电池并不能满足某些特殊方面的应用要求，于是就提出了柔性衬底 CIGS 电池技术。柔性衬底 CIGS 太阳能电池具有许多优势，它不但质量轻、可弯曲、便于携带、抗辐射性能好，而且生产时可采用卷对卷（roll-to-roll）工艺，易于实现大规模生产并降低成本，在空间应用、光伏建筑一体化（BIPV）等方面都具有广阔应用前景。选择柔性衬底材料首先要考虑的是热稳定性，制备 CIGS 吸收层的工艺通常都要达到 500～600 ℃。有研究表明，衬底温度低于 350 ℃，CIGS 电池的性能就会有明显的下降，所以要求衬底至少能够抵抗 350 ℃以上的高温[12]。

10.2.2.1　衬底材料

目前柔性衬底材料主要有金属箔和有机聚合物两类，前者主要包括不锈钢、钼、钛等金属箔材料，后者中的聚酰亚胺（PI）是目前常见的有机聚合物柔性衬底材料。中国电子科技集团公司第十八研究所[13]采用柔性金属材料或聚酰亚胺作为衬底材料，制作出的太阳能电池具有不怕弯曲的优点，易于卷对卷大面积、大规模连续生产，应用范围广泛。金属箔衬底的表面粗糙度一般比玻璃衬底大，粗糙的表面容易成为 CIGS 的形核中心，从而形成晶格缺陷，有时金属衬底上的尖端突起还可能刺穿 CIGS 吸收层，导致 PN 结短路，因此对粗糙的金属衬底需要预先进行抛光处理，同时覆盖一层绝缘层也能有效地降低粗糙度，而且这层绝缘层还能在金属衬底和 CIGS 吸收层之间形成绝缘层，减少金属衬底中的杂质向 CIGS 吸收层中扩散。绝缘层材料一般选用 SiO_x 和 Al_2O_3[14]，可通过等离子体增强 CVD 法或磁控溅射法来沉积绝缘层。

在选择衬底时，成本是首先要考虑的问题。美国纳米太阳能公司[15]以及济南荣达电子有限公司[16]实现了在铝衬底上制作轻而便宜的太阳能电池装置，吸收层快速热处理温度范围远在铝熔点（约 600 ℃）以下，避免损害或破坏铝箔衬底。铝箔衬底的使用，能够极大地降低在这种衬底上的材料费用，获得成规模的经济效果。

其次，还必须考虑衬底的热膨胀系数与 CIGS 薄膜是否匹配，这样生长完冷却后才不会在薄膜内产生过大的应力。韩国生产技术研究院[17]提供了一种热膨胀系数与 CIGS 层相似的基材，该基材的热膨胀系数与 CIGS 层相似，可防止由不同的热膨胀系数而引起的层间分离发生。该基材为 Fe－Ni 合金金属箔基材，粒径为 $0.1\sim10~\mu m$，热膨胀系数为 $6\times10^{-6}/℃\sim12\times10^{-6}/℃$。

另外，还必须考虑化学稳定性，在高温制备 CIGS 过程中，要求衬底成分不会与 Se 反应，也不会掺杂扩散进入 CIGS 之中，化学水浴法制备 CdS 时不分解，同时还要保证其在以后的使用过程中也具有较高的稳定性，不会导致 CIGS 电池的性能降低。

10.2.2.2 制备方法

聚酰亚胺（PI）具有柔性、可折叠性，是铜铟镓硒薄膜太阳能电池衬底的优选材料，但由于聚酰亚胺的热膨胀系数无法与铜铟镓硒材料本身具有很好的匹配，并且在温度较高时，作为衬底的聚酰亚胺会产生较大的形变，导致铜铟镓硒薄膜较为疏松，容易脱落，而温度较低时，生长出的铜铟镓硒薄膜结晶质量较差，晶粒细小，缺陷较多，增加了载流子的复合，缩短了少子的寿命，进而影响了电池性能。为了解决上述问题，中国电子科技集团公司第十八研究所[18]公开了一种刚性衬底制备柔性太阳能电池的方法，首先制作柔性衬底－刚性衬底构成的刚性复合衬底；然后，在刚性复合衬底的柔性衬底上制作柔性太阳能电池；最后，将柔性衬底－刚性衬底分离，完成刚性衬底制备柔性太阳能电池的过程，其采用柔性衬底－刚性衬底构成的刚性复合衬底，利用柔性衬底依靠在刚性衬底上的附着力，高温时柔性衬底不变形，生长出的柔性太阳能电池不疏松、不脱落，太阳能电池薄膜层的结晶质量好、晶粒大、缺陷少。天津理工大学[19]将玻璃、聚酰亚胺形成叠层结构，其以刚性衬底制备柔性电池，制备的铜铟镓硒薄膜附着性优秀、结晶质量好、晶粒大、缺陷少。天津理工大学[20]还公开一种后掺钠铜铟镓硒太阳能电池制备方法，首先将聚酰亚胺胶涂于玻璃表面，固化成聚酰亚胺膜－苏打玻璃复合衬底，然后在其表面依次制备各层薄膜，在完整的铜铟镓硒太阳能电池制备完成后，将其与苏打玻璃衬底分离，得到以聚酰亚胺膜为衬底的柔性铜铟镓硒太阳能电池。

10.3　阻挡层

CIGS 薄膜太阳能电池吸收层的制备通常需要经过高温硒化或硫化过程，研究表明较高的硒化温度（600～700 ℃）有利于高质量吸收层的形成。但是，在吸收层制备过程中金属衬底中的 Fe、Cu 等元素会扩散到吸收层。铁等有害元素的扩散大大地降低了电池的开路电压和填充因子，进而弱化电池效率。因此，必须对衬底中的有害元素进行有效的抑制和阻挡，进而制备出高转换效率的铜铟镓硒薄膜太阳能电池。

10.3.1　阻挡层材料

氧化物是一种常用的阻挡层材料。山特维克知识产权股份有限公司[21]以 ZrO 作为阻挡层。南开大学[22]使用 ZnO 作为杂质阻挡层，利用纯锌靶或者 ZnO 陶瓷靶等靶材，通过溅射法在金属衬底上沉积 ZnO 薄膜，通过调整 Ar 和 O_2 流量比来获得理想的 ZnO 薄膜，薄膜结构致密，作为杂质阻挡层对于金属衬底内的杂质具有很好的阻挡效果。

除此之外，氮化物也可以有效阻挡有害元素铁的扩散。LG 伊诺特有限公司[23]提供一种基板上的阻挡层，阻挡层包含 Fe_2N、Fe_3N 或 Fe_4N。华南理工大学[24]通过在不锈钢衬底上溅射氮化钼阻挡层，降低不锈钢衬底表面粗糙度，有利于后续膜层制备的同时，也能有效阻挡不锈钢衬底中有害元素铁的扩散，提高了电池的开路电压和填充因子，进而提高不锈钢衬底铜铟镓硒薄膜太阳能电池的转换效率。

与绝缘的氧化物和氮化物相比，金属材料能与金属衬底或背电极 Mo 之间形成较高的结合力。张力等人[25]在不锈钢上采用磁控溅射的方法制备了 2 微米厚的 Cr 作为扩散阻挡层。Cr 对不锈钢衬底中 Fe 元素的扩散起到了一定的阻挡作用，且与衬底、背电极间有较高的结合力，但是 Cr 本身会扩散到电池内部形成污染。为了解决上述问题，湘潭大学[26]在柔性金属衬底上交替电镀镍镀层和镍钼合金镀层，然后快速热处理得到具有叠层结构的多层镀层作为扩散阻挡层，与金属衬底直接相连的是镍镀层，与背电极相连的是镍钼合金镀层，其对于材料的选择和多层叠层结构的设计，使镀层能有效阻挡衬底元素向电池主体的扩散，又不引入新的危害元素，同时能与衬底、背电极之间形成较高的结合力，同时可以通过连续电镀的方式低成本高效率生产。北京四方继保自动化股份有限公司[27]采用柔性金属材料作为电池的基底材料，为了防止基底中有害元素的扩散造成电池性能的降低，采用磁控溅射的方法制备钨钛合金阻挡层，此扩散阻挡层的材料和制备工艺成本较低，而且可显著提高背电极和光伏吸收层的结晶质量，提升电池的光学性能。株洲永盛电池材料有限公司[28]采用镍与镍钼合金镀层作为扩散阻挡层，且扩散阻挡层中的镍钼合金镀层沿镀层生长方向钼质量含量由 10％逐层递增到 80％，有效阻挡了铜及钢带中 Fe 元素的扩散，同时没有引入新的危害元素，且具有高 Mo 含量的镍钼合金提高了衬底与背电极（Mo 层）的结合力。

10.3.2　制备方法

Herz 等人[29]采用射频磁控溅射的方法在金属衬底上制了 3 微米厚的 Al_2O_3，该阻挡层可以有效地阻挡基底元素的扩散。瑞典的山特维克知识产权股份有限公司[30]采用电子束蒸发的方法制备 Al_2O_3，同时还在阻挡层中掺杂了金属元素 Na。

10.4　背电极

半导体薄膜太阳能电池结构中，合理选择背接触层和背电极是减小背接触势垒，形成良好的欧姆接触，提高开路电压和填充因子的关键因素之一。

10.4.1　背电极材料

CIGS 薄膜太阳能电池的背电极材料一般采用金属钼（Mo），这是因为 Mo 可以与 CIGS 吸收层薄膜之间形成良好的欧姆接触[31]。Mo 具有较高的反射率，能够将太阳光反射回吸收层，从而提高太阳能电池的光吸收效率。Mo 背电极薄膜一般采用磁控溅射法沉积，在沉积过程中，可以通过工艺参数调整薄膜内部的应力，从而保证薄膜紧密附着于衬底[32]。Mo 薄膜的结晶状态对 CIGS 薄膜晶体的生长、择优取向和结晶形貌等都有直接的影响。当 Mo 多晶层呈柱状结构时，其有利于钠钙玻璃衬底中的 Na 沿晶界向 CIGS 薄膜中扩散，进而有利于生长出高质量的 CIGS 薄膜[33]。

研究表明，在磁控溅射工艺中，采用高的工作气压和低的溅射功率，则金属 Mo 薄膜残余拉应力和衬底的附着性良好，但是电阻率大，表面粗糙度大，不能满足薄膜太阳能电池金属背电极的要求。相反，采用低的工作气压和高的溅射功率，则金属 Mo 薄膜残余压应力和衬底的附着性差，有开裂、鼓泡、分层和剥落等宏观失效发生，优点是电阻率小，表面粗糙度小，符合薄膜太阳能电池金属背电极的要求。在玻璃衬底和无应力钢作为衬底的下层配置的 CdTe 薄膜太阳能电池制备中，通常采用的工艺是将两者结合起来，先采用高的工作气压和低的溅射功率，生长一层高电阻拉应力膜，接着采用低的工作气压和高的溅射功率，生长一层低电阻压应力膜，高低阻双层薄膜金属 Mo 背电极满足玻璃衬底和无应力钢衬底半导体薄膜太阳能电池的要求。上海太阳能电池研究与发展中心[34]公开了一种复合背电极，由依次生长在柔性聚合物衬底上的高阻残余拉应力金属 Mo 薄膜、低阻残余压应力金属 Mo 薄膜、低阻高反射残余压应力金属 Mo 薄膜组成，通过改变磁控溅射参数来使复合金属 Mo 背电极与柔性聚合物衬底附着性能好，入射光辐射的反射率高，同时避免了高能溅射引起的柔性聚合物衬底的失效，使金属 Mo 复合背电极的表面电阻满足薄膜太阳能电池的要求。

对于聚酰亚胺衬底的 CIGS 薄膜太阳能电池，由于聚酰亚胺与 Mo 热膨胀系数的不匹配，薄膜应力比较大，导致样品异常卷曲，严重时致使薄膜脱落，也为后续电池的制备增加了难度。目前通用的方法是采用退火或者优化传统工艺的方式来减少这种由热膨胀系数不匹配所造成的应力过大的问题，但是效果并不明显。南开大学[35]采用薄层 Ag 作为应力缓冲层并与 Mo 薄膜构成复合结构，薄 Mo 薄膜层、Ag 薄膜层和厚 Mo 薄膜层依次叠加构成背电极，薄 Ag 薄膜作为应力缓冲层来平衡聚酰亚胺衬底与 Mo 之间热膨胀系数不匹配所带来的应力，这种复合结构的背电极电阻率比较低，其反射率比较高，对于超薄 CIGS 电池效率的提升具有重要作用。

对于无钠衬底，可以通过在衬底上制备掺钠钼薄膜结构作为 CIGS 薄膜太阳能电池的背电极[36]。Na 在 CIGS 形成过程中，通过 Mo 扩散到 CIGS 中帮助 CIGS 薄膜的生长，大大减少 CIGS 中缺陷形成，从而增加载流子密度使得开路电压 U_∞ 提高。厦门大学[37]公开了一种含钠钼膜及电极，该含钠钼膜从上至下依次包括 10 nm～1 μm 厚的第一纯钼层、10 nm～1 μm 厚的含钠钼层、100 nm～2 μm 厚的第二纯钼层和基底，其中含钠钼层的 Na 含量为 1～20 at%，Mo 含量 80～99 at%，第一纯钼层和第二纯钼层的钼含量均为 99.9～99.9999 at%。该含钠的钼膜在黏附性、导电性等方面符合铜铟镓硒薄膜太阳能电池的要求，可以用于制备优质的铜铟镓硒薄膜太阳能电池；含有适量钠元素的掺钠钼膜，保证钠元素的掺入量对铜铟镓硒太阳能电池的效率的正面影响相对最大化。

10.4.2　制备方法

通过对制备方法以及材料进行改进，可以提高电极的性能。吉富新能源科技（上海）有限公司[38]使用真空溅镀法在高压下制作高附着性的钼背电极，大幅增加铜铟镓硒太阳能电池的质量及生产良率，且提高铜铟镓硒太阳能电池的短路电流，进而达到生产成本降低及高效率之铜铟镓硒太阳能电池。厦门大学[39]采用非真空制备技术来制备铜铟镓硒薄膜太阳能电池的背电极，即采用丝网印刷法或者刮涂法，工艺简单，降低制造成本。

10.5　吸收层

CIGS 吸收层是 CIGS 太阳能电池的核心，制备出高质量的 CIGS 吸收层是获得高性能太阳能电池的关键。

10.5.1　吸收层制备方法

在 CIGS 薄膜电池的制备过程中，CIGS 吸收层的制备起着至关重要的作用。CIGS 薄膜的制备技术主要有两大类：一类是真空（Vacuum）技术，另一类是非真空（Non-vacuum）技术[40]。真空技术制备的薄膜器件光电转化率高，可分为溅射（Sputtering）技术[41]和共蒸（Co-evaporation）技术[42]两类。非真空技术制备的薄膜器件的光电转化率较真空技术制备的薄膜器件的低，但较低的成本是其具有的一大优势。随着研究的不断深入，非真空技术所制得薄膜的效率已经逐渐逼近真空技术获得的效率。非真空技术主要包括电沉积（Electro-deposition）技术[43]、化学水浴沉积（Chemical bath-deposition）技术[44]、丝网印刷（Screen printing）技术[45]、喷涂热解（Spray pyrolysis）技术[46]等，其中电沉积技术由于具有低成本，高效率，较高的原料利用率，沉积的速率、厚度及成分可控，适合在不同形状的基底上沉积等优点而受到广泛关注。

10.5.1.1 多元共蒸发法

蒸发法是利用被蒸发物在高温时的真空蒸发来进行薄膜沉积的，是典型的物理气相沉积工艺（PVD），在真空环境中 Cu、In、Ga、Se 四种蒸发源分别被单独加热进行蒸发，然后在被加热的衬底上进行反应，制备出 Cu（In，Ga）Se$_2$ 薄膜。德国太阳能和氢能研究中心于 2013 年 10 月创造出转换效率达 20.8% 的世界纪录就是使用了共蒸发三步法。工艺中，通过调节 Cu、In、Ga 元素蒸发源的温度，来改变 CIGS 薄膜中 Cu/（Ga+In）和 Ga/（Ga+In）的比例。最后制备成为 Mo/CIGS/CdS/ZnO 结构的太阳能电池。美国国家可再生能源实验室（NREL）通过多元共蒸发法在 0.419 cm^2 的器件上实现的 19.9% 的转换效率[47]。高效的 CIGS 电池的吸收层沉积时衬底温度高于 530 ℃，最终沉积的薄膜稍微贫 Cu，Ga/（In+Ga）的原子分数比接近 0.3。沉积过程中可通过调整 In/Ga 蒸发流量的比值在薄膜中实现禁带宽度的 V 型分布。在 CIGS 薄膜的生长过程中，Cu 蒸发速率的变化强烈影响着薄膜的生长机理。

根据蒸发过程的不同，共蒸发工艺可分为一步法、二步法和三步法[48]。因为 Cu 的扩散速度足够快，所以无论采用哪种工艺，Cu 在薄膜中的分布基本上是均匀的。在三种方法中，要求 Se 的蒸发总是过量的，以免薄膜中因缺少 Se 形成杂相化合物而影响性能。

一步法

一步法是在沉积过程中，四种元素同时蒸发并且流量不变，这种工艺控制相对比较容易，适合大面积生产，但形成的薄膜晶粒尺寸比较小且不能形成梯度带隙。

为了方便地实现对 CIGS 薄膜内成分的控制，山东大学[49]利用真空蒸发镀膜的方法蒸发硒化亚铜（Cu$_2$Se）、硒化铟（In$_2$Se$_3$）、硒化镓（Ga$_2$Se$_3$）粉末，在衬底上形成铜铟镓硒（CIGS）薄膜。通过改变粉末的比例或蒸发速率可以方便地实现对 CIGS 薄膜内成分的控制，可以有效地降低 CIGS 薄膜太阳能电池的生产成本和周期。

二步法

第一步是在衬底温度为 500 ℃时，共蒸发 Cu、In、Ga、Se 形成 CIGS/Cu$_x$Se，这是一层富铜（Cu/In>1）的薄膜，为低电阻 p 型半导体；第二步将衬底温度升高到

550 ℃后，同时蒸发 In、Ga、Se 形成贫铜（Cu/In＜1）的 CIGS 薄膜，为中等偏高电阻的 n 型半导体，通过两层间的扩散，形成 p 型半导体。与一步法相比，二步法工艺能够得到更大尺寸的晶粒。

三步法

三步法蒸发 CIGS 薄膜过程中，薄膜蒸发沉积的速率、均匀性、结晶结构等性质与蒸发源的结构、蒸发源与衬底的相对位置和距离以及各个元素的蒸发速率有关。在三步法工艺中，三步过程都是在 Se 蒸气环境中进行的。第一步，在衬底温度为 300～400 ℃下，蒸发 In、Ga、Se，形成（In，Ga）$_2$Se$_3$ 预制层；第二步，在衬底温度升高为 550 ℃左右，开始蒸发 Cu，且 Se 继续蒸发，使薄膜成分富 Cu [Cu、In、Ga 原子百分含量关系为 Cu/（In＋Ga）＞1]；第三步，衬底温度为 550℃，蒸发 In、Ga（Se 继续蒸发），使薄膜总体成分贫 Cu [Cu/（In＋Ga）＜1]。三步法工艺是目前制备高效 CIGS 电池最有效的工艺，所制备的薄膜表面光滑，晶粒致密且尺寸较大，还易于实现 Ga 含量的 V 型分布。

衬底温度对 CIGS 薄膜结构特性有着非常大的影响[50]，衬底温度较低时如 300 ℃和 360 ℃容易形成 In$_2$Se$_3$ 相，而衬底温度较高时（如 400 ℃）容易形成（In，Ga）$_2$Se$_3$ 相。400 ℃下制备的 CIGS 薄膜较 300 ℃、360 ℃下制备的样品致密，粗糙度较小，颗粒较大且均匀性好，薄膜的迁移率和载流子浓度都比较大，电阻率较小。为了对温度进行精确控制，可以使用 PID 温度控制仪等设备。通过恒功率加热衬底并监测其温度变化可以实现在线组分监测，得到组成几乎完全相同的 CIGS 薄膜，其表面光洁，多数薄膜的粗糙度小于 10 nm，大大提高了共蒸发制备的重现性[51]。

韩国 ENERGY 技术研究院[52]通过三步真空共蒸发法形成用于太阳能电池的 CIGS 光吸收层，包括：同时真空蒸发 In、Ga 和 Se 的第一步，同时真空蒸发 Cu 和 Se 的第二步真空蒸发 In、Ga 和 Se 的第三步。在第一步中蒸发并供应的 Ga 的量大于在第三步中蒸发并供应的 Ga 的量，提高第一步中 Ga 的蒸发量，使得能够在 Na 浓度低的衬底上形成 CIGS 光吸收层，从而提高耗尽层的 CIGS 太阳能电池的效率。

三步法蒸发中，各步骤中元素通量的调节是复杂的并且薄膜沉积需要较长时间，所以三步方法具有高方法成本的缺点。因此，需要一种通过简化的方法来制造用于太阳能电池的 CIGS 薄膜的方法，其能够实现晶体生长和通过 Ga 组成分布的带隙分级，同时简化方法步骤并大幅减少膜沉积时间。韩国 ENERGY 技术研究院[53]利用简化的共蒸发法来制造用于太阳能电池的 CIGS 薄膜的，通过共蒸发在 500 至 600 ℃的衬底上沉积 Cu、Ga 和 Se；然后，在维持相同的衬底温度的同时，通过共蒸发来沉积 Cu、Ga、Se 和 In；之后，在降低衬底温度的同时，依次通过共蒸发沉积 Ga 和 Se；最后通过真空蒸发单独沉积 Se，与三步共蒸发法相比简化了工艺步骤。

10.5.1.2　磁控溅射法

与共蒸发法相比，磁控溅射法制备的 CIGS 薄膜具有致密、均匀、附着力强等优点。由电磁场加速的氩粒子轰击靶材，产生的靶材粒子吸附在衬底上形成薄膜，因此溅射工艺条件对薄膜的晶体结构、表面形貌、组成等具有重要作用，决定着 CIGS 薄膜的光伏性能。根据 Se 元素的调控方式不同，针对磁控溅射法制备 CIGS 薄膜主要有溅射后硒化法和一步溅射法等[54-55]。

（1）溅射后硒化法是指首先溅射制备金属 CI（CuIn）或 CIG（CuInGa）预制层，然后再对其进行硒化处理。溅射工艺易于精确控制薄膜中各元素的化学计量比，膜的厚度和成分分布均匀，成为产业化的首选工艺。基本的工艺过程是，首先在涂覆有 Mo 背电极的玻璃上溅射沉积 CIG（CuInGa）预制层，然后在硒蒸气中对预制层进行硒化处理，从而得到满足化学计量比的薄膜。制备 CIG 预制层时靶材为 Cu、In、Ga 元素的纯金属或合金靶，按照一定的顺序依次溅射。溅射过程中，通过控制工作气压、溅射功率、Ar 流量和溅射顺序等参数可制备出性能较好的 CIG 金属预置层。溅射后硒化制备 CIGS 薄膜过程中普遍存在 Ga 元素分布的问题。由于金属预制层中 In 元素和 Ga 元素的硒化反应活性存在巨大的差异，Ga 元素易在硒化反应后富集在 CIGS/Mo 界面附近，最终不利于电池开路电压的提高。毛启楠[55]等通过升高硒化温度或者降低预制层中 Cu/（In+Ga）比例，提高 Ga 元素扩散系数，促进吸收层中 Ga 元素的扩散，避免其在 CIGS 底部富集，有效地提高器件的开路电压和效率，制备出单一 CIGS 相的吸收层。

退火温度和退火时间是影响退火后薄膜质量的主要因素。栾和新[56]等在 Se 气氛中对 CIGS 薄膜进行退火处理。退火温度较高时，薄膜和基底之间容易发生剥落；退火温度低于 350 ℃时，退火效果不明显，退火温度在 400 ℃，退火时间达 120 min 时，薄膜完成再结晶过程，并制得单一黄铜矿相的 CIGS 薄膜。溅射过程中，溅射气压对 CIGS 薄膜及电池器件也有着非常大的影响。李光旻[57]通过调节溅射气压改变预制层的结晶状态及疏松度与粗糙度，在合适的预制层结构下，活性硒化热处理过程中，可使 Ga 有效地掺入到薄膜中形成优质的 CIGS 固溶体。

（2）一步溅射法是指在溅射过程中就存在含有硒元素的单质靶或合金靶参与的方法。相比于后硒化法而言，省去了硒化的工艺环节，主要有四单源共溅射、二元化合物共溅射、四元合金单靶溅射等途径。一步溅射法的优点是可以通过一步溅射得到适用于太阳能薄膜电池的光吸收层 CIGS 薄膜材料，既能够合理调节各元素比例，又免去了烦琐的传统后硒化工艺；缺点是采用多靶溅射时，由于硒和硒化合物的熔点过低，在溅射过程中由于热量的积累，基板和靶材温度升高会引起硒及相应物质的挥发，毒化其他溅射源，容易阻碍溅射的连续性。由于各个元素的原子量不同，被轰击出来的粒子沉积速率不同，且 Se 易挥发，这就导致了采用一步溅射法时，溅射薄膜中的原子比与靶材的原子比存在差异。所以，如何增加 Se 的含量成为一步溅射法的研究重点。Yan 等[58]和 Li 等[59]从靶材的角度来解决 Se 的不足，分别用 In_2Se_3 靶和富硒的 CIGS 靶来调控 Se 的含量，薄膜表现出较好的电学性能。与前两种方法不同，Posada 等[60]

设计了一种一步共溅射法装置：采用 Cu 靶位、In 靶位、Cu—Ga 靶位和一个 Se 真空室，通过控制 Se 真空室的工作条件来调节 CIGS 薄膜中的硒含量。

薄膜晶粒大小对 CIGS 薄膜电池性能影响非常显著，大颗粒尺寸的 CIGS 薄膜对电池转化效率的提高很有利。李刚[61]等采用四元合金靶一步溅射制备 CIGS 薄膜，考察了溅射时间对 CIGS 薄膜的结构和性能的影响，当溅射时间为 30 min、60 min、90 min、120 min 时，随着时间的增加，薄膜的结晶程度提高，厚度和颗粒增大；可见光的吸收系数提高，120 min 时为 0.8×10^5 cm^{-1}；禁带宽度增大，最大值为 1.224 eV；电阻率减小，最小值为 1.02 $\Omega \cdot$ cm。有利于 CIGS 薄膜太阳电池性能的提高。

中国电子科技集团公司第十八研究所[62]采用黄铜矿相的 $CuIn_{1-x}Ga_xSe_2$ 化合物靶材，而不是传统的 Cu—Ga 或者 Cu—In 靶材不仅简化了制备过程，而且降低了靶材的成本，提高了原材料利用率，制得 $CuIn_{1-x}Ga_xSe_2$ 薄膜吸收层的晶粒微小到微米级，避免了传统的硒化过程中需要严格控制 Se 源的温度以及衬底等的升温或降温速度；简化了工艺过程，工艺重复性好，过程可控。

10.5.1.3 电化学沉积法

电化学沉积（即电沉积）法制备 CIGS 薄膜是一种低成本的制备技术，其最早由美国国家可再生能源实验室（NERL）的 Bhattachary 于 1983 年报道。首先在含有 Cu、In、Se 三种元素的溶液中，利用电沉积法，制备出 CIS 预置层[63]。电沉积法原理上比较简单，但电化学反应非常复杂，要实现多种元素的共沉积比较困难，需要加入一定量的络合剂以实现 CIS/CIGS 的共沉积。

电化学沉积法制备 CIGS 半导体薄膜材料，按其电解液体系可分为水溶液体系、有机溶剂体系和离子液体体系。按其制备过程可分为：在含有 Cu、In、Ga、Se 元素的电解液体系中经一步电沉积得到 CIGS 薄膜的一步沉积法；按照一定顺序分别电沉积 Cu、In、Ga、Se 单质或合金薄膜，经堆叠形成预制层的分步沉积法；以及与其他技术手段相结合的多步法[64]。

Y. P. Fu 等人[65]报道以存在的 LiCl 作为支持电解质而在水溶液中电沉积 CIGS 膜。其需要沉积后的热烧结，并且不能产生化学计量的薄膜，因为在沉积的膜中观察到镓的浓度低。向水溶液添加更多 Ga 化合物并不是增加产生的 CIGS 膜中镓含量的可行方法，因为随着水溶液中镓浓度的增加，Y. P. Fu 等人注意到镓还原电压变得更低，其使得电极上镓离子沉积更困难。水溶液方法的另一问题是 CIGS 的电极接触通常使用钼，但钼和许多其他金属氧化物在 CIGS 电沉积的水性循环伏安法中氧化。Lai 等人[66]报道了在水—二甲基甲酰胺（DMF）溶液中 CIGS 膜形成的一步电沉积方法。在该情况下，由于在该溶液中四种元素 Cu、In、Ga、Se 的还原电压的巨大差别，因此它们的共同电沉积仍然困难。为了克服该问题，Lai 等人将络合剂加入至水—DMF 浴中。Lai 等人还详细分析了上述氢气释放的问题。Shivagan 等人[67]公开了在诸如离子液体的非水性溶液中电化学沉积 CIGS 的方法，描述了用于制备 Cu—In—Se 和 Cu—In—Ga—Se 前体膜的沉积方法，在 500 ℃下热硒化 30 分钟，将所述前体膜分别转化为黄铜矿结构的 CIS 膜和 CIGS 膜。

加拿大西安大略大学[68]用于在导电衬底上形成铜铟镓硒（$CuIn_xGa_{1-x}Se_2$）薄膜的方法，包括：形成包含离子溶剂和铜、铟、镓和硒离子的离子液体组合物；将导电衬底的表面浸入离子液体，将对电极浸入离子液体，将导电衬底与对电连接至电源；以一锅法电化学沉积由具有化学计量 $CuIn_xGa_{1-x}Se_2$ 的铜、铟、镓和硒组成的膜，x 数值范围约为 0.6 至 0.8。

10.5.1.4 喷涂热解法

喷涂热解法（Spray pyrolysis）是把反应物以气雾的形式喷射到高温衬底上，反应物在高温下分解，然后合成 CIGS 薄膜。反应物溶液由饱和的 $CuCl_2$、$InCl_3$、$GaCl_2$ 和有机物混合构成。溶液配比、喷射速度、衬底温度等因素都对喷涂热解法制备 CIGS 薄膜的质量有直接影响，其中衬底温度的影响作用最大。通过控制工艺参数，可以抑制各种二次相的生成[69]，并制备出具有良好结构和电学性能的 CIGS 薄膜。这种工艺的不足之处是制备的薄膜不太致密，存在针孔，这将增大器件的串联电阻，降低其填充因子[70]。

10.5.2 吸收层结构

湖南共创光伏科技有限公司[71]公开了一种具有梯度结构的铜铟镓硒薄膜太阳能电池，该铜铟镓硒薄膜太阳能电池的 PN 结构中的 CIGS 吸收层为具有能隙梯度的 $Cu_y(In_{1-x}Ga_x)Se_2$ 多层结构，其中 $0 \leqslant x \leqslant 1$，$0 \leqslant y \leqslant 1$。这种梯度结构有较宽的能谱范围，能够分离和捕捉游离电子，在太阳光的激发下，形成较大电流而提高薄膜太阳能电池的效率。该梯度结构避免了晶粒的异常长大和孔洞和裂缝的形成，制备了致密的、晶粒尺寸大小均匀、能隙匹配的高质量的薄膜，同时，梯度结构有利于对太阳光的充分吸收。提高了铜铟镓硒薄膜太阳能电池的效率。中国农业大学[72]公开了一种铜铟镓硒薄膜太阳能电池，光吸收层由至少两层不同能隙的铜铟镓硒薄膜组成。光吸收层的每个铜铟镓硒单层通过调整磁控溅射气体压力、温度范围以及功率密度直接成膜，或通过磁控溅射制备预制层，然后将预制层在氩气或氮气保护下 400～500 ℃硒化处理成铜铟镓硒薄膜；各单层 CIGS 薄膜具有不同的能隙，可以通过组合的方式调整光吸收层的能带的形状，兼顾载流子的收集和光谱响应曲线，光吸收层的吸收效率提高 30%～50%。苏州瑞晟纳米科技有限公司[73]公开了 CIGS 活性层具有光子晶体结构，其厚度为 0.5～10 μm；具有特定光子晶体结构的 CIGS 活性层，对光的吸收效率和转换效率得以大幅提高，且制备工艺简单、成本低廉，并具有良好的可控性，使大规模、低成本生产 CIGS 太阳能光电池成为可能。

10.6 缓冲层

缓冲层在 CIGS 系薄膜太阳能电池中是很必要而且是关键的组成部分，它与吸收层的失配率大小决定异质结性能是否良好。缓冲层的作用包括：（1）减少异质结的晶格失配率；（2）包覆在粗糙的 CIGS 表面，阻止后续膜层的制备工序（如溅射 ZnO）对 CIGS 薄膜的损伤，并消除由此引起的电池短路现象；（3）薄膜中原子扩散到 CIGS 表面有序缺陷层进行微量掺杂，改善异质结的特性。

10.6.1 缓冲层材料

苏州瑞晟纳米科技有限公司[74]用 CdS/ZnS 双缓冲层代替传统的 CdS 缓冲层，减少 Cd 的用量提高生产过程的环保性；同时 CdS/ZnS 的引入有利于获得蓝光区的光谱响应，提高电池的短路电流；减小电子亲和势，提高开路电压；提高吸收层和缓冲层之间的晶格匹配性，进而进一步提高太阳能电池的转换效率。第一太阳能有限公司[75]公开的电池结构包括基板、缓冲材料、与基板接触的阻挡材料以及位于缓冲材料和阻挡材料之间的透明导电氧化物。缓冲材料包括 CdZnO 和 SnZnO 中的至少一种；缓冲材料包括掺杂剂，掺杂剂的浓度为 $10^{14} \sim 10^{20}$ 个原子/cm^3；根据 CdS 窗口材料的厚度或掺杂水平，选择对缓冲材料的掺杂；可以通过控制对缓冲材料的热处理，改变导电率；可以通过控制低价氧化物的缺氧，实现所期望的导电率。台积太阳能股份有限公司[76]公开一种缓冲层，包括包含掺锌的吸收材料的第一层，以及包含含锌化合物和含镉化合物的第二层。

株式会社东芝[77]公开了一种缓冲层，由 Zn 与 O 或 S（$ZnO_{1-x}S_x$）构成，并且结晶粒径为 10 nm 以上、100 nm 以下，且避免 PN 接合界面产生空隙、产生分流路线、PN 接合界面的耐剥离性降低。深圳丹邦投资集团有限公司[81]将含镉的化合物与含硫的化合物进行化学反应，反应中添加含金属离子的化合物或者溶液，进行金属离子掺杂，制备出 $Cd_xM_{1-x}S$ 薄膜，用作缓冲层材料，有利于环境保护。日东电工株式会社[79]的缓冲层含包含 ZnO、MgO、ZnS 的混晶。

10.6.2 制备方法

对缓冲层制备工艺进行改进也可以提高电池性能。河南师范大学[80]采用 ZnS 靶（源）和 ZnO 靶（源）通过磁控溅射制备 ZnS_xO_{1-x} 薄膜材料，有效降低电池的制备成本，减少吸收层与缓冲层晶格失配率，提高其光电转化效率。中国建材国际工程集团有限公司[81]选用金属有机物二乙基锌和硫化氢为反应物，氮气为载流气体和清洗气体，采用原子层沉积方法制备 CIGS 太阳能电池的缓冲层，充分利用原子层沉积方法在沉积超薄薄膜方面具有致密性、保形性、无针孔性及薄膜厚度控制精确的优势，沉积出无镉的，无针孔的 CIGS 太阳能电池缓冲层。北京四方创能光电科技有限公司[82]在 CIGS 层上利用直流磁控溅射方法制备缓冲层即 Zn（O，S）层。Zn（O，S）薄膜无毒，不会对制备人员及环境造成影响，避免了湿法的不利因素，有效利用蓝光，增加光谱响应范围，从而提高太阳能电池效率。中国电子科技集团公司第十八研究所[83]公开一种铜铟镓硒太阳电池缓冲层的制备方法，配置镀液、选择衬底、在衬底上喷淋镀液，衬底上形成 II～VI 族化合物薄膜作为太阳能电池缓冲层。采用喷淋法制备铜铟镓硒太阳能电池缓冲层，利用动态结晶原理，采用喷嘴对传送带上的衬底进行水幕状、圆锥状或圆柱状等立体状态喷淋镀液，使镀液与衬底接触产生结晶，衬底的表面不断与新鲜的镀液相接触，溶液与衬底形成动态平衡，产生类似化学水浴法的沉积形式，接触面上不断有新结晶的晶体生长出，极大提高了生产效率，并且成本低，重复性好。

10.7　窗口层

传统的 CIGS 薄膜光伏电池普遍采用 ZnO：Al（AZO）透明电极作为窗口层。ZnO 薄膜的制备方法包括采用 Zn 靶反应溅射和采用 ZnO 陶瓷靶溅射这两种方法。而采用 ZnO 陶瓷靶溅射法由于工艺简单、得到的薄膜质量优而受到了广泛的关注。在后一种方法中，本征 ZnO 一般是采用射频磁控溅射法制备，需要在 Ar 气氛下通入微量的 O_2，才能得到高阻 ZnO 薄膜。n－ZnO 采用氧化铝含量为 2wt% 的 ZnO：Al_2O_3 直流磁控溅射法制备，只需要通入氩气。因此，在制备这两层 ZnO 薄膜时，由于其一需要氧气另一不需要，则需要分步制备或者采用不同的真空腔室先后制备，这样一方面延长了制备时间，另一方面增加了设备的投资，增加了生产成本。

10.7.1　窗口层材料

第一太阳能有限公司[84]公开了一种的 $MS_{1-x}O_x$ 结构的窗口层，其中，M 是由 Zn、Sn 和 In 组成的元素。香港中文大学[85]公开了以 n 型的石墨烯薄膜作为 CIGS 太阳能电池装置的导电窗口层，除了比传统导电窗口层 ZnO：Al 薄膜具有更低方块电阻外，还可以避免 ZnO：Al 薄膜导致的近红外光波段的损耗，提高电池对光的利用率，进而优化电池性能。清华大学[86]以 ZnS 代替了 ZnO 等材料作为薄膜太阳能电池的窗口层，增大了吸收层的太阳光吸收光谱范围，同时避免了含重金属 Cd 的有害物质的使用。常德汉能薄膜太阳能科技有限公司[87]制备的 CIGS 薄膜太阳能电池窗口层，ZnO：B 层作为 CIGS 太阳能电池结构的透明导电窗口层，比传统导电窗口层 ZnO：Al 层具有更低方块电阻，而且通过 LPCVD 法制备出的透明导电氧化 ZnO：B 层，直接具有绒面结构，可作为前电极，提高电池对光的利用率的同时降低了生产成本。

10.7.2　窗口层结构

苏州瑞晟纳米科技有限公司[88]公开了双层结构窗口层，包括溶液法制备的纳米金属氧化物层和真空溅射法制备的金属氧化物层。与单层纳米金属氧化物或者真空溅射制备的氧化物薄膜作为窗口层的器件相比，基于双层结构窗口层的薄膜光电池的转换效率提高了15%以上。厦门神科太阳能有限公司[89]使用透明导电窗口层为金属基透明导电层，金属基透明导电层包括五层膜层，其从底面往上依次为氧化锌基TCO膜层、Ag或Au膜层、TiO_x膜层或$NiCrO_x$膜层、$Zn_{1-x}Si_xO_y$膜层、保护膜层；或者包括九层膜层，其从底面向上依次为氧化锌基TCO膜层、Ag或Au膜层、TiO_x膜层或$NiCrO_x$膜层、$Zn_{1-x}Si_xO_y$膜层、氧化锌基TCO膜层、Ag或Au膜层、TiO_x膜层或$NiCrO_x$膜层、$Zn_{1-x}Si_xO_y$膜层、保护膜层；其中，TiO_x膜层中$x \leqslant 2$；$Zn_{1-x}Si_xO_y$膜层中$0.001 \leqslant x \leqslant 0.1$，$y < 1.5$；$NiCrO_x$膜层中$x \leqslant 3$。降低透明导电层的方块电阻及厚度，提高可见光透过率，优化电池性能。

10.8 总结与展望

随着全球气候变暖、生态环境恶化和常规能源的短缺，越来越多的国家开始大力发展太阳能利用技术。太阳能光伏发电是零排放的清洁能源，具有安全可靠、无噪声、无污染、资源取之不尽、建设周期短、使用寿命长等优势，因而备受关注。与传统太阳能电池相比，铜铟镓硒薄膜太阳能电池作为新一代的薄膜电池具有成本低、性能稳定、抗辐射能力强、弱光也能发电等优点，其转换效率在薄膜太阳能电池中是最高的，已超过20%的转化率，因此日本、德国、美国等国家都投入巨资进行研究和产业化。太阳能在环境上是清洁的并且从某种角度上已经成功，但是，在使其进入普通百姓的家庭之前，仍有许多问题有待解决。例如，相对于硅基太阳能电池而言，其大面积电池生产技术还不够成熟，重复性较差，工艺控制相对复杂，生产成本还需要进一步降低。

太阳能电池的光电转换效率是评价一种电池性能的首要指标，效率的提升一直是业界关注的焦点。得益于铜铟镓硒薄膜材料的结构特性，铜铟镓硒薄膜太阳能电池的光电转换效率有着先天的优势。自从早期的CIS薄膜材料问世以来，研究者长期致力于薄膜材料本身的研究，材料的改进也导致薄膜太阳能电池转换效率不断提升。直到20世纪80年代末，铜铟镓硒薄膜材料基本成型。研究者的目光开始集中到薄膜材料制备方法研究中，实践证明，对制备方法的改进将在未来一段时期内引导铜铟镓硒薄膜太阳能电池的进步。

共蒸法无疑是目前最成功的制备方法之一，美国国家可再生能源实验室（NREL）通过多元共蒸发法在器件上实现了非常高的转换效率，通过对衬底温度、蒸发源的结构、蒸发源与衬底的相对位置和距离以及各个元素的蒸发速率等方面进行调整，可以使薄膜蒸发沉积的速率、均匀性、结晶结构等性质得到优化，但共蒸法也存在一定的问题，例如硒或硫蒸气压不易控制，设备复杂。另一种重要的制备方法是磁控溅射法，磁控溅射法制备的 CIGS 薄膜具有致密、均匀、附着力强等优点，且磁控溅射发与其他薄膜层制备具有良好的兼容性，通过控制工作气压、溅射功率、流量和溅射顺序等参数可以获得性能优良的薄膜层。CIGS 薄膜的优化是本领域研究者长久以来研究的热点。研究表明，在 CIGS 薄膜中掺少量的 Na，就可以使 CIGS 电池的性能得到大幅度的提高。传统方法是通过使用钠钙玻璃作为电池衬底来达到掺杂 Na 的目的，玻璃中含有的 Na 可以通过 Mo 背电极向 CIGS 薄膜中扩散。然而随着衬底材料和背电极材料的更新换代，迫切需要出现其他提供 Na 元素的方法。业界中已经出现多种解决方案，例如在衬底上设置额外含 Na 层。

除了铜铟镓硒薄膜本身，电池中其他各层也需要更多的研究和关注。从早期 Mo 的使用，到缓冲层、窗口层的改进，电池性能随之得到了大幅提升，但依然存在众多需要克服的问题。在衬底的选择上，第一是降低成本，这是光伏产业一直以来所追求的目标；第二是稳定性好，要求衬底能够承受一定的温度，同时衬底要有合适的热膨胀系数，并与电极和吸收层材料匹配良好；第三是化学稳定性和真空稳定性，化学稳定性要求 CIGS 吸收层沉积过程中不和硒反应，不分解，更重要的是不释放能扩散进入吸收层的杂质，真空稳定性则要求加热时衬底材料不放出气体。并且随着业界对于太阳能电池应用领域扩展和便携性的要求越来越高，柔性衬底越来越受到研究者的重视。柔性衬底不但质量轻、可弯曲、便于携带，而且易于实现大规模生产并降低成本。但目前，可选择的柔性衬底材料种类还比较少，仅有不锈钢、钼、钛等金属箔材料，以及聚酰亚胺等几种材料可以真正应用于生产。这些材料虽然已经获得了较为广泛的应用，但仍然存在成本较高、有害物质扩散的问题，而聚酰亚胺的热膨胀系数难与铜铟镓硒材料本身匹配。因此，科研人员需要不断致力于衬底材料的研究，寻找到更加低成本、稳定的新型衬底材料。

高温下衬底中有害元素会扩散至吸收层，影响太阳能电池的开路电压和填充因子，这是 CIGS 薄膜太阳能电池面临的又一大问题。解决的一个办法是在衬底上设置阻挡层。例如，通过溅射的方法在金属衬底上制备致密的氧化物层或氮化物层，其对金属衬底内的杂质具有良好的阻挡效果。降低阻挡层的材料和制备工艺成本，仍然是研究者们关注的焦点。一方面可以使用成本较低的金属材料，另一方面，还要考虑选择与太阳能电池制造兼容的工艺，降低工艺复杂性。缓冲层与吸收层之间晶格匹配问题也是一个严重影响太阳能电池转换效率的重要因素，开发出新的缓冲材料是解决上述问题的一个有效方法，同时，许多研究者也在缓冲层的制备方法上做了大量研究。

CIGS 薄膜太阳能电池经过 20 多年的发展，电池效率、可靠性得到迅速提高，超过现有其他太阳能电池 10%～20%，其性能长期稳定，抗辐射能力强，必定具有广阔的应用前景。

参考文献

[1] Zhang L, Jiang F D, Feng J Y. Formation of CuInSe$_2$ and Cu (In, Ga) Se$_2$ film by electrodeposition and vacuum annealing treatment [J]. Solar Energy Mater & Solar Cells, 2003, 80 (4): 483—490.

[2] 梁传志，王朝霞，郭梁雨. 铜铟镓硒（CIGS）薄膜太阳能电池发展概述 [J]. 建设科技，2015 (18): 50—57.

[3] 电子元器件专业技术培训教材编写组. 物理电源 [M]. 北京：电子工业出版社，1985: 3—4

[4] 李伟. 太阳能电池材料及其应用 [M]. 成都：电子科技大学出版社，2014: 56—60.

[5] Jackson, D., et a., New world record eﬂiciency for Cu (In, Ga) Se$_2$ thin—film solar cells beyond 20% [J]. PROGRESS IN PHTOVOLTAICS, 2011, 19 (7SI): 894—897.

[6] 杨江波，等. CIGS 薄膜太阳能电池研究进展 [J]. 电源技术，2014, 38 (8): 1587—1590.

[7] Wei S H, Zunger A. Band offsets and optical bowings of chalcopyrites and Zn-based II — VI alloys [J]. Journal of Applied Physics, 1995, 78 (6): 3846—3856.

[8] Chen J S, et al. Microstructure of polycrystalline CuInSe$_2$/Cd (Zn) S heterojunction solar cells [J]. Thin Solid Films, 1992, 219 (1—2): 183—192.

[9] Hartmann M, Schmidt M, Jasenek A, et al. Flexible and light weight substrates for Cu (In, Ga) Se$_2$ solar cells and modules [C]. Proc. 28th IEEE Photovoltaic Specialist Conference, Alaska, America：IEEE, 2000: 638—641.

[10] Braunger D, Hariskos D, Bilger G, et al. Influence of sodium on the growth of polycrystalline Cu (In, Ga) Se$_2$ thin films [J]. Thin Solid Films, 2000 (361): 161—166.

[11] Rudmann D, Bilger G, Kaelina M, et al. Effects of NaF coevaporation on structural properties of Cu (In, Ga) Se$_2$ thin films [J]. Thin Solid Films, 2003, 431/432: 37—40.

[12] F Kessler, D Rudmann. Technological aspects of flexible CIGS solar cells and modules [J]. Solar Energy, 2004, 77 (6): 685—695.

[13] 中国电子科技集团公司第十八研究所. 柔性铜铟镓硒薄膜太阳电池及其制备方法：中国，CN101165923 A [P]. 2008—04—23.

[14] Herz K, et al, Dielectric barriers for flexible CIGS solar modules [J]. Thin Solid Films, 2002, 403—404 (2): 384—389.

[15] 纳米太阳能公司. 在箔衬底上太阳能电池的形成：CN101061588A [P], 2006—03—23.

[16] 济南荣达电子有限公司. 柔性衬底薄膜太阳电池及专用设备：中国，CN101330112A [P]，2008—12—24.

[17] 韩国生产技术研究院. 用于 CIGS 太阳能电池的铁镍合金金属箔基材：韩国，KR1374690B1 [P]. 2014—03—31.

[18] 中国电子科技集团公司第十八研究所. 刚性衬底制备柔性太阳电池的方法：中国，CN104425647A [P]，2015—03—18.

[19] 天津理工大学. 一种基于复合衬底的掺钠铜铟镓硒薄膜及其制备方法：中国，CN103296091A [P]. 2013—09—11.

[20] 天津理工大学. 一种后掺钠铜铟镓硒太阳电池器件及其制备方法：中国，CN106024934A [P]. 2016—10—12.

[21] 山特维克知识产权股份有限公司. 涂覆氧化锆的钢带：中国，CN1875127A1 [P]. 2006—08—16.

[22] 南开大学. ZnO 为电绝缘与杂质阻挡层的薄膜太阳电池及其制备方法：中国，CN101093863A [P]. 2007—12—26.

[23] LG 伊诺特有限公司太阳能电池装置及其制造方法：韩国，KR20130053749A [P]. 2013—05—24.

[24] 华南理工大学. 一种有效阻挡铁扩散的不锈钢柔性衬底铜铟镓硒薄膜太阳能电池及其制备方法：中国，CN106057928A [P]. 2016—10—26.

[25] 张力，何青，徐传明，等. 金属 Cr 阻挡层对柔性不锈钢衬底 Cu (In, Ga) Se$_2$ 太阳电池性能的影响 [J]. 半导体学报，2006，27 (10)：1781—1784.

[26] 湘潭大学. 太阳能电池的柔性金属衬底与背电极之间的金属扩散阻挡层及其制备方法：中国，CN102201457A [P]. 2011—09—28.

[27] 北京四方继保自动化股份有限公司，一种柔性 CIGS 薄膜太阳能电池阻挡层的制备方法：中国，CN104124310 A [P]. 2014—10—29.

[28] 株洲永盛电池材料有限公司. 一种与太阳能电池背电极相连的柔性金属衬底及其制备方法：中国，CN102201456 A [P]. 2011—09—28.

[29] Herz K, Eicke A, Kessler F, et al, Diffusion barriers for CIGS solar cells on metallic substrates [J]. Thin Solid Films, 2003, 431—432 (5)：392—397.

[30] 山特维克知识产权股份有限公司. 新型金属带产品：中国，CN1836338A1 [P]. 2006—06—07.

[31] Yoon J H, Kim J H, Kim W M, et al. Electrical properties of CIGS/Mo junctions as a function of MoSe$_2$ orientation and Na doping [J]. Prog Photovolatic：Res Appl, 2013, 22 (1)：90—96.

[32] Vink T, Somers M, Daams J, et al. Stress, Strain, and microstructure of sputter-deposited Mo thin films [J]. J Appl Phys, 1991 (70)：4301—4308.

[33] Schlenker T，Laptev V，Schock H，et al. Substrate influence on Cu（In，Ga）Se$_2$ film texture [J]. Thin Solid Films，2005（480—481）：29—32.

[34] 上海太阳能电池研究与发展中心. 以聚合物为衬底的薄膜太阳能电池复合背电极及制备方法：中国，CN102881733A [P]. 2013—01—16.

[35] 南开大学. 一种用于聚酰亚胺衬底铜铟镓硒薄膜太阳能电池的背电极：中国，CN103456802A [P]. 2013—12—18.

[36] 陈文志，叶智为，张然，等. 掺钠钼电极在硒化铜铟镓（CIGS）太阳能薄膜电池应用 [J]. 无机化学学报，2014，12（30）：2753—2760.

[37] 厦门大学. 一种含钠钼膜及其制备方法和应用：中国，CN103872154A [P]. 2014—06—18.

[38] 吉富新能源科技（上海）有限公司. 新型高压制程高附着之钼背电极用于铜铟镓硒太阳能电池：中国，CN103311331A [P]. 2013—09—18.

[39] 厦门大学. 一种复合导电钼浆及应用其制备铜铟镓硒薄膜太阳能电池背电极的方法：中国，CN103489501A [P]. 2014—01—01.

[40] 李玉华，马爱斌，张开骁，等. 电沉积 CIGS 薄膜太阳电池的研究进展及现状 [J]. 材料导报 A：综述篇，2014，28（2）：136—139.

[41] Li M，Chang F，Li C，et al. CIS and CIGS thin films prepared by magnetron sputtering [J]. Procedia Eng，2012（27）：12—19.

[42] 李文科. 共蒸发法制备 CIGS 薄膜及其表征 [D]. 广州：暨南大学，2010：8.

[43] Al-Bassam AAI. Electrodeposition of CuInSe$_2$ thin films and their characteristics [J]. Physical B：Condensed Matter，1999，266（3）：192.

[44] Dhanam M，Balasundaraprabhu R，Jayakumar S，et al. Preparation and study of structural and optical properties of chemical bath deposited copper indium diselenide thin films [J]. Phys Status Solid，2002，191（1）：149.

[45] Faraj M G，Ibrahim K，Salhin A. Fabrication and characterization of thin-film Cu（In，Ga）Se$_2$ solar cells on a PET plastic substrate using screen printing [J]. Materials Science in Semiconductor Processing，2012，15（2）：165.

[46] Abernathy C R，Bates Jr C W，Anani A A，et al. Production of single phase chalcopyrite CuInSe$_2$ by spray pyrolysis [J]. Appl Phys Lett，1984，45（8）：890.

[47] Repins I，Contreras M，Romero M，et al. Characterization of 19.9%-efficient CIGS absorbers [J]. Presented at the 33rd IEEE Photovoltaic Special lists Conference. San Diego，California，2008：11.

[48] 刘芳芳，等. Ga 源温度对共蒸发三步法制备 Cu（In，Ga）Se$_2$ 太阳电池的影响 [J]. 人工晶体学报，2014，6（43）：1381—1386.

[49] 山东大学. 一种蒸发法制备铜铟镓硒太阳能电池吸收层的方法：中国，CN102623571A [P]. 2012—08—01.

[50] 郭伟，薛玉明，张晓峰，等. 沉积预制层衬底温度对 CIGS 薄膜结构特性的影响 [J]. 光电子·激光，2013，24（10）：1936.

[51] 敖建平，孙云，王晓玲，等. 共蒸发三步法制备 CIGS 薄膜的性质 [J]. 半导体学报，2006，27（8）：1406.

[52] 韩国 ENERGY 技术研究院. 形成用于太阳能电池的 CIGS 光吸收层的方法及 CIGS 太阳能电池：韩国，KR20140010549A [P]. 2014—01—27.

[53] 韩国 ENERGY 技术研究院. 利用简化的共蒸发法来制造用于太阳能电池的 CIGS 薄膜的方法及利用该方法制造的用于太阳能电池的 CIGS 薄膜：韩国，KR1281052BB1 [P]. 2013—07—09.

[54] 王凤起，符春林，蔡苇，等. 铜铟镓硒（CIGS）光伏薄膜的磁控溅射及组成调控研究进展 [J]. 电子元件与材料，2016，35（11）：49—53.

[55] 毛启楠，等. 溅射后硒化法制备的 CIGS 薄膜中 Ga 元素扩散研究 [J]. 物理学报，2014，63（11）：118802.

[56] 栾和新，等. 磁控溅射法制备 CIGS 薄膜太阳能电池的工艺及性能研究 [J]. 真空科学与技术学报，2012，32（8）：661—668.

[57] 李光旻，等. 预制层溅射气压对 CIGS 薄膜结构及器件的影响 [J]. 发光学报，2015，36（2）：192—199.

[58] Yan Y J, Jiang F, Liu L, et al. Control over the preferred orientation of CIGS films deposited by magnetron sputtering using a wetting layer [J]. Electron Mater Lett, 2016, 12 (1): 59—66.

[59] Li X, et al. Fabrication of Se-rich Cu $(In_{1-x}Ga_x)$ Se$_2$ quaternary ceramic target [J]. Vacuum, 2015 (119): 15—18.

[60] Posada J, Jubault M, Bousquet A, et al. In-situ optical emission spectroscopy for a better control of hybrid sputtering/evaporation process for the deposition of Cu (In, Ga) Se$_2$ layers [J]. Thin Solid Films, 2015 (582): 279—283.

[61] 李刚，等. 溅射时间对 CIGS 薄膜的结构及性能影响 [J]. 大连工业大学学报，2014，33（3）：214—216.

[62] 中国电子科技集团公司第十八研究所. 铜铟镓硒薄膜太阳电池吸收层的制备方法：中国，CN102943237A [P]. 2013—02—27.

[63] Bhattacharya R N. Solution growth and electro deposited CuInSe$_2$ thin films [J]. Journal of the Electrochemical Society, 1983, 130 (10): 2040.

[64] 李庆阳，等. 电沉积 CIGS 太阳能电池吸收层的研究现状、问题及发展趋势 [J]. 电镀与涂饰，2013，32（12）：1—9.

［65］ Y P Fu，R W You，K K Lew，et al. Electrochemical properties of solid-Liquid interface of CuIn$_{1-x}$Ga$_x$Se$_2$ prepared by electrodeposition with various gallium concentrations ［J］. Journal of the Electrochemical Society，2009，156（9）：E133—E138.

［66］ Lai Y，Liu F，Zhang Z，et al. Cyclic voltammetry study of electrodeposition of Cu (In，Ga) Se thin films ［J］. Electrochimica Acta，2009，54（11）：3004—3010.

［67］ Shivagan D. D.，Dale P J，Samantilleke A P，et al. Electrodeposition of chalcopyrite films from ionic liquid electrolytes ［J］. Thin solid Films，2007（515）：5899—5903.

［68］ 加拿大西安大略大学，生产铜铟镓硒（CIGS）太阳能电池的电化学方法：中国，CN102741458A1 ［P］. 2012—09—13.

［69］ 马光耀，康志君. 铜铟镓硒薄膜太阳能电池的研究进展及发展前景 ［J］. 金属功能材，2009，16（5）：46.

［70］ M Kaelin，D Rudmann，F Kurdesau，et al. CIS and CIGS layers from Selenized nanopartical precursors ［J］. Thin Solid Films，2003（431—432）：58.

［71］ 湖南共创光伏科技有限公司. 一种具有梯度结构的铜铟镓硒薄膜太阳能电池及其制备方法：中国，CN104766896A ［P］. 2015—07—08.

［72］ 中国农业大学. 一种铜铟镓硒薄膜太阳能电池及其制备方法：中国，CN103077980A ［P］. 2013—05—01.

［73］ 苏州瑞晟纳米科技有限公司. 一种具有新型光子晶体结构 CIGS 太阳能电池及其制备方法：中国，CN104157709A ［P］. 2014—11—19.

［74］ 苏州瑞晟纳米科技有限公司. 基于 CIGS 太阳能电池吸收层的表面修饰及复合缓冲层的太阳能电池制备方法：中国，CN104078521A ［P］. 2014—10—01.

［75］ 第一太阳能有限公司. 用于太阳能电池的 CdZnO 或 SnZnO 缓冲层：中国，CN103250257A ［P］. 2012—03—22.

［76］ 台积太阳能股份有限公司. 包括耐热缓冲层的光伏器件及其制造方法：中国，US2015007890A1 ［P］. 2015—01—08.

［77］ 株式会社东芝. 光电转换元件及太阳能电池：日本，JP2012235023A ［P］. 2012—11—29.

［78］ 深圳丹邦投资集团有限公司. 薄膜太阳电池 CdS 缓冲层及制备方法：中国，CN101645466A ［P］. 2010—02—10.

［79］ 日东电工株式会社. CIGS 系化合物太阳能电池：日本，JP2014157931A ［P］. 2014—08—28.

［80］ 河南师范大学. 一种铜铟镓硒薄膜太阳能电池缓冲层材料制备方法：中国，CN102610690A ［P］. 2012—07—25.

[81] 中国建材国际工程集团有限公司. 一种无镉的铜铟镓硒薄膜太阳能电池缓冲层的沉积方法：中国，CN102337516A [P]. 2012-02-01.

[82] 北京四方创能光电科技有限公司. 一种利用干法缓冲层制作CIGS薄膜太阳能电池的方法：中国，CN105355716A [P]. 2016-02-24.

[83] 中国电子科技集团公司第十八研究所. 一种铜铟镓硒太阳电池缓冲层的制备方法：中国，CN102110737A [P]. 2011-06-29.

[84] 第一太阳能有限公司. 具有金属硫氧化物窗口层的光伏装置：中国，US2012067422A1 [P]. 2012-03-22.

[85] 香港中文大学，铜铟镓硒太阳能电池装置及其制备方法：中国，CN102522437A [P]. 2012-06-27.

[86] 清华大学. 一种铜铟镓硒薄膜太阳能电池及其制备方法：中国 CN1367536A [P]. 2002-09-04.

[87] 常德汉能薄膜太阳能科技有限公司. 一种CIGS薄膜太阳能电池窗口层的制备方法：中国，CN106558628A [P]. 2017-04-05.

[88] 苏州瑞晟纳米科技有限公司. 一种应用于高效薄膜光电池的双层结构窗口层：中国，CN104362186A [P]. 2015-02-18.

[89] 厦门神科太阳能有限公司. 一种用于太阳能电池的透明导电窗口层及CIGS基薄膜太阳能电池：中国，CN104882495A [P]. 2015-09-02.